高等院校学前教育专业系列教材
贵州省重点学科"教育学"建设项目阶段性成果
贵州民族地区学前教育专业研究生工作站阶段性建设成果
黔南民族师范学院一流学科"教育学"建设项目阶段性成果

学前儿童发展心理学

主　编　王双宏　黄　胜
副主编　勾　训　王　梅　罗树琳
编　委　石恒帅　刘　凯　蒙家宏　田　穗
　　　　张　健　苏得权　皮梦君　汪　建

西南交通大学出版社
·成都·

图书在版编目（CIP）数据

学前儿童发展心理学/王双宏，黄胜主编. —成都：
西南交通大学出版社，2018.6
ISBN 978-7-5643-6171-6

Ⅰ.①学… Ⅱ.①王… ②黄… Ⅲ.①学前儿童–儿童心理学–发展心理学 Ⅳ.①B844.12

中国版本图书馆 CIP 数据核字（2018）第 102247 号

学前儿童发展心理学
主编　王双宏　黄　胜

策划编辑	黄淑文
责任编辑	梁　红
封面设计	墨创文化
出版发行	西南交通大学出版社 （四川省成都市二环路北一段 111 号 西南交通大学创新大厦 21 楼）
发行部电话	028-87600564　028-87600533
邮政编码	610031
网址	http://www.xnjdcbs.com
印刷	四川森林印务有限责任公司
成品尺寸	185 mm×260 mm
印张	13.75
字数	345 千
版次	2018 年 6 月第 1 版
印次	2018 年 6 月第 1 次
书号	ISBN 978-7-5643-6171-6
定价	37.00 元

课件咨询电话：028-87600533
图书如有印装质量问题　本社负责退换
版权所有　盗版必究　举报电话：028-87600562

前言
Preface

学前儿童发展心理学是学前教育专业的必修课程，对于帮助幼教工作者认识学前儿童心理发展规律和年龄心理特征有着积极的意义。

学前儿童的健康成长与教育者尊重他们的心理发展规律密不可分，如何为幼教工作者在实施教育影响过程中提供有效的教育对象心理变化参数和发展变化规律，是这本教材希冀解决的问题。作者的出发点是：从现代学前教育发展需要及一线教学实际出发，编写一部教师易教、学生乐学，理论新颖、内容广泛、编排有特色、服务教育实践性强的学前儿童发展心理学教材。具体来说力图体现以下特色：

第一，立足促进儿童健康成长取向。本教材是为促进儿童健康成长服务的，因此，在内容编排和选材上并不贪多求全，而是有针对性地为教育实践提供学前儿童心理发展的理论和事实参考依据。特别是针对当前我国学前教育还存在着重智力、知识、技能的训练，而忽略幼儿健全人格的整体协调发展问题的情况下，强调学前儿童发展心理学对促进儿童健康成长的价值取向有着重要的现实意义。除在各章节内容组织上体现这一取向外，本教材还专门安排了"学前儿童心理健康教育与幼儿教师心理健康调适"一章。

第二，适当丰富理论体系。为了便于学习者系统理解儿童心理发展规律，本教材并不限于0~6岁的学前阶段，而是站在整个0~12岁的儿童发展期考察的，这有利于学习者把学前期的发展与未来的发展连成一个整体来认识。同时，本教材注意研究学前儿童的年龄心理特征，为学前教育提供理论支持，这与一般意义上的学前儿童发展心理学研究内容的侧重点有所不同。

第三，突出贴近教育实际。本教材在注重理论体系构建的同时，突出贴近幼儿成长实际，大量运用典型案例分析或讨论，改变纯粹理论说教的方式，尽量反映学前教育中幼儿心理发展中的难点问题及常见心理现象，结合案例分析问题，帮助学习者认识和理解。

第四，充实新颖的内容。本教材吸纳了目前我国以及其他国家关于学前儿童心理发展的最新理论和最新实验成果，内容翔实、新颖，可读性和针对性较强。

本书既可以作为学前教育本（专）科专业课教材，也可以作为学前教育专业继续教育教材，还可以供广大学前教育专业教师、学前教育专业硕士研究生及教育事业热心人士自主参考阅读。

编者

2018年1月

目 录
Contents

第一章 导 论 ·· 1
    第一节 学前儿童发展心理学研究的对象和内容 ······································ 1
    第二节 儿童发展心理学的历史回顾 ·· 2
    第三节 学前儿童发展心理学的研究方法 ·· 6
    第四节 幼儿教师学习学前儿童发展心理学的意义 ································· 10

第二章 心理发展的主要理论 ·· 14
    第一节 心理发展概述 ·· 14
    第二节 华生的心理发展理论 ··· 22
    第三节 格塞尔的成熟势力理论 ·· 26
    第四节 弗洛伊德的心理发展理论 ··· 28
    第五节 埃里克森的心理发展理论 ··· 32
    第六节 皮亚杰的心理发展理论 ·· 34
    第七节 维果斯基的心理发展理论 ··· 35

第三章 学前儿童心理发展的生物学基础 ·· 39
    第一节 遗传及遗传基因 ··· 39
    第二节 胎儿的发育与先天素质 ·· 42
    第三节 学前儿童身体、脑和神经系统的发展 ······································ 44

第四章 学前儿童感知觉和动作的发展 ··· 48
    第一节 学前儿童感觉的发展 ··· 48
    第二节 学前儿童知觉的发展 ··· 50
    第三节 学前儿童动作的发展 ··· 51
    第四节 学前儿童注意的发展 ··· 54

第五章 学前儿童记忆、思维与想象的发展 ·· 59
    第一节 学前儿童记忆的发展 ··· 59
    第二节 学前儿童思维的发展 ··· 69
    第三节 学前儿童想象的发展 ··· 77

第六章 学前儿童语言的发展 ·· 88
    第一节 语言准备期 ··· 88

第二节　语言发展期···92
　　第三节　语言获得的理论···102

第七章　学前儿童智力的发展··107
　　第一节　智力的一般理论···107
　　第二节　智力测验··112
　　第三节　智力的发展变化···119

第八章　学前儿童情绪和情感的发展···128
　　第一节　学前儿童情绪、情感的发生和发展···128
　　第二节　学前儿童常见的情绪障碍··134
　　第三节　学前儿童高级情感的发展··137

第九章　学前儿童个性的发展··142
　　第一节　学前儿童个性发展的概述··142
　　第二节　个性形成的生物学因素··144
　　第三节　个性发展的社会化动因··145
　　第四节　自我意识的发展···146

第十章　学前儿童性别角色的社会化···150
　　第一节　学前儿童性别发展的过程··150
　　第二节　儿童性别差异产生的原因··157

第十一章　学前儿童交往的发展··162
　　第一节　依恋与独立性的发展···162
　　第二节　同伴关系的发展···166
　　第三节　游戏与交往技能的发展··171

第十二章　学前儿童道德的发展··180
　　第一节　学前儿童道德认知的发展··180
　　第二节　学前儿童道德情感的发展··187
　　第三节　学前儿童道德行为的发展··190
　　第四节　学前儿童的自制力···195

第十三章　学前儿童心理健康教育与幼儿教师心理健康调适····························199
　　第一节　心理健康的概念与内容··199
　　第二节　学前儿童心理健康教育的内容与方法··203
　　第三节　幼儿教师心理健康调适··206

参考文献···211
后　记···213

第一章 导 论

学前儿童发展心理学是发展心理学的一个分支,它研究哪些内容?有哪些基本理论? 经历了哪些历史变化? 有哪些具体的研究方法? 本章将对这些问题进行讨论。

第一节 学前儿童发展心理学研究的对象和内容

一、学前儿童发展心理学研究的对象

发展心理学属于心理学的基础学科之一,是研究种系和个体心理发生与发展的学科。心理发展有广义和狭义两个方面,广义的心理发展包含心理的种系发展和个体心理发展;狭义的心理发展仅指个体心理发展,个体心理发展的研究对象是人生全过程各个年龄阶段的心理发展特点,这些年龄阶段包含婴儿期、幼儿期、儿童期、少年期、青年期、中年期、老年期等时期。学前儿童发展心理学是研究正式进入小学阶段学习前的儿童(即 0~6 岁)的身心发展规律和特点的科学。

按照国内现行的医学以及心理学的分类,人从出生到 6 岁可分为以下几个阶段:新生儿期(出生~1 个月);婴儿期(1 个月~1 岁,相当于乳儿期);学步儿期(1~2 岁);早期儿童期(2~6 岁,相当于幼儿期)。尽管学界对此划分不完全认同,特别是对婴儿期的分类莫衷一是,但是,把正式进入小学阶段前的儿童统称为学前儿童是被大家公认的。

二、学前儿童发展心理学研究的内容

学前儿童发展心理学研究的内容主要概括为以下几个方面:

(一)描述学前儿童心理发展的普遍模式

学前儿童心理发展会表现出一些普遍的模式,这为我们预见和影响他们的发展提供了理论依据。学前儿童的身体动作、言语、认知、社会行为、情绪情感是怎么发展变化的,儿童的个性是怎么形成的,他们的道德品质是怎么发展的,诸如此类的问题都需要通过研究,才能描述和了解学前儿童心理发展的一般模式。例如,学前儿童口头语言发展的模式表现为:四五个月时能"牙牙学语",到一岁左右说出单词句,然后逐渐说出由两三个词组成的多词句,从不完整句到完整句,从简单句到复杂句。皮亚杰描述的儿童认知发展的四个阶段被认为是儿童认知发展的普遍模式。

(二)揭示学前儿童心理发展的原因和机制

描述学前儿童种种心理发展普遍模式,往往是心理发展的外在稳定表现,而这种表现是如何形成的,其深层次的原因和机制是什么,需要进一步地揭示和说明。心理学家根据收集到的资料,然后提出自己的种种理论假设,通过进一步的观察、实验验证等,阐释儿童心理发展的原因和机制,构建儿童心理发展的理论。

例如，学前儿童是怎样获得语言的？不同民族或不同国家的儿童，尽管他们的母语不同，但语言的发展都会经历相似的阶段，这和先天的语言机制有没有关系？学前儿童的社会性发展是从"自我中心"开始的，其中的原因何在？等等。阐释儿童心理发展的原因和机制，为预见儿童的发展，能动地影响儿童心理向积极健康的方向发展创造条件。

（三）解释和测量个别差异

虽然每个学前儿童发展经历的阶段，或发展变化的模式具有共性，但每个儿童心理发展的速度、某一阶段发展达到的水平、各种心理过程和行为的特点具有多样性、差异性。在性格方面，有的儿童外向、热情、喜爱交往，有的儿童内向、恬静、不愿与人接触；在能力倾向方面也表现出个性差异，有的儿童好强、好争抢，有的儿童乐于助人、乐于分享，有的儿童软弱自卑，有的表现欲较强、自信等。因此，仅仅掌握儿童身心发展过程中的共性、一般性或规律性是不够的，还要懂得尊重儿童发展过程中的多样性和个别性、差异性，注意观察、发现儿童的个性特点，学会测定这些个别差异。这也是学前儿童发展心理学研究的基本内容。

（四）探究不同环境对发展的影响

儿童生活在不同的环境里，如家庭、学校、社区等，这类环境构成了儿童行为的生态圈。不同的生态环境对儿童发展会产生什么样的影响呢？这是一个重要的研究课题。如不同的家庭结构（完整家庭或不完整家庭，主干家庭或核心家庭，独生子女家庭或多子女家庭）对儿童发展会有哪些不同的影响？同样的家庭结构，不同的教养方式（如专制的、民主的、溺爱的、冷漠的）对儿童个性形成有什么影响呢？农村环境和城市环境对儿童发展有什么影响？社会经济地位高的和社会经济地位低的家庭对儿童的教育有什么不同特点呢？进托儿所、幼儿园与在家抚养会对儿童产生什么不同影响呢？居住在高层公寓与居住在平房里是不是也会对儿童发展有不同影响呢？等等。了解儿童生态环境对儿童发展的影响可以进一步揭示儿童心理发展的原因和机制，也能为如何指导他们健康地发展创造条件。

（五）提出帮助和指导学前儿童发展的具体方法

描述学前儿童心理发展的模式，揭示学前儿童心理发展的机制和原因，测定和解释发展的个别差异，探讨不同环境对发展的影响，目的就是为了帮助儿童顺利地度过每个发展阶段，帮助儿童解决在发展中遇到的困难或暂时的障碍，促进儿童健康成长。我们不仅要解决发展是什么、为什么的问题，还要解决怎么办、怎么指导发展的问题。理论构建不仅仅是为了解释种种心理现象发生发展的过程和原因，还应该结合社会实际指导儿童正常、健康地发展。前面的研究可以称为基础理论研究，而后一部分研究可以称为应用性研究。这两个部分的研究是促进儿童心理健康发展所不可缺少的。例如，我们研究学前儿童患自闭症的原因和机制，就为早期预防创造了条件，与此同时，需要研究有效干预的方法和途径，促进儿童融入社会，健康成长。

第二节 儿童发展心理学的历史回顾

一、科学儿童心理学的诞生

学前儿童发展心理学是儿童发展心理学的一个分支学科，从属于儿童发展心理学。儿童发展心理学一般是以 0～12 岁的儿童为对象。关于儿童心理学研究的许多基本课题的论争，如儿童的本性，儿童是生来聪明、愚笨的，还是后天环境教育造成的，可以一直追溯到西方的古希腊时期以及中国先秦的孔孟时代。但儿童作为正式的科学研究对象，还是近百年的事。德国生理学家、实验心理学家普莱尔（W. Preyer，1842—1897）于 1882 年出版了第一部科学的、系统的儿童心理学著作《儿童心理》，标志着科学儿童心理学的诞生，普莱尔则成为科学心理学的奠基人。

科学儿童心理学的诞生与近代社会物质文明和精神文明的迅速发展有关，与近代自然科学发展（细胞的发现、能量守恒和转化定律的发现、物种进化的发现）有关，与西方哲学思想和教育发展的要求有关。其中进化论创始人达尔文（C. Darwin，1809—1882）、英国哲学家洛克（J. Locke，1632—1704）和法国思想家、哲学家、教育家卢梭（J. Rousseau，1712—1778）都是科学儿童心理学的先驱。达尔文发展的观点，洛克的"白板说"，卢梭的遵循自然、按照儿童的特点进行教育的观点，裴斯泰洛齐主张启发儿童内在能力、教育必须与个人的思想和精神发展相联系的观点都对儿童心理学理论的形成有着深刻的影响。

二、西方儿童心理学的发展

西方儿童心理学的发展可以划分为三个时期。

1. 20 世纪早期

20 世纪早期的儿童心理学研究始于霍尔（G. S. Hall，1844—1924）。霍尔是美国儿童心理研究运动的创始人，被称为"美国儿童心理学之父"。他提出了个体心理发展的"复演说"；发明了研究儿童心理的新技术——问卷法，并首先运用这种方法大规模地对儿童和青少年进行研究；撰写了第一本青少年心理的巨著《青少年心理学》（1904），书中有关社会认知发展和社会态度变化的材料对以后的皮亚杰和柯尔伯格的思想有一定影响。

这个时期的研究具有以下几个特点：

（1）强调发展是成熟的结果。许多心理学家认为，儿童心理的变化是成熟的结果。他们把研究的重点放在各个年龄儿童心理和行为的差异上，并认为这种差异是儿童发展的先天的普遍模式。如当时格塞尔儿童发展研究所的两位心理学家就发表了这样的观点："……2 岁、5 岁和 10 岁，……儿童的行为处于平衡状态，……在这些相对平稳和平静的年龄后，有一个短暂的时期，……表现出显著的不平衡。2 岁时行为的平衡在 2 岁半时被打破，5 岁时行为的平衡在 5 岁半～6 岁时被打破，……4 岁、8 岁、14 岁是儿童行为的最重要方面明显表现的时期……"

（2）收集描述正常发展的材料。这个研究重点的确立与发展是成熟的结果的理论思想有关，也与儿童心理学发展初期需要积累大量的资料有关。如当时麦卡锡（1946）对儿童语言发展的描述性研究；帕腾（Parten，1932）对儿童游戏社会性发展的研究描述；斯坦福-比纳量表的制定（1916）与不断修订（1937）等。儿童心理学家通过这类研究，目的是为了找到儿童心理和行为正常发展的常模，并用它来确定儿童是否正常。

（3）弗洛伊德理论和行为主义理论兴起。弗洛伊德（S. Freud，1856—1939）创立的心理分析理论逐渐被大家所了解。弗洛伊德认为儿童的发展要经过一系列的"性心理"发展阶段，在发展过程中会遇到一些特殊的情绪冲突。只有在冲突被解决后，儿童才能成熟，成为健康的成人。弗洛伊德十分重视早期经验，强调亲子关系的重要性，认为儿童早期是个性发展的关键期。这对发展心理学重视早期经验和婴幼儿研究起了很大的推动作用。尽管现在的心理学家对弗洛伊德理论提出了许多质疑,但思考的许多问题都源自弗洛伊德的观念。

华生(J. B. Watson,1878—1958)是行为主义理论的创始人和"极端的环境论者"。他主张把心理学变成纯粹客观的自然科学,反对对意识的研究。他将行为分析为"刺激—反应"(S—R)的单元并加以解释。他在《儿童的心理护理》一书中指出,一切行为都是刺激—反应的学习过程。他运用条件反射的实验方法进行了许多儿童心理实验的开创性研究,重点是研究儿童的情绪行为(如害怕、嫉妒和羞耻)。

2. 第二次世界大战后到20世纪60年代中期

(1)阐明和检验解释儿童行为的理论。

第二次世界大战后,有一批儿童心理学家将儿童的研究当作实验心理学的一个分支加以处理,要求系统地阐述和检验解释儿童行为的理论。这个时期心理分析理论和行为主义理论已成为美国儿童心理学的支柱。儿童心理学家们在研究影响儿童行为的过程和变量的假设时,常常求助于这两种理论。他们关心的问题有:早期喂食经验会影响以后的依赖吗?不同类型的奖励和处罚会影响学习吗?儿童教养活动与良心有什么联系呢?等等。他们感兴趣的不只是描述行为,而是预测和解释儿童行为的原因。他们强调研究外显的行为,而不是看不见的心理事件。

(2)强调环境对发展的影响。

与前一时期把发展看成是成熟的结果的观点相反,这个时期的儿童心理学家特别强调环境对发展的影响。他们不愿去设想生物学因素是否可以决定儿童行为,对早期心理学家们研究的儿童发展的阶段或年龄变化不感兴趣,而是更关注环境和情境对行为的影响。

(3)偏爱实验室研究。

这个时期的儿童心理学家更重视可以对变量加以控制的实验室研究,不喜欢自然情境的研究。他们认为后者的研究有许多影响无法控制,研究者不能得出哪些重要的因素在影响行为的结论。如当时的社会学习理论者们做了许多实验室实验来支持他们提出的行为可以通过观察与模仿获得的主张。

3. 20世纪60年代中期到现在

(1)重新发现皮亚杰理论。

皮亚杰(J. Piaget,1896—1980)是当代最著名的儿童心理学家,建立了结构主义的儿童心理学或发生认识论。他从20世纪20年代起就在瑞士系统地研究儿童认知发展,创造性地用弗洛伊德的"临床法"研究儿童,提出了认知发展的四个阶段和作为认知发展的特殊领域的道德认知发展的阶段。20世纪30年代至50年代是皮亚杰理论的成熟期,但是由于当时行为主义处于极盛时期,掩盖了皮亚杰的影响。皮亚杰对儿童发展的普遍性(而不是个别差异)很感兴趣,认为儿童的发展是成熟和经验相互作用的结果,把儿童看成是积极主动的有机体,无须成人直接指导或对环境进行安排,儿童会自己去寻找刺激,组织自己的经验。他的观念改变了人们对儿童的基本看法。

(2)重新研究遗传和成熟对行为的影响。

重新研究遗传和成熟对行为的影响不是简单的重复,现在的研究设计都突出生物学特征和内环境提供经验的相互作用。例如,研究者假设婴儿都有依恋照料者的生物学倾向,但是每个婴儿的依恋性质可以是不同的。研究表明，儿童的气质以及父母的照料行为都会影响依恋的类型。

（3）试图把认知发展和社会行为联系起来。

早先的研究者把认知发展和情绪、社会行为作为两个孤立的对象加以研究，现在人们已经将两者联系起来考虑儿童对社会情境、对道德关系的思考。例如，一个儿童撞倒另一个儿童，如果被撞倒的儿童认为那是对方故意的挑衅，他就可能采取攻击性行为，若认为那是不小心撞到的，就可能自认倒霉而作罢。

（4）将儿童心理学知识应用于社会实践。

儿童心理学早期研究有相当一部分与社会需要紧密相连。如比纳为了完成对智力缺陷儿童的筛选工作，保证他们得到有利的教育，与西蒙一起制定了第一个智力测验的量表（1905），经过三年的修订后又发表了第二次量表。又如华生在宣传他的行为主义思想时，也十分重视用这种思想来指导儿童教育。他强调教育要适合儿童现有的文化，不要墨守成规、强求社会统一的"理想"和"指标"，强调儿童学习习惯的培养，主张取消体罚。华生还对儿童的护理提出了详尽的规定。可是到了20世纪五六十年代，许多发展心理学家回避应用性问题，感到无法向父母和与儿童打交道的人提出建议。进入20世纪八九十年代，社会发生了急剧的变化，如家庭的大小、结构、组成人员和家庭的功能都发生了相当大的变化，妇女参加工作的概率越来越大，离婚率也迅速增长，青少年怀孕、吸毒和犯罪率上升，虐待儿童现象蔓延。这一切都向发展心理学工作者提出了挑战。实际上，近一二十年来儿童心理学家们在应用性研究上已做了大量工作。如对发展过程中产生的一些现实问题的研究：胎儿发育和优生问题的研究，婴幼儿早期教育的研究，家庭亲子关系和儿童教养类型的研究，独生子女问题的研究，离婚家庭儿童的研究，青少年犯罪问题研究，等等。如对教育教学过程中一些现实问题的研究：婴幼儿的学习途径、奖励和惩罚的研究，社交技能训练的研究，等等。此外，许多与儿童心理学结合的交叉学科，如儿童发展心理语言学、儿童发展心理生物学、儿童发展心理病理学、儿童发展心理社会学等学科的形成和完善，也是应用研究的重要标志。

三、中国儿童心理学的发展历程

20世纪20年代，科学的儿童心理学被介绍到我国。最早讲授儿童心理学的是儿童心理学家陈鹤琴。他的《儿童心理之研究》（1925）一书可以说是我国较早的儿童心理学教科书。这本著作记载了他用日记法对儿童进行了三年的追踪观察的成果。此后，西方各学派（如测验学派、精神分析学派、行为主义学派、格式塔学派等）的儿童心理理论及研究相继被介绍到中国。同时，我国心理学家也开展了自己的一些研究。如浙江大学的黄翼在20世纪三四十年代期间对儿童进行了语言能力、绘画能力、性格评定等方面的研究，以及重复皮亚杰的一些实验，并著有《儿童心理学》一书（1942），此外，艾伟、肖孝嵘以及孙国华、陆志韦等都曾为儿童发展心理学做出贡献。肖孝嵘著有《实验儿童心理学》《儿童心理学》等书，孙国华的《初生儿的行为研究》专论对当时儿童心理学的教学与研究有重要的影响。此外，他们在编制和修订儿童能力测量和教育测验方面也做了不少工作。1949年以来，我国的儿童心理学也像其他学科一样有了很大发展。20世纪50年代是学习苏联的阶段，那时的儿童心理学教材多译自苏联教本。巴甫洛夫高级神经活动的学说对我国儿童心理学家影响较大。当时也有结合我国实际进行的一些探索性研究，如儿童两种信号系统的实验研究、词在儿童概括认识中的作用、儿童方位知觉的实验研究以及入学年龄的研究等。20世纪60年代是经历了50年代后期的心理学界的"大批判"后的转折时期，这是1949年以来儿童心理学的第一个繁荣时期，进行了数以百计的儿童心理发展的研究。就研究课题的年龄阶段来看，有儿童早期、学龄期及青少年时期的研究，而以幼儿及学龄初期儿童心理研究居多。就涉及的方面来看，有生理机制的研究，有心理过程各个机能的研究，特别是关于儿童思维发展的研究，涉及概念的掌握、因果关系的理解、寓意的理解、推理思维的形成。在理论问题上，遗传、环境、教育在儿童心理发展中的作用问题，儿童心理发展的动力问题，内外因的关系问题，年龄特征的稳定性与可变性问题等，在当时都曾引起大家的兴趣与热烈讨论。在教育建设方面，由朱智贤主编的《儿童心理学》教科书于1962年出版，这是我国以马克思主义为指导，批判吸收国外研究成果，密切联系我国儿童教育实际编写教科书的最初尝试。这一阶段，对西方儿童心理学评介工作也开始为人们所关注，如对日内瓦学派、巴黎学派的儿童心理学著作进行评论，以及翻译有关的资料。

1966—1976年的十年，儿童心理学的研究处于停顿甚至后退的状态。粉碎"四人帮"后，百废待兴，我国的儿童心理学工作者在吸收大量国外先进科技的基础上，开始结合我国儿童教育、儿童保健卫生等实际，进行具体课题的研究，同时以辩证唯物论为思想指导探讨一些儿童心理发展的理论问题。20世纪70年代末80年代初，涉及的课题主要有早期发展与教育的问题，婴幼儿动作、语言发展的研究，超常、低常儿童的心理研究，学习与发展的关键年龄问题，道德发展的研究，数概念的发展研究，各种思维过程的发展研究，以及皮亚杰式的实验验证研究，等等。理论方面，有评介皮亚杰的理论，有评介新行为主义的理论，特别与前期有显著不同的是心理测量工作的开展。在全国一些地区，制订或修订了一些标准化的心理测量量表，为儿童心理的研究以及儿童教育、保健等工作的开展提供了客观的科学工具。

自20世纪80年代中期以来，我国儿童心理学研究有两个显著的特点：

（1）社会性发展和社会化的研究开始提到重要地位。开展了有关独生子女和非独生子女行为与性格特征比较的研究，父母教养类型与儿童性格发展关系的研究，自我意识发展的研究，同伴关系的研究，性别关系的研究，道德发展的研究等，改变了过去重认知研究、忽视社会性研究的倾向。

（2）结合社会需要的应用性研究加强。如随着计划生育政策深入千家万户，独生子女比例越来越高，儿童心理学研究了独生子女的一些行为特征与家庭教育的关系；随着离婚率的增长，儿童心理学家们研究了离异家庭对儿童发展的影响，父母的期望、价值观对儿童发展的影响，等等。

第三节　学前儿童发展心理学的研究方法

通常，心理学上采用的研究方法主要有两种：描述性研究和实验性研究。前者如观察法、调查法、个案法等，后者如实验室研究、自然实验法等。这些研究方法对研究学前儿童发展心理同样适用。下面将详细介绍学前儿童发展心理学研究常用的研究方法及研究设计的几种类型。

一、学前儿童发展心理学常用的研究方法

（一）描述性研究方法

1. 观察法

观察法是指研究者在自然情景下，有计划、有目的地观察被试的行为及其变化，凭自己的感官或借助于其他手段或仪器予以详细记录并进行分析，从而发现心理现象产生与发展规律的一种方法。观察法是发展与教育心理学研究史中经常使用的最基本的方法。为了保证观察结果的真实可靠，原则上都应在被观察者不知情的情况下进行。

从不同的观察目的出发，可以把观察法划分为不同种类。根据观察的时间安排，可以分为集中观察和分散观察，集中观察指在长时间内连续观察；分散观察是按一定的时间进行的间隔观察，每次观察一段时间，反复进行。根据观察的内容不同，可以分为全面观察和重点观察。全面观察即在一定时期内对被试的心理面貌进行方方面面的观察，以了解被试在一定时期内全部心理的表现；而重点观察是在一定时期内，选定个体心理发展的某一方面或某些方面进行观察。从规模上看，可分为群体观察和个体观察。群体观察的研究对象是一组儿童，而个体观察的研究对象是某一个儿童。我们可以根据研究的需要，采用不同的观察方法。

观察法的优点是在自然情景下研究儿童的心理，所得的资料比较真实。使用观察法要求研究者具有敏锐的观察力，并要坚持观察的目的性、客观性、全面性和观察对象的典型性。不过，观察法原则上应在被观察者不知情的情况下进行，往往是被试表现出什么身心状态研究者就观察什么，但被试可能长时间表现出来的现象与研究者预先设立的课题无关，因此研究起来较被动。

2. 调查法

调查法是指通过被调查者对研究者提出的问题的回答来收集资料、弄清事实、发现问题、探求规律的研究方法。

根据是否向被研究者本人进行调查，分为直接调查法和间接调查法。直接调查法是由被研究者本人直接回答所问问题的方法。如对某个幼儿的调查，可以通过对其本人提问来进行。间接调查法是由熟悉被研究者情况的人来回答问题的方法，如对某个幼儿的调查，可以通过对其家长、老师和其他同学来进行。根据被调查者回答问题的方式，可以把调查法分为书面调查法和口头调查法。书面调查法即问卷法，是通过书面形式，以严格设计的问题和表格，由被调查者自行填写、回答，从而收集资料和数据的方法。这种方法可以同时调查很多人，能在短时间内收集到大量信息，但难以保证每个被调查者都能如实地、无遗漏地回答所有问题。问卷正式施测之前，应进行信度和效度分析，以保证问卷的有效性。口头调查即谈话法，指研究者和被研究者面对面交谈，以获取所需信息的一种方法。谈话的方式有个别交谈、开小型座谈会等。具体采用哪种方式，可根据谈话的内容和要求来决定。口头调查法能对被调查者有一个详尽、系统的了解，并且往往有意外的收获，但口头调查比较费时，对调查者的要求也较高。

3. 个案法

个案法是将一个具体单位（一个儿童、一个儿童群体、一个儿童群体的某一个问题等）作为研究对象，对其进行长时间的调查研究，以摸清它的来龙去脉的研究方法。如对某个智力超常的儿童、某个具有退缩行为的儿童进行个案分析，调查了解他的家庭与社会背景、学习条件、个性特征、智力水平等，不仅追溯他的过去，还要追踪他的未来成就。所以，个案法经常与纵向的追踪研究相结合。日记法或传记法是研究个案的最常用方法。随着现代技术的日益发达，以及录音、录像装置的广泛使用，研究结果会更加准确。

个案研究由于观察比较细致、记述比较系统，因此可以获得别的方法所不能获得的宝贵资料。个案研究法的不足之处在于只有单个儿童的个别资料，缺少可供比较的个体或群体。同时，从单个个体那里得到的资料不一定有代表性，很难对大多数儿童做出一般性的推论。

（二）实验性研究方法

1. 实验室实验法

实验室实验法是在对实验条件严加控制的条件下，在专门的实验室内，借助专门的实验设备，通过引起或改变一种或几种影响个体心理变化的条件，从而观察个体生理及行为的变化，揭示出特定条件与儿童心理现象之间的关系的方法。

实验室实验法的主要优点在于它的控制比较严格，所获得的数据的可重复性高，数据比较可靠，结论经得起考验。但实验室实验法也具有一定的局限性，主要在于实验室的情况与儿童的实际生活有一定的距离，可能会使儿童产生不自然的心理状态，在实验室条件下被试心理表现可能"失真"。而且，这种方法很难控制被试内部心理复杂活动，难于研究被试心理的历史变化过程，如对儿童的道德认知、个性品质等复杂的心理特点的研究较困难。

2. 自然实验法

自然实验法是指在儿童日常生活和活动的自然条件下，引起或改变影响儿童的某些条件来研究儿童的心理特征的变化的方法。自然实验法兼具观察法和实验法的长处，既能较好地反映教育实际的情况，又可以对变量进行一定的控制，能主动诱发研究者期望研究的现象，使研究达到一定的精确程度。同样，自然实验法也存在一定的局限性，如在自然的活动条件下进行实验，难免出现种种不易控制的因素，给因果分析带来障碍；花费较多，所需技能也比较复杂，难以长期保障在自然条件下做实验研究等。

综上所述，儿童发展与教育心理学研究的方法多种多样，这些方法各有利弊。由于单一研究方法本身的局限性，只能使研究者获得小部分信息，而大部分信息被忽视或遗漏，加之在使用中受到其他因素的影响，会增加结果的误差，降低研究的科学性，使研究者难以得出准确的结论，因此，在研究方法上出现了综合化的趋势。现代儿童心理学的研究方法除了原有的观察法、实验法等以外，又引入了一些现代化手段，如单向玻璃观察室，显示刺激的录音、录像和电视设备以及电子计算机处理研究资料等。近年来，西方国家在婴儿心理研究方面取得了较大进展，这与现代科学技术的使用有一定的关系。只有尽可能地采用多种研究方法，对用不同方法取得的结果进行相互验证和比较，才能提高研究的科学性和可靠性。

二、学前儿童发展心理学研究设计的几种类型

（一）横向研究和纵向研究

1. 横向研究

横向研究又称横断研究，是在一个特定时间同时观测不同年龄的不同个体来探究心理发展的规律和特点。例如，为了研究 1~3 岁儿童词汇发展的特点，可以在同一时间里对 1 岁、

2岁和3岁的三组儿童作词汇数量的测定。对比不同年龄组儿童词汇数量的多少、词汇出现的早晚,以得到1~3岁不同年龄段儿童词汇发展的特点。

横向研究的优点在于时间短、取样大,一般只需几天或几个月,就能迅速地获得大量的数据资料,省时省力。由于取样大,材料更具有代表性;而且时间短,不易受时代变迁所带来的影响。

横向研究的不足之处在于,由于被试来自不同年龄段的个体,不一定能确切地反映心理发展的连续过程和特点。比如要探究心理发展的趋势和发展的转折点,以及早期经验后期心理发展的影响时,横向研究无法获得满意的效果。

2. 纵向研究

纵向研究又称追踪研究,是对同一个体或同一群个体,在较长时间内进行定期的观察、实验或测量,探究心理发展的规律。例如,美国的特曼(Terman L. M.)从1921年开始对1528名超常儿童(当时的平均年龄为11岁)进行追踪研究,直到20世纪80年代末仍未间断,积累了这些被试从童年、少年、青年到老年的毕生发展资料。

纵向研究的优点是,通过对个别或若干个体的长期追踪性研究,可以获得心理发展连续性和阶段性的资料,尤其是可以弄清发展从量变到质变的飞跃,探明早期发展与以后阶段心理发展的关系,这是横向研究无法替代的。同时,纵向研究可以对儿童各个方面做细致的、整体的考察,以揭示心理不同方面的关系,以及各种因素对发展的影响,从而深入了解发展的机制和原因。

纵向研究的缺点在于被试的代表性问题。由于纵向研究历经的时间长、耗资多,因此选择的被试不可能像横向研究那样数量大。同时,也因为所花的时间太长,难免有被试流失,使原本不多的样本减少,有可能影响取样的代表性。纵向研究有时需要被试反复做某几项测验,可能使被试产生厌烦情绪和"学习效应"(即所谓的"测验通")。

此外,长期的纵向研究很容易受时代变迁和家庭环境变化的影响,势必影响研究结果。有的结果本身有一定的时代意义,过后有可能就失去了其重要性。

为了既避免纵向研究与横向研究的缺点,又兼取二者之长,人们设计了纵向研究与横向研究相结合的方法。如果研究3~12岁儿童的心理发展,可以取3岁、6岁、9岁三个样本,同时追踪4年,此时样本分别达到6岁、9岁和12岁,6岁组和9岁组各重复一次,研究时间由原来的10年减为4年。这样既节省了时间,又达到了研究的目的。

(二)血缘关系研究与跨文化研究

1. 血缘关系研究

血缘关系研究是指通过人们之间血缘的亲疏关系来分析某种特征发生的频率或一致性程度,从而探讨遗传因子和环境对这些特征所产生的作用大小。比如,家谱分析、寄养儿童的研究、双生子对比研究等,都属于此种性质的研究。

2. 跨文化研究

跨文化研究,亦称交叉文化研究,是指同一个课题通过对不同社会与文化背景的儿童进行研究,以探讨儿童心理发展的共同规律和不同的社会生活条件对儿童心理和发展的影响。跨文化研究的好处在于能更好地形成理论和对变量做出更全面的考虑,更好地确定哪些发展模式是具有普遍意义的,哪些发展模式只是特定文化因素的产物。

第四节　幼儿教师学习学前儿童发展心理学的意义

学前儿童发展心理学作为研究儿童心理特点、学习规律及其教学应用的学科，其目标是学习和运用心理学中与教育有关的理论知识进行有效教学，提高教育的质量和成效。学前儿童发展心理学最重要的作用在于有助于促进教师的专业成长，培养专家型教师。

一、有助于促进幼儿教师向专家型教师转变

（一）从新手教师到专家型教师的过程

Dreyfus将教师从新手到专家的过程划分为五个阶段：新手水平、高级新手水平、胜任水平、熟练水平和专家水平。

新手水平教师是师范生或刚进入教育领域的教师。在这个水平上，教师的任务是学习一般的教学原理、教材内容知识和教学方法等，并熟悉课堂教学的步骤和各类教学情景，初步获得教学经验。

高级新手水平教师是有两三年教龄的教师。他们的言语化理论知识与经验相融合，教学事件也与案例知识相结合。他们开始意识到各种教学情境有其共性，也会运用一些教学策略来调节和控制自己的行为。但是，他们还不能有意识地控制自己的行为或课堂中的教学事件，还不能确定教学事件的重要性。因此，这一水平的教师虽然获得了一些关于课堂教学事件的知识，但他们的课堂管理与教学活动并不是在系统意识水平下的行为，而是带有很大的偶然性、片段性和盲目性。

胜任水平并不是每个教师都能达到的。他们的教学有两个特性：能明确自己的教学目标和内容；能确定课堂教学活动中各类事件的主次。这一水平的教师对完成教学目标有较强的自信心，但是他们的教学技能仍然达不到迅速、流畅与变通的水平。

熟练水平教师对课堂教学情境和学生的反应有敏锐的观察力。他们能从不同的教学事件中总结出共性，形成有关教学的模式识别能力，可以准确地预测学生的学习反应，同时能洞察和关照学生的多样性和个别差异。正是由于获得了这些能力，熟练水平教师能根据课堂教学进程及学生的学习反应，及时调整自己的教学计划，并有效地控制自己的教学活动。

专家水平教师在处理课堂教学事件时，更多以直觉方式立即反应，从而能轻松、流畅地完成教学任务，必要时以分析、思考、有意识选择与控制等方式处理一些偶发事件和新情况。专家水平教师会针对复杂程度各异的教学情境，采取不同的处理方式：当突发的教学事件发生时，他们开始有意识地思考，采取审慎的解决方法；当教学事件进行得十分流畅时，他们的课堂教学行为就成为一种自然而然的反射行为。

（二）专家型教师的特点

研究表明，专家型教师有三个共同特点：第一，专家水平的知识。专家型教师在教学中采用更多的策略和技巧，他们比新教师能更有效地运用自己的知识来解决问题。第二，高效。专家型教师比新教师用更少的时间完成更多的工作。第三，创造性的洞察力。专家型教师比新教师更能够创造解决问题的新颖的、恰当的方法。

具体来讲，专家型教师授课时需要什么类型的知识？第一，很显然，专家型教师必须掌握内容知识，即有关所授学科的知识。这种内容知识水平可以通过以内容为基础的课程和学校外的经验来提高。例如，一位教师打算教数学，那么他的内容知识将来自他学过的数学课程，也可以来自在校外运用数学、阅读和讨论有关数学问题的经验。第二，专家型教师需要掌握相关的教育学知识。教育学知识一般包括如何增强学生的动机，如何在课堂上管理不同水平的学生，以及如何设计和实施测验等。第三，专家型教师需要掌握有关教育对象心理的知识，以便能够与教育对象互动。

专家型教师与新教师在组织和储存知识方面有差别吗？心理学家通过研究专家和新手在问题解决方面如何运用知识，发现了一些潜在的差异。如许多研究者仔细考察了专家和新手解决物理问题的差别。一项研究表明，专家和新手对物理问题进行分类的方式不同。总的来说，专家对物理问题的深层结构很敏感，他们按照物理问题答案所涉及的原理（如质量守恒）来对问题进行分类。相反，新手则对问题的表面结构很敏感，他们按照题目当中涉及的事物（斜面）来对问题进行分类。这些结果表明，专家和新手的区别不仅在于他们所拥有的知识量，而且在于他们是如何在记忆中组织这些知识的。例如，在一堂光合作用课上，如果学生提问为什么植物不需要泥土也能生存呢？专家型教师的回答会是泥土只提供水和矿物质，植物需要的营养实际上是由植物细胞在泥土中将光能转化成化学能而产生的。可见专家型教师的回答针对了学生有关植物从泥土中获得营养的错误观念，并教给学生正确的答案，即植物是通过光合作用获得营养的。相反，对这个问题，新教师做出的回答可能是简单的即植物从泥土中获取必要的矿物质。这样的答案就不能很好地将问题重新转回到光合作用这个重要主题上来。总之，专家型教师拥有广泛的、组织良好的知识，并在教学中可以随时提取。

专家型教师的工作效率是很高的。专家型老师把熟练掌握的技巧自动化。通过自动化，专家型教师便能够轻松地完成教学任务。专家型教师通常在纪律问题真正发生之前就处理掉潜在的问题。比如，当教师觉察到某个学生注意力不集中时，就会提到该学生的名字，这样该学生的注意力又会回到课堂上来，而这个过程几乎没有其他人觉察到。相反，新教师可能一直要等到捣蛋行为出现才会觉察到问题的存在。注意力不集中的学生感到自己暴露在全班同学的面前，可能会感到很没面子，同时其他同学也被干扰了。专家型教师知道怎样让后排讲话的学生保持安静而同时又不影响其他同学听讲。专家型教师具有创造性的洞察力，能高效地设计、监督和修改解决问题的方法。因此，要想成为一名专家型教师，就必须拓展知识面、提高工作效率和培养对问题的洞察力。

二、有助于促进教师的专业成长

正如前文所述，要想成为一名专家型教师，就必须拓展知识面、提高工作效率和培养对问题的洞察力。培养这三方面的技能有多种途径，既可以通过学习教育学、心理学课程获得，也可以通过学习其他课程获得，还可以通过日常教学实践，特别是同有经验的专家型教师一同共事的经验中获得。但是，不管如何，成为一名专家型教师需要一个过程。学前儿童发展心理学将有助于促进教师的专业成长，使之尽快成为专家型教师。具体表现在以下几个方面：

（一）帮助教师准确地了解问题，为实际教学提供科学的理论指导

学生的情况是千差万别的，一旦出现了学习困难，教师可通过学前儿童发展心理学找到

问题产生的原因和方法。例如，一名幼儿在口头语言表达方面存在困难，我们就可以应用智力测验等各种形式的测查手段来找出症结所在。当然，语言障碍也可能与个人的生活经验有关，如父母离异、对儿童漠不关心或期望过高致使学习动机受挫等。教师可以应用儿童发展心理学的理论和研究方法，准确地了解学生，采取针对性的方法，促进幼儿的社会性发展和心理健康发展。

学前儿童发展心理学有助于教师对传统常规的教学方法和教学行为进行分析与研究，提出更为科学的观点，形成新的科学认识。例如，在促进幼儿"五大领域"的良好发展上，教师应该如何协调幼儿积极的情绪情感发展与知识技能发展的关系？如何保障幼儿在快乐中丰富知识和发展能力？如何在保护和激发幼儿的学习兴趣的前提下促进能力的发展？如何在保障幼儿安全的前提下充分提供幼儿活动的机会和扩大活动空间、丰富活动形式？这似乎是不应该成为问题的问题，然而学前儿童发展心理学的研究却表明，其答案并非人们想象那么简单，应综合考虑不同的年龄、不同处理方式的利弊等，才能进一步优化教育方式，更好地促进幼儿成长。

学前儿童发展心理学为学前阶段的实际教学提供了一般性的原则和技术，教师可结合实际情况将这些原则转变为具体的游戏活动或教学程序。例如，依据幼儿心理发展特点，在活动中适当延迟幼儿的欲求满足，循序渐进培养幼儿自控能力等。

（二）帮助幼儿教师分析、预测并干预幼儿的行为，使其能结合幼儿实际活动进行创造性研究

利用儿童发展心理学原理和幼儿年龄心理特征，幼儿教师不仅可以正确分析和了解幼儿，而且可以预测幼儿将要发生的行为和发展的方向，并采用相应的干预或预防措施，达到预期的效果。比如，根据幼儿的智力发展水平，为幼儿提供更为充实、更有利于其潜能充分发展的环境和活动内容；为显现出不良行为倾向的幼儿提供具体的帮助或行之有效的矫正措施，使其达到正常的发展状态和社会适应性。比如，对于幼儿应当养成哪些良好的行为习惯，如何养成良好的行为习惯，一般教师的做法可能是：严格要求，甚至对其进行批评指责。但是，发展心理学的研究表明，惩罚虽然能抑制幼儿的不规范行为，但也容易抑制幼儿的好奇心和探究性行为；惩罚不仅仅是抑制了幼儿令成人不满的行动，同时也可能教会了幼儿学会恐惧权威。因此，如果教师只是表扬那些行为规范的学生，那么对应的学生的不规范行为反而会减少。因为，许多幼儿做出不规范行为的目的可能在于引起教师和同学的关注，而教师的要求和批评正是对其的一种关注，从而强化了其不规范行为，如果教师表扬规范行为，而不关注不规范的行为，幼儿会懂得怎样选择行为去有效获得教师或同学的关注。这样则可以强化良好的相互配合的行为，控制不良的单边行为，抑制不良的行为习惯。

学前儿童发展心理学不仅为实际教育活动提供一般的理论指导，也为教师参与教学研究提供了可参照的丰富的例证。有效的师幼互动需要教师因人、因事、因时、因地而灵活地进行，因为幼儿的具体情况以及班级、幼儿园、相应的社会环境各有不同，幼儿活动内容、活动时段、活动方式等也各不相同，普遍适用的活动模式是不存在的，这些都需要教师结合具体实际，创造性地、灵活地将学前儿童发展心理学的基本原理和规律应用于具体幼儿活动中。

思考练习题

1. 简述学前儿童发展心理学研究的内容。
2. 请谈谈幼儿教师学习学前儿童发展心理学的意义。
3. 案例分析题。

（1）某大班幼儿特别调皮，经常欺负小朋友，有时还偷偷跑到园外玩，害得老师到处找。与家长联系，回答是生意忙、顾不上。最后老师只好在组织活动时搬把小椅子让他坐在门后，规定他可以不听讲，但不能随便走动。

（2）毛毛小朋友爱动爱说，爱跟同伴打闹，老师为此很头痛。为了"教育他"，有一天，老师让其站在小椅子上，把两只胳膊举起来，足足站了四十分钟。

以上两位老师对幼儿采取的教育方法实际上是体罚和变相体罚，伤害了幼儿的人格尊严，用剥夺幼儿正常活动的办法，或者强制幼儿做不适动作的方式来惩罚幼儿，这样做虽然暂时抑制了幼儿的"违纪"行为，却造成了幼儿对幼儿园的恐惧，对教师的畏惧，不利于幼儿快乐健康地成长。因此，教育的宗旨不能简单地表现为对幼儿行为的规定和约束上，更要渗透到幼儿内心对生活的热爱情怀上。幼儿教师要懂得好的教育才能促进幼儿完整人格的和谐发展。

请通过以上材料分析一下导致上述幼儿"不规范"行为产生的原因以及从幼儿教师的角度，谈谈对上述幼儿较优化的其他教化方式。

第二章 心理发展的主要理论

教育只能根据人的天分和可能性来促使人的发展,教育不能改变人生而具有的本质。但是没有一个人能认识到自己天分中沉睡的可能性,因此,需要教育来唤醒人所未能意识到的一切。每一种教育的作用也并非是事先能预料的,教育总是具有无人事先能想到的作用。正如雅斯贝尔斯所言,"教育的界限不能事先划定,而只能在实际中观察把握"。

第一节 心理发展概述

一、心理发展概念和一般特性

1. 心理发展的概念

心理发展包含两种过程:一种是"渐进论"的观点,即认为从婴儿到成人的心理发展是一个逐渐积累的连续量变过程;另一种是"阶段论"的观点,即认为个体的心理发展不是一个连续量变的过程,而是经历一系列有着质的不同的发展阶段的非连续过程。

心理发展(广义):人类个体从出生到死亡整个一生的心理变化。

个体心理发展的阶段划分:

(1)划分依据:一段时期内所具有的共同的、典型的心理特点和主导活动。

(2)个体心理发展阶段:个体的心理发展划分为8个阶段,即乳儿期、婴儿期(相当于学前早期)、幼儿期(相当于学龄前期)、童年期(相当于学龄初期)、少年期(相当于学龄中期)、青年期(相当于学龄晚期)、成年期、老年期。

2. 心理发展的一般特征

心理发展是有客观规律的,它是通过量变而达到质变的过程;是从简单到复杂、由低级到高级、新质否定旧质的过程;是矛盾着的对立面既统一又斗争的过程。个体心理发展表现出一些带普遍性的特点,概括起来有以下几点:

(1)心理发展是一个持续不断的过程,每一心理过程和个性特点都逐渐地、持续地发展着,由较低水平到较高水平。

(2)心理发展有一定的顺序性,即整个心理的发展有一定的顺序,个别心理过程和个性特点的发展也有一定的顺序。如儿童的思维总是从具体思维发展到抽象思维。

(3)心理发展过程呈现出许多阶段,前后相邻的阶段有规律地更替着,前一阶段为后一阶段准备了条件,从而有规律地过渡到下一阶段。

(4)各个心理过程和个性特点的发展速度不完全一样,它们达到成熟的时期也各不相同。如感知觉、机械记忆等早在少年期之前就已发展到相当水平,而逻辑思维则需至青年期才有相当程度的发展。

(5)心理的各个方面的发展是相互联系和相互制约的,如儿童知觉的发展是记忆发展的前提,而记忆的发展又反过来影响知觉的发展。知觉为思维提供具体的直观材料,这是思维发展的基础，而思维的发展又完善了知觉，使之成为有目的的观察。

（6）心理发展有明显的个别差异。由于每个人生活的环境和教育条件不尽相同，遗传素质也有差异，所从事的活动也不一样，心理发展的速度和心理各个方面的发展情况也是因人而异的，这就造成了同一年龄阶段上的不同儿童在心理上的差异。

二、心理发展的影响因素

到底什么影响了幼儿心理发展呢？这个问题曾引起了长年的争论。在儿童心理学史上，历来有遗传论与环境论的争论。

（一）遗传决定论

遗传决定论一致认为，儿童的智力和个性品质在生殖细胞的基因中就已经被决定了，环境的作用仅在于引发、促进或延缓先天素质的自我展开，而并不能改变其本质。高尔顿是遗传决定论的创始人，他明确地宣称："一个人的能力是由遗传得来的，它受遗传决定的程度，如同一切有机体的形态及躯体组织受遗传决定一样。"又如，美国心理学先驱之一、美国第一任心理学会主席霍尔的典型论调是"一两的遗传胜过一吨的教育"，以及格塞尔主张"成熟论"。

遗传是一种生理现象，是指双亲的身体结构和功能的各种特征通过遗传基因传递给下一代的现象。遗传的生物特征，或称遗传素质，主要是指那些与生俱来的有机体的构造、形态、感官和神经系统等方面的生理解剖特征。生理成熟是指机体生长发育的程度或水平，也称为生理发展。

遗传和生理成熟是心理发展的物质前提和基础，主要体现在三个方面：

1. 遗传是心理发展的物质前提

遗传素质为幼儿的身心发展提供了可能性，比如健全的四肢是动作技能发展的前提，完善的发音器官是口语发展的前提，发育良好的大脑和神经系统是智慧发展的前提。先天失明的幼儿不能发展视力，先天聋哑的幼儿不能发展听觉和口语，无脑畸形儿不能产生任何心理活动。由此可见，没有正常人的遗传素质，就没有正常人的心理，遗传是儿童心理发展的物质前提。

2. 遗传素质的个别差异为儿童发展的个别差异提供了最初的可能性

正常的儿童都具有人类的遗传素质，但由于不同的个体在高级神经活动类型、感觉器官的结构和机能上的遗传素质存在差异，使有的幼儿易于发展成为一个安静的人，有的易于发展成为一个活泼好动的人，有的易于发展成为一名有才能的音乐家，有的则易于发展成为一名优秀的体育运动员。

3. 生理成熟在一定程度上制约心理发展

如果某种生理结构和机能达到一定成熟程度时，适时地给予适当的刺激，就会使相应的心理活动有效地出现或发展。如果机体尚未成熟，那么，即使给予某种刺激，也难以取得预期的结果。例如格塞尔的"双生子爬楼梯"的经典实验。格塞尔以同卵双生儿为被试进行了一些早期训练的实验，以期了解训练儿童时成熟在其中所起的作用。以"爬楼梯"的实验为例，实验人员先对双生儿其中的一个进行了训练，时间是从出生后46周到52周，每天训练10分钟；对另一名婴儿从出生后53周到54周进行了训练。结果是先训练者爬楼梯的速度为25秒，而后训练者爬楼梯的速度为24秒，提早训练并没有表现出优越性。格塞尔等人根据这一类研究的结果,提出准备的主要因素是成熟,个体发展的基本形式和顺序由神经系统的成熟来决定,过早的训练只能带来一时的效果,而真正的学习效果要在成熟之后才能出现。

遗传决定论的致命弱点是过分而片面强调先天遗传的作用,而忽视了后天环境和教育在儿童心理发展中的作用。

(二)环境决定论

环境决定论恰好相反,它片面和机械地强调环境和教育在儿童心理发展当中的作用,认为儿童心理的发展完全是由环境决定的,极端重视环境和教育在人的发展中的作用,否认人的主观能动性、遗传素质以及儿童的年龄特征的作用。英国经验决定论者洛克的"白板说"就属于环境决定论。行为主义学派的创始人华生是最典型的环境决定论者。斯金纳认为,人的任何行为都可以通过外在的强化或惩罚手段来加以塑造、改变、控制或矫正,也忽略了人的内部心理活动的主观能动性。

环境是指个体体外一切能影响其身心发展的因素,有自然环境和社会环境两种,自然环境提供个体生存所需要的物质条件,如空气、阳光、水分、养料等。社会环境指社会生活条件,如社会的生产发展水平、社会制度、家庭状况、社会气氛、受教育状况等。这里所讲的环境主要指社会生活条件和教育的作用。人类心理发展与动物心理发展有本质不同,动物发展主要依靠本能、成熟和直接经验,而人类发展主要依靠学习、文化传递,依靠教育。人类个体既是一个自然实体,也是一个社会实体。在遗传和生理成熟所提供的可能范围内,环境和教育对个体心理发展的实际水平起主导作用。具体表现在:

1. 环境使遗传所提供的心理发展的可能性变为现实

尽管遗传提供了心理发展的可能性,但如果不生活在社会环境里,则这种可能性也不会变成现实。野兽抚养大的孩子虽然具有人类的遗传素质,却不具备人类的正常心理。典型的例子如印度狼孩卡玛拉和阿玛拉,不会直立行走,不能说话,没有人类的动作和情感。剥夺儿童生活的社会环境,其心理难以正常发展。下面的例子也可说明这一点。1970年在美国加利福尼亚发现了一个名叫基尼的13岁女孩,其母亲失明,她自婴儿期起就受到父亲的虐待,被隔离在一个小房间里,没有人和她说话,几乎不能听到什么声音,只是由哥哥匆匆地、默默地供给她食物。当基尼被发现并送到医院时,她严重营养不良,最初几个月的测查得分只相当于1岁正常儿童。调查认为,基尼的缺陷不是天生的。13岁以后,经过7年的精心教育,她虽然学得了一些语言,却没有学会人类语言的语法规则。事实说明,具备正常遗传素质的儿童,其心理发展受环境的决定性影响。

2. 环境制约个体心理发展的水平和方向

从宏观上来看,社会生产的发展水平,影响国民经济生活,影响科学文化和教育水平,从而影响到个体心理的发展水平。现代儿童生活环境的多样化和复杂化,是上一代人在儿时望尘莫及的。社会发展得越快,需要掌握的知识越多,教育对个体心理发展的促进作用越明显。从微观上来看,具体的社会生活条件和教育条件是形成个性差异的最重要因素。加拿大的一位研究者曾对同卵生的五姐妹进行了调查,发现虽然她们的遗传素质基本相同,但在心理特性方面有很大差别:老大严肃自信,最得妹妹喜爱;老二表现出一定的社交领导才能;老三似乎很自得;老四有点反复无常,不可捉摸;老五则需要别人照顾,依赖性极强。造成这些差别的原因主要是环境和教育因素,即父母以及其他成人对处于不同地位的孩子有不同的要求和教育方式。

值得一提的是，遗传与环境相互作用。目前，许多研究者都认为，在论述遗传与环境对心理发展的影响时，应以发展的、动态的、联系的观点去分析。某些遗传特性是因进化过程中环境因素的影响而产生的，带有环境影响的痕迹。同样，个体总是基于自己的遗传特质，以自己特有的方式作用于环境。从这个意义上讲，遗传与环境是相互联系、相互影响的，此外，在不同的个体身上、在不同的发展阶段，遗传与环境所起的影响作用是不一样的。

首先，环境影响着遗传物质的变化和生理成熟。

现代科学研究证明，胎内环境对胎儿的生长、发育及出生后的发展有重大影响。如母亲缺乏营养，不良生活习惯以及药物、辐射等都会影响胎儿的发育，从而影响其后代智力的发展。儿童出生前以及出生后，营养不良或一些意外的因素（如产伤、疾病、事故等）也可能影响儿童的生理，继而影响后来的发育。

其次，遗传素质及生理发展制约着环境对个体心理的影响。

环境对遗传起一定的影响作用，但不能从根本上改变遗传因素及儿童的生理成熟过程。反过来，遗传的特征对儿童接受环境的影响起着制约作用，最常见的是儿童的性别、最初的神经活动类型的特征、某些特殊才能的发展等。这些遗传特征使儿童从出生时起，就对外界刺激发生不同倾向的选择性反应，从而影响到外界环境刺激起作用的程度。

总之，对于正常发育的幼儿来说，某些遗传素质为其身心发展提供的可能性，必须在一定的环境影响下才能转化为现实，同时，遗传素质本身也会在环境的影响下而改变。比如，音乐听觉很好的幼儿，如果没有良好的音乐环境，没有受到良好的教育，成为音乐家的可能性就比较小，而在幼儿期并未表现出有特别音乐素质的孩子，在接受了系统的、全面的教育与训练后，将来也可能成为音乐家。

案例阅读

1974年12月，王××出生于辽宁省台安县某村一个特殊的家庭。她的母亲患病，父亲是聋哑人，缺乏照顾的她与猪为伍，形成猪的习性，1984年才被人发现。经专业人员检测，当她被外界发现时，这个11岁的"猪孩"的世界混沌一片，没有大小、长短、上下、颜色等概念，几乎没有记忆力、注意力、想象力、意志力和思维能力，甚至表现的情绪也极为原始简单，只有怨、惧、乐，没有悲伤。据测量表明，她的智商39。中国医科大学组织了9人的"猪孩"考察组，采用特殊引导的教育方法帮助"猪孩"王××认字、念诗，培养她独立生活的能力。7年后，经过全面科学的测定：王××的智力相当于小学二三年级水平；她的智商也从39上升到69，接近于正常人70的最低水准，而她的社会交往能力基本达到了正常人水平。几年前，王××与当地农民李××结婚，并生下一名男孩。

心理学家墨森等人对孤儿院孩子发展状况的差异进行了研究，认为：孤儿院的孩子显著地爱闹事（如脾气暴躁、欺诈偷窃、毁坏财物、踢打他人），更依赖大人（需要别人留意，要求不必要的帮助），更散漫和多动。与成长于正常家庭环境的孩子相比，生活在孤儿院的孩子往往既缺乏认知与社会性刺激，也缺乏应答性的反应，因而造成情绪与社会性方面的缺陷，并且一直持续到成年期。

3. 生理因素论

生理因素包括儿童的先天素质和后天的生理发展。先天素质主要指那些与生俱来的，在机体构造、形态、感官和神经系统等方面的解剖生理特征，这些特征通过遗传而获得。儿童出生以后，机体的结构和机能继续生长、发育，经过十七八年的漫长历程，逐渐达到结构的完善和机能的成熟，这一过程就是生理的发展。

儿童的生理因素是心理发展的自然基础。

首先，儿童的先天素质是心理发展的必要物质前提。一个生来大脑就有缺陷的儿童，心理就不可能获得正常的发展，这是人所共知的，无须赘述。就正常儿童而言，每个孩子的感觉器官结构、机能以及高级神经活动类型等又存在差异，这些差异对于心理发展提供不同的可能性。如有的孩子嗓音特别好，就为以后发展歌唱才能提供了可能性。又如，人的高级神经系统根据兴奋和抑制过程的强度、平衡性、灵活性，可分为四种类型，即强、平衡而灵活的活泼型；强、平衡而不灵活的安静型；强而不平衡的不可遏止型以及弱型。这些神经活动的不同特点，表现为人的动作、情绪等方面的动态特征，就构成了相应的四种气质类型，即多血质、黏液质、胆汁质和抑郁质。不同的气质类型是儿童性格发展各异的基础。

其次，儿童的生理发展在一定程度上制约着心理的发展。

随着儿童生理（特别是神经系统）上的不断生长、发育，逐渐成熟，其心理日益由简单到复杂，从低级向高级发展。比如，儿童出生后只具有初级感觉。美国斯坦福大学的两位心理学家阿脱金逊和赫尔卡特教授据有关研究指出：出生后第二天的婴儿有味觉，喜欢吃甜的流汁，而不喜欢吃咸的或没有味道的流汁。对可口的液体，如甜牛奶吮吸较快，而对淡水吮吸较慢。关于新生儿的嗅觉，也有人进行了研究。他们用浸放在气味不同的液体中的棉花球作刺激物，观察新生儿头部的转动、心跳速度和呼吸等有关变化，结果发现当新生儿闻到酸的气味时，就把头转开，心跳、呼吸速度也有所加快，表明他厌恶酸的气味。这些味觉与嗅觉有适应环境的价值，有助于新生儿避开有害的物质。新生儿的这些简单反应，带有本能的性质，不能作为其认识世界的标志。这时他们的大脑发育水平很低，此时的儿童只是一个软弱无力的幼小生命而已。

在儿童出生后的一年里，身体的各器官、系统迅速生长、发育，神经系统的结构和功能逐渐发展、增强，分化抑制形成，能够建立起较精确的条件反射，所以，不但感觉有迅速的发展，而且出现了知觉。从出生后第五六个月起，可以明显地看到儿童的知觉活动，如能辨认物体，区分成年人的声音和形象等。到了一岁左右，儿童开始形成以词为条件刺激物的第二信号系统——条件反射，不仅能够听懂成年人的简单语言，而且自己也开始学习说话了。

儿童第二信号系统的发展为其认识活动，特别是抽象思维活动奠定了基础，在此基础上其心理活动变得日趋复杂起来。

儿童生理发展呈现出一定的顺序性和阶段性，这种规律也在一定程度上制约着儿童心理的发展。例如，儿童身体的生长发育顺序一般是头—躯干—上肢—下肢，其中骨骼、肌肉的生长发育又是先大后小。与此相应的儿童动作的发展也有一定的顺序：2~3个月时头可随视、听自由转向、抬起；4个月时可用肘支撑抬胸并且能从仰卧位翻向侧卧位；5个月时可以从仰卧位翻向俯卧位并且能抓握悬挂的玩具；6个月时能握成人手从座位上站起并且由成人挟腋下作跳跃动作；7个月时能翻身取玩具并且坐稳；8~9个月时会爬并且扶杆站起；10个月时能独立站片刻并会自己坐下；11~12个月时能在成人搀扶下学习走路。学会走路以后，1~2岁的孩子逐渐掌握跳、攀、投、上下台阶的动作，3岁左右才能双脚协调地进行各种跑、跳及平衡动作。儿童手臂的动作，特别是小肌肉动作发展稍晚，一岁半以后孩子才能进行一些比较精细、灵活的动作，如搭积木、用勺吃饭、洗手、洗脸。3岁左右时孩子可以握笔有目的地画简单的线条并用橡皮泥捏物，还能自己解衣扣等。又如，儿童神经系统的结构和功能也显示着由简单到复杂、由低级到高级的发展过程。在大脑重量方面，新生儿时约为380克，3岁时达900~1 011克，7岁时可达1 280克左右，11~12岁时基本达到成人脑的重量。神经纤维在数量和长度上也是随年龄渐增。大脑皮层的机能发展是从新生儿的无条件反射逐渐到建立条件反射和日趋复杂的动力定型；从第一信号系统占优势（幼儿期及以前）到第二信号系统占优势（童年期以后）；大脑皮层的成熟过程按枕叶—颞叶—顶叶—额叶的顺序，到儿童十三四岁时才基本成熟。儿童高级神经活动这种发展的顺序性就是儿童心理发展水平由低级到高级、由简单到复杂的物质基础。

儿童生理的发展还表现出一定的阶段性特点，形成波浪式的发展。在儿童出生后到成年期间，在身高、体重和脑的生长发育的速度方面，出现两次增长的高峰期。在此期间，儿童身高、体重及脑的结构、机能迅速发展。身高、体重生长发育的第一次高峰在出生后第一年，脑发育的第一次高峰期在四五岁左右。而身高、体重和脑发育的第二次高峰期都在儿童的青春发育期。与生理发展的这一规律相应，儿童的心理发展也出现一定的阶段性。据研究表明，婴幼儿期是儿童智力迅速发展的一个阶段，因此，在此阶段进行早期教育，会取得明显的效果。到青春发育期，儿童的智力发展又有若干加速，或逐渐达到高峰，呈明显转折。例如，有的研究表明，儿童的知觉在青春期可达最高水平，记忆、比较判断力和动作反应也向最高水平趋近。若教育得力，青春发育期常是儿童智力和各种特殊能力获得发展和定型的关键时期。

综上所述，生理因素在儿童心理发展中是必要的物质前提和基础。如果我们在实际工作中不考虑儿童生理发展的可能性来要求儿童的心理发展，违反了客观规律，就会有损于儿童的身心健康成长。

4. 社会环境和教育因素

社会环境主要是指社会生产方式及由此决定的国家政治、经济、思想、教育等，此外，还有家庭、邻里、亲友等。这些因素在一定意义上决定儿童心理发展的水平、方向和个别差异。比如，在当今科学技术迅速发展的时代，儿童的生活环境不断变化，他们能接触到前辈人在儿童时期不可能接触的许多事物，因而现代儿童心理发展的水平就会不断提高。但是，即使生活在同一时代的儿童，由于所处的家庭、具体的社会环境及教育影响的不同，心理水平和特点也会存在差异，如当前现实中出现的一些天才儿童，他们智力过人的最重要原因是获得了良好的早期教育。

社会环境（包括教育）对儿童心理发展的重要作用主要表现在：不同的个体在相同的社会环境下可以形成基本相同的心理年龄特征；不同的环境和教育条件可以促使儿童素质的不同方面得以改造，并使心理向不同方面发展，从而加大儿童心理的个别差异。创造良好的社会环境和教育条件，有助于充分挖掘儿童心理发展的潜力，以造就特殊人才。

5. 家庭因素

家庭对孩子的影响具有一定的强制性、导向性和潜移默化性。在家庭教育中，对幼儿心理发展起重要作用。

家庭的教养方式一般可分为四种类型：

（1）专制型的教养方式。家长往往运用斥责、体罚、剥夺儿童权利的方法强迫孩子服从，这样会使孩子产生不满的情绪和逆反的心理，并形成自卑、敏感、退缩等个性的缺陷。

（2）放任型的教养方式。家长往往缺乏教育的信心和耐心，对孩子没有评价的标准，这将使孩子是非不清、言行失范、推卸责任，难以控制情绪，并有较强的攻击性。

（3）溺爱型的教养方式。父母把孩子视若掌上明珠，生活上父母包办一切，过分迁就和袒护他们，家长舍不得让孩子受到挫折和委屈，还认为这是出于一片"好心"，家长这种不正确的态度易使孩子形成任性、骄傲、自私、独立性差、依赖性强的特点。

（4）民主型的教养方式。父母注意尊重孩子的内心感受和想法，通过与孩子有效交流达成共识，协调双方关系，会使孩子有较强的独立性、协作性，孩子常表现出直爽、快乐和善于交往的特点。

拓展阅读

遗传论与环境论的辩论

1975年10月，在法国巴黎附近曾举行了一次著名的辩论赛。这次辩论是现代哲学史、心理学史上的重要事件。辩论会的主角是著名的皮亚杰和乔姆斯基。辩论的主题是，从人的语言机制和语言习得角度来探讨儿童发展问题。乔姆斯基支持遗传论，他从"人的语言机能在5岁时完成，到了青春期便处于稳定状态，不再发展"出发，论证心理发展是生物学的、遗传学的原因所决定的。一些关于大脑语言机能损伤的病人和有语言缺陷的家族的研究也都支持乔姆斯基的假设。皮亚杰认为，知识的获得和认知能力的发展是儿童与环境之间同化和顺应的结果。人的知识以及认知结构是主体和环境相互作用，逐步建构而形成的，是后天获得的，所以他的理论又称为"建构论"，属于环境论的一种。随着遗传论与环境论的论辩，可以说他们在一定程度上都放弃了激进的观点，并在一定程度上将对方的观点吸收到自己的阐释框架中。也就是说，强硬的遗传论者或环境论者均相应变成了温和的遗传论者或环境论者。大家都认识到，儿童发展是由遗传与环境（包括教育与文化等）两种势力交互作用和共同决定的。有的学者将遗传比作种子，把环境比作土壤。有土壤无种子固然长不出植物来，有种子而无土壤也不可能发育成长。有的则把遗传和环境分别比作燃料和氧气，要想燃烧起来，燃料和氧气缺一不可。同样的道理，儿童要实现发展也需要遗传与环境的协同作用。影响幼儿心理发展的因素是多种多样的，这些不同的因素之间又具有错综复杂的相互影响、相互制约关系。

三、心理发展的基本性质

（一）发展是连续性与阶段性的统一

心理发展是一个从量变到质变的过程。当某种新质要素还较微弱，其量的积累还没有达到一定程度时，发展表现为一种连续的变化；而当新质要素的积累到一定程度并取代旧质要素而占据优势地位时，量变就引起质变，发展过程就出现"飞跃"，显现出阶段性的特性。因此，心理发展的实际过程是：连续变化中呈现出阶段性；每一阶段既包含前一阶段的因素，又孕育着后一个阶段的新质，体现了发展的连续性。例如，儿童的思维发展就体现了心理发展的连续性与阶段性。2~3岁的幼儿虽然开始具有一些词的概括能力，但其认知方式仍以感知—动作为主，思维是借助于动作来完成的，以直觉行动思维为主。随着年龄的增长，直觉行动的经验积累多了，在记忆表象中得到了概括化的形象，同时借助于语词的作用，幼儿在认知方式上可以摆脱直接地感知动作，从而可以在头脑中间接地操作内化了的概括化的形象，此时幼儿的思维可以借助于表象或具体的词来完成，以具体形象思维为主，表现出阶段性的特点，而后，进一步进行量的积累，到11～12岁开始发展抽象逻辑思维。

关于心理发展阶段的具体划分，心理学家依据不同的标准，提出了不同的方案。这里介绍一种较为通用的划分形式：胎儿期（从受精卵到出生）、婴儿期（0～3岁）、幼儿期（3～6岁）、学龄期（6～12岁）、青春期（12～18岁）、青年期（18～25岁）、成年早期（25～40年）、成年中期（40～60岁）、老年期（60岁以后）。

（二）发展的定向性与顺序性

心理发展是一种定向运动。许多心理能力的发展都是由笼统到分化再到整合。正常条件下，定向发展过程中，各个阶段之间的更替、衔接总是遵循着固定的顺序，不可逆，也不可逾越，这就是发展的顺序性。例如，我们上面提到的儿童的思维发展，总是从直觉行动思维发展到具体形象思维，而后再到抽象逻辑思维。心理机能的发展一般遵循如下的顺序：感知——运动——动机——社会能力（语言交往）——抽象思维。发展的速度可以有个体差异，可以加速或延缓，但发展的顺序一般不能改变。根据皮亚杰的研究，幼儿对"生命"这一概念的掌握按照这样一个顺序发展：一切活动的东西都有生命——唯有行走的东西才有生命——唯有能自己行走的东西才有生命——唯有动物和植物才有生命。这是一个关于心理定向发展中的顺序性的具体实例。

（三）发展的不均衡性

各种心理能力或特质处于相互影响、相互制约的统一发展过程中，但发展是不均衡的。心理发展的不均衡性主要表现在两个方面。一方面，从整体上，心理能力在人生全程的发展不是等速的，而是快慢不均的。从总体发展趋势看，有两个加速期：婴儿期及幼儿早期是第一加速期，随后是儿童期的平稳发展；青春期为第二加速期，随后是第二个平稳发展阶段。老年期则开始了各方面的下降趋势。另一方面，不均衡性表现为各种心理能力在发展起止时间、发展速度、到达成熟的时期等方面都是不同的。例如，气质倾向上的差异在婴儿出生不久就有所表现，如活泼型、安静型和一般型；确认自己的性别开始于两三岁；而对于价值观的形成可能要到青年期，甚至晚至成年期。

心理发展的不均衡性还表现在：同一心理能力在不同年龄阶段，其发展的速度、达到的成熟水平、距离发展顶点的位置不同；不同心理能力在同一年龄时期，其发展速度、达到的成熟水平、距离发展顶点的位置也不同。

（四）发展的个别差异性

所有正常的心理能力发展都遵循着大体相同的发展模式，例如发展沿着共同方向、经历共同的基本阶段、总体发展速度上出现两个快速增长期等，但针对个人而言，在具体发展速度、最终达到的水平以及发展的优势领域往往千差万别。例如，有的儿童早熟、早慧，有的儿童智力发展迟缓；有的儿童在音乐方面有特殊才能，有的儿童对艺术形象具有深刻的记忆表象。在性格方面也是如此，有的好动，善于与人交往，言语流畅；有的则喜欢安静、独处，沉默寡言不合群，即有外向、内向之别。关于心理发展的个别差异，我们将在以后的章节作详细介绍。

（五）发展的关键期

20世纪30年代，奥地利习性学家洛伦茨在研究小鸭的追随行为及小鸭、小鹅的习性时发现，它们通常将出生后第一眼看到的对象当作自己的母亲，并对其产生偏好和追随反应。洛伦茨称此现象为印刻，印刻发生的时期称为关键期。关键期的最基本特征是，它只发生在生命中一个固定的短暂时期。如小鸭的追随行为只出现在出生后的24小时内，若超过这一时间，印刻现象就不再明显了。近年来许多研究表明，在儿童心理发展过程中也存在关键期。它是指某一特定的年龄时期，儿童对某种知识或行为十分敏感，学习起来非常容易。若错过了这个时期，学习就会发生困难，甚至影响终身。不同心理能力的发展有不同的关键期。例如，口语学习的关键期是1～3岁，形象视觉发展的关键期是0～4岁，而5岁左右是掌握数概念的关键年龄。从整个人生的心理发展来看，幼年是心理发展的关键期，因为许多心理能力的关键期都在婴幼儿时期。意大利教育家蒙台梭利（M. Montessori）认为，在关键期内，儿童对一定的事物表现出高度的积极性和兴趣，并且学得很快，过了这个时期，这种情况就会消失。同时还认为，出生到5岁是感觉的关键期，出生到6岁是动作的关键期等。当然，某些心理能力的发展即使错过了关键期，但只要通过适当的教育也可能使该心理能力获得良好发展，只是一般要多费些周折。

第二节 华生的心理发展理论

美国心理学家华生创造了行为主义。行为主义的一个突出特点就是强调现实和客观研究。

一、华生的发展心理学理论

华生认为，心理的本质是行为。心理、意识被归结为行为。各种心理现象是行为的组成因素，而且可以用客观的刺激—反应来论证，其中包括高级心理活动的思维。

（一）环境决定论

华生的心理发展问题的突出观点是"环境决定论"。这主要表现在以下几个方面：

1. 否认遗传的作用

华生的环境决定论的一个基本要点就是否认遗传的作用。为什么呢？首先，行为的反应是由刺激—反应这一公式引起。从刺激可以预测反应，由反应可以预测刺激。刺激来自于客观而不是由遗传决定的，行为不可能由遗传决定。其次，生理构造上的遗传作用并不导致机能上的遗传作用，而是取决于所处的环境。最后，华生的心理学以研究控制行为为目的，遗传是不能控制的，遗传的作用越小，控制行为的可能性越大。

2. 夸大环境和教育的作用

华生从刺激—反应的公式出发，认为环境和教育是行为发展的唯一条件。首先，华生认为构造上的差异及幼年时期的训练上的差异足以说明后来行为上的差异。其次，华生提出教育万能论。他从行为主义的控制行为的目的出发，提出了教育可以让健康而没有缺陷的婴儿成为各种专家。最后，华生认为学习的决定条件是外部刺激，外部刺激是可以控制的，所以不管多么复杂的行为，都可以通过控制外部刺激而形成。华生的这一学习观点为教育万能论提供了论据。

(二) 对儿童情绪发展的研究

华生对心理发展的研究主要集中在情绪发展的问题上。情绪发展问题又集中在两种类型上：重点研究儿童在非学习性的情绪反应的基础上形成的条件反射；同时，他也重视儿童妒忌和羞耻的情绪行为研究。

华生有关儿童情绪的观点，特别是对儿童的怕、怒、爱的分析，主要是来自他对情绪发展所进行的一系列实验研究。这些实验研究，在心理学史上被誉为"经验实验"之一。这也是华生对发展心理学的一个开创性的贡献。但是华生的行为主义观点难以解释个体高级心理过程的发展机制，而且其片面夸大环境和教育在个体心理发展上的作用，忽略了个体的主动性、能动性和创造性，忽视了促进心理发展的内部动因。

二、斯金纳的发展心理学理论

与华生的刺激—反应心理学不同，斯金纳区分了应答性行为和操作性行为。应答性行为是指可以观察到的刺激引起的行为反应。由有机体内发出的行为，而不是由已知的刺激引起的行为则称为操作性行为。斯金纳对于心理发展的理论主要表现在以下几个方面：

(一) 行为的强化控制原理

斯金纳的操作性条件反射强调塑造、强化与消退、及时强化等原则。

首先，强化作用是塑造行为的基础，行为是伴随着它的强化刺激所控制的。只要了解强化效应和操纵好强化技术，就能控制行为反应，就能随意塑造出一个教育者所期望的儿童的行为。儿童偶尔做出了什么动作而得到教育者的强化，这个动作后来出现的概率就会大于其他动作；强化的次数增多，概率随之增大，导致了人的操作行为的建立。

其次，强化在行为发展过程中起重要的作用，行为不强化就会消退，得不到强化的行为就会容易消退。他认为，儿童之所以要做某事，就是想得到成人的注意。成人关注了，儿童就不会哭闹了。在儿童眼中，是否多次得到外部刺激的强化，是他衡量自己的行为是否妥当的唯一标准，练习的多少本身不会影响行为反应的速率。练习对儿童行为的产生之所以重要，是因为其提供了重复强化的机会。只练习而不强化，不会巩固和发展成一种行为。

最后，强调及时强化，强化不及时不利于人的行为发展。教育者要及时强化希望在儿童身上看到的行为。

斯金纳认为强化分为积极强化和消极强化。积极强化作用是由于一种刺激的加入增进了一个操作反应发生的概率的作用，这种作用是经常的；消极强化（又叫作负强化）作用是由于一种刺激的排除而加强了某一种操作反应的概率的作用。

(二) 儿童行为的实际控制

1. 育婴箱的作用

斯金纳从白鼠的按压杠杆到儿童的抚养，做了不少工作。例如，他的第一个孩子出生时，他决定做一个新的经过改进的摇篮，这就是斯金纳的育婴箱。在实验箱里成长的女儿过得很快活，后来还成为一名很有名气的画家。于是，斯金纳把育婴箱推荐给美国的《妇女家庭杂志》，他的研究工作第一次普遍受到大家的关注。

2. 行为矫正

斯金纳操作性行为的思想被大量用于行为矫正，这种矫正工作并不复杂。例如，教师对儿童的争吵装作不知道，父母对儿童自伤行为不予理睬。成人无论何时，都要注意不能去强化儿童的不良行为。

斯金纳在心理发展的实际控制方面做了很多工作，现代认知心理学、20世纪70年代兴起的环境心理学等都受到他的强化控制理论和实践的影响。

三、班杜拉的发展心理学理论

班杜拉1977年出版的《社会学习理论》全面反映了发展心理学的观点。

（一）观察学习及其过程

观察学习是班杜拉社会学习理论的一个基本概念。观察学习就是通过观察他人所表现出来的行为及结果而进行学习，他不同于华生的刺激—反应学习。刺激—反应学习是学习者通过自己的实际行动，同时直接接受反馈（强化），即通过学习者直接反应给予直接强化而完成的学习。而观察学习的学习者可以不必直接地做出反应，也不需亲自体验强化，而只是通过他人在一定环境中的行为，并观察他人接受一定的强化就能完成学习。

观察学习表现为一定的过程，班杜拉认为包括注意过程、保持过程、运动复现过程和动机过程。

（二）社会学习在社会化过程中的作用

班杜拉特别重视社会学习在社会化过程中的作用，为此，他专门研究了攻击性、性别化、自我强化和亲社会行为等社会化的目标。

1. 攻击性

班杜拉认为，攻击性的社会化也是一种操作条件作用。如当儿童用打球、摔跤等合乎社会的方法表现攻击性时，父母或其他成人就会奖励儿童；当儿童用抢占幼小儿童的东西、打幼小儿童等社会不容许的方式来表现攻击性时，则惩罚他们。所以，儿童在观察攻击的模式时，就会注意什么时候的攻击行为被强化，而对于被强化的模式便照样模仿。

2. 性别化

班杜拉认为，男女儿童的性别品质大多是通过社会化过程，特别是模仿来获得的。

班杜拉认为，儿童常常通过观察学习两性的行为，只是因为在社会强化的情况下，他们通常所从事的仅仅是适合他们自己性别的行为。有时这种社会强化还会影响观察过程本身，也就是说，儿童甚至会停止对异性模式细致的观察。

3. 自我强化

班杜拉认为，自我强化也是社会学习的结果。他曾用实验证明这一点：让7~9岁的儿童看滚木球比赛，在比赛中，只有得分高的，才可以用糖果来奖励自己，否则将做自我批评。以后，让看过和未看过滚木球比赛的儿童分别独自玩滚木球比赛游戏，结果，看过比赛的儿童将糖果作为自我强化物，而未看过比赛的儿童对待糖果的态度是自己喜欢和愿意。可见，在儿童评价自我的行为上，社会学习表现出了明显的效果。

4. 亲社会行为

班杜拉认为，呈现适当的亲社会行为，比如分享、帮助、合作和利他主义等，能够对儿童产生影响。亲社会行为靠训练是没有什么效果的，有时强制性的命令可能会一时奏效，但会有反复，只有正确行为模式的影响才更有用，而且持续时间更长。

拓展阅读

华生简介

约翰·华生（John Broadus Watson，1878年1月9日—1958年9月25日），美国心理学家，行为主义心理学创始人。1915年当选为美国心理学会主席。主要研究领域包括行为主义心理学理论和实践、情绪条件作用和动物心理学。他认为心理学研究的对象不是意识而是行为，主张研究行为与环境之间的关系，心理学的研究方法必须抛弃内省法，而代之以自然科学常用的实验法和观察法。他还把行为主义研究方法应用到了动物研究、儿童教养和广告方面。他在使心理学客观化方面发挥了巨大的作用，对美国心理学产生了重大影响。

约翰·华生，1878年1月9日出生于美国。父亲皮肯斯·巴特勒是一位性情暴躁的小农场主，母亲艾玛是一位虔诚的信徒，从小按照严格的教规培养华生，导致他以后对任何形式的宗教都很反感。他幼时学会了木匠活，这也成为他一生的爱好。

13岁时他的父亲抛弃家庭，于是母亲卖掉农场，搬到格林维尔镇居住。来自偏僻乡村的华生经常受到同学的嘲弄，为此，他情绪低落，学业表现极差，而且曾经两次被捕，第一次是因为和别人打架，第二次是因为在城内鸣枪。

16岁时，他请求面见当地福尔曼大学的校长，得以进入该校。起初他按照母亲的希望，选修神学，但是不久就放弃了。华生在大学期间学习很刻苦，并于1900年获得文科硕士学位。毕业之后，华生担任了一年只有一个班级的小学的校长。他听说自己过去的哲学教授戈登·摩尔去芝加哥大学任教，于是写信向芝加哥大学校长威廉·瑞恩尼·哈柏自荐，请求免费入学，同时又请福尔曼大学的校长写了一封推荐信。哈柏校长录取了华生。开始时，华生师从约翰·杜威学习哲学，但是不久华生发现自己真正感兴趣的是心理学，于是决定转系，将导师换成机能主义心理学家詹姆斯·罗兰·安吉尔和生理学家亨利·唐纳森。为了维持学业，华生在芝加哥同时打几份零工，包括看门、在实验室照管白鼠、在宿舍当服务员等，经过三年艰苦的学习，他终于在1903年获得了博士学位。

博士毕业后，华生留在芝加哥大学教实验心理学。他一边在实验室教铁钦纳式的实验，一边在地下室里建了一个自己的实验室做实验。1904年，他和玛丽·伊克斯结婚。1908年，他到约翰·霍普金斯大学担任心理学教授，并很快成为心理系主任。在约翰·霍普金斯大学期间，他将极大的热情投入到工作中，并取得了很大的成就。

1913年，华生在美国《心理学评论》杂志上发表了题为《一个行为主义者所认为的心理学》的论文，阐明了他的行为主义观点，这篇论文一般被认为是行为主义心理学正式成立的宣言。1914年，他又出版了《行为—比较心理学导论》一书。这本书是他根据1913年冬在哥伦比亚大学所作的八次讲演的演讲稿编纂而成的。在这本书内，他的行为主义心理学理论体系已初具规模。华生的行为主义观点很快被年轻的心理学家们所接受。1915年华生当选为美国心理学会主席。1917—1918年他在航空部队信号部门工作了一年。1918年,华生开始对幼儿进行研究,这是以婴儿为被试的最早尝试。1919年,他的代表作《行为主义观点的心理学》一书出版。他在这本书内采用了巴甫洛夫的条件反射的概念,系统地阐述了他的行为主义心理学理论体系。华生还做过几种期刊的编辑,如《动物行为杂志》的编辑(1911—1917年)、《心理学评论》的编辑(1911—1915年)、《实验心理学杂志》的编辑(1916—1926年)。

第三节 格塞尔的成熟势力理论

一、格塞尔简介

格塞尔,美国心理学家。1880年6月21日生于威斯康星州,1961年5月29日卒于康涅狄格州。1903年,格塞尔毕业于威斯康星大学。1906年,获得克拉克大学的心理学博士学位。1911年,他任教于耶鲁大学,并于1915年获该校医学学位。嗣后,他一直在耶鲁大学执教。

格塞尔的研究主要经历了这样的过程:最初对智力愚笨的儿童感兴趣,但是由于智力愚笨是一个与其他因素有连带关系的问题,他的兴趣便逐渐转移到研究儿童的智力发展上。格塞尔及其研究小组拍摄了12 000名儿童的表情的照片,对智力发展问题进行了大规模的调查研究。他们的研究成果有助于证明儿童的智力正如体力一样是按照一定的规律发展的。人们不难相信,智力的发展是与神经系统的日臻健全密切相关的。智力显然是人的机体的一个附属物,绝非是与人体无关的自在物。格塞尔关于这些研究成果的著述一直深受那些希望判断自己子女是否发育正常的父母们的欢迎。格塞尔在研究中使用最新技术,对许多儿童进行了研究,包括狼孩Kamala;他也研究幼小的动物,包括猴子。

二、成熟势力理论

(一)思想渊源

成熟势力理论简称成熟论,以格塞尔为代表。格塞尔的这一理论被公认为属于遗传决定论。他的儿童心理发展理论的核心是所谓的"成熟势力说"或"成熟潜能说"。这一理论有其思想渊源,如卢梭的自然教育理论、18世纪的胚胎学的研究、霍尔的复演说和达尔文的进化论等。

(二)成熟理论的主要观点

格塞尔认为,个体的生理和心理发展都是按照基因规定的顺序有规则、有秩序地进行,他将发展看成是一个顺序模式的过程,这个模式是由机体成熟预先决定和表现的。支配儿童心理发展的因素很多,但主要是"成熟",是一个由遗传基因控制的过程,通过从一种发展水平向另一种发展水平突然转变而实现。在格塞尔看来,所有儿童都毫无例外地按照成熟所规定的顺序或模式发展,只是发展速度可在一定程度上由每个儿童自己的遗传类型或其他因素所制约。

在格塞尔看来,发展的本质是结构性的,只有结构的变化才是行为发展变化的基础。生理结构按生物的规律逐步成熟,而心理结构的变化表现为心理形态的演变,其外显的特征是行为差异，而内在的机制仍是生物因素的控制。他强调基因决定的时间表，强调成熟的顺序，故而年龄，尤其是分界年龄，应该是儿童发展的主要参照物。他搜集了数以万计儿童的行为发展模式，于1925年推出了格塞尔行为发育诊断量表，该量表目前在临床实践中应用十分广泛。

格塞尔认为成熟和环境的关系在于，成熟是一个由内部因素控制的过程，正是这种内部因素决定机体的发展方向和模式，但格塞尔不否定环境对儿童发展的影响。主要表现在：环境可能暂时影响儿童发展的速度。良好的环境可以提供一定的条件，从而有助于儿童发展其生命中最积极、最宝贵的资源；一个不良的环境，则可能阻止和压抑其自然潜能的顺利发展。但环境的作用仅仅如此而已。在他看来，发展的速度最终还是由生物因素所决定。他把两者关系归纳如下：环境因素对儿童的发展起支持、影响及特定化作用，但并不能影响基本的发展形势和个体发展的顺序。只有当结构与行为相适应的时候，学习才可能发生；在结构得以发展之前，特殊的训练及学习收效甚微。

案例阅读

著名的同卵双生子爬梯实验

1929年，格塞尔找来一对同卵双生子A和B，对其进行行为基线的观察，确认他们发展水平相当。A从出生后第48周起接受爬梯及肌肉协调训练，每日练习10分钟，连续6周；B则从出生后第53周开始，仅训练了2周，就赶上了A的水平。由于同卵双生子有相同的基因，格塞尔得出结论：在儿童的生理成熟之前的早期训练对于最终的结果没有多大的作用，而一旦在生理上有了完成这种动作的准备，训练就能起到事半功倍的效果。

格塞尔认为，在个体的发展过程中存在着一定的敏感期，在此期间有针对性地对儿童施教会收到良好的效果。他还提出，儿童的成熟不完全是一个渐进的过程，而是通过从发展的一种水平向另一种水平的突然转变，这种变化不是随意的，而是类似周期性变化，周期的波峰与波谷受到不同时间的不同成熟机制的影响。

除此之外，格塞尔对婴幼儿的养育问题颇有研究，他认为：

1. 教养婴幼儿应以儿童为中心

格塞尔认为，婴儿带着一个天然进度表降临人世。婴儿尽管知识尚未开化，但对于其内在需要，对于要做什么或不做什么都非常清楚，非常"聪明"，父母（养育者）应追随儿童，从儿童本身得到启示，而不应强迫儿童接受自己的意愿或规定的模式。养育者要仔细观察、善于追随儿童的信号和暗示，才能了解或确信婴儿具有先天的诸如吃奶、睡眠、觉醒、坐起、爬走等自我调节能力。父母只要在婴儿期机敏地追随，满足儿童的需要，自然地觉察儿童特有的兴趣与能力，并学会尊重儿童，给儿童以发展个性的机会就可以了。

2. 教养者应掌握儿童成熟的知识

格塞尔认为，父母还应掌握一些有关儿童发展倾向和顺序（即成熟）的理论知识，特别需要意识到成长在稳定与不稳定之间的波动性。因为这些知识有助于父母了解儿童的身心特点，从而在某些特定时期具有耐心。例如两岁半左右的儿童往往不听大人的话，具有执拗性。假如父母了解到这种固执是成长的一种自然状态的话，就不会迫切地想要根绝这种行为。相反，他们会更灵活地对待孩子，甚至会因孩子试图建立自己的独立个性而感到欣慰。

3. 在成熟的力量与文化适应之间求得合理的平衡

针对格塞尔上述的儿童观，有人说他的育儿观对儿童来说太放纵、太自由了，会宠坏了孩子，使孩子为所欲为。格塞尔回答说：儿童当然必须学会控制自己的冲动并合乎文化的要求，但对儿童这一要求的提出也必然与儿童的成熟有关。只有当儿童成熟到具有克制能力时，他们才能有效地控制自己。

在这个问题上他还提出了以下观点：

文化适应是必要的，但这并不意味着要使儿童适应以权威制度的社会目的为特征的社会模式。学校教育不应仅仅根据文化目标行事，以至忽视儿童的成长特点。除了从整体上考虑儿童的年龄特征外，教师的教育还应考虑每个儿童的准备状态与特殊能力。

正如格塞尔本人指出的，生理成熟确实是儿童心理发展的生理学基础。它不但包含了遗传素质这样的儿童心理发展的前提条件，而且更突出地强调了这些内部素质随时间而产生的变化。很难想象，没有一定的生理成熟程度，儿童心理怎么能够不断向前发展？

他的成熟说引起了人们的兴趣和重视，一个重要的原因是他关于成熟研究本身的深刻性和经典的实验（双生子实验）。正如有人指出的："像格塞尔这样，在儿童心理发展的某一方面研究得如此彻底、深刻，还是不多见的。"他的儿童发展的常模具有极大价值，对那些从事儿童工作的儿科医生、教育家和心理学家仍然有用。

格塞尔认为，正常儿童行为模式的出现是有一定的程序的。出生后的第 4 周、16 周、28 周、40 周、52 周、18 个月、24 个月、36 个月是行为发展的关键年龄。这些年龄阶段出现的行为可以作为测查项目和诊断标准。测查包括：动作能（分粗细动作）、应物能（对外部刺激加以分析、综合，顺应环境的能力）、应人能（人际交往和生活自理能力）、言语能（理解和语言表达的能力）。将这四个方面的实测水平与常模相比较，得出儿童的成熟年龄。

值得注意的是，格塞尔的观点具有一定的局限性，表现在过分夸大了生理成熟的作用，只注意到了时间的变化，而忽视了儿童心理发展的其他条件。事实上，生理成熟仅仅是为儿童心理发展提供了一种可能性，如果缺乏环境和教育这样的外部条件，这种可能性是无法实现的，尽管格塞尔也提到了环境，但他把环境的影响放到一个不那么重要的位置。

对于他的理论的上述两重性，以他成熟理论为基础的儿童教养观自然也不可避免地具有两重性。他要求教育机构、教师、父母应遵守儿童的身心特点，按规律对儿童进行养育或施教，注意培养儿童的个性，反对对儿童提出整齐划一的要求，这些无疑是有价值的，但他又要求教育者消极无为地追随儿童，贬低了教育、教师的主导作用，他的这些儿童思想与卢梭和蒙台梭利有相似之处，但更为偏激，有人说"因为他过分地钻进了成熟这个领域，以至于忽视了其他许多的因素"。

第四节　弗洛伊德的心理发展理论

一、弗洛伊德简介

西格蒙德·弗洛伊德（1856 年 5 月 6 日—1939 年 9 月 23 日）是奥地利精神病医师、心理学家、精神分析学派创始人。1873年进入维也纳大学医学院学习，1881年获医学博士学位。1882—1885年在维也纳综合医院担任医师，从事脑解剖和病理学研究。1895年正式提出精神分析的概念。1899年出版《梦的解析》，标志着精神分析心理学正式形成。1919年成立国际精神分析学会，标志着精神分析学派最终形成。1930年被授予歌德奖。1936年成为英国皇家学会会员。1938年奥地利被德国侵占，赴英国避难，次年于伦敦逝世。他开创了潜意识研究的新领域，促进了动力心理学、人格心理学和变态心理学的发展，奠定了现代医学模式的新基础，为20世纪西方人文学科提供了重要理论支柱。

二、弗洛伊德的发展心理学理论

弗洛伊德根据对病态人格进行的研究提出了人格的结构及发展理论。这一理论的核心思想是：存在于潜意识中的性本能是人的心理的基本动力，是决定个人和社会发展的永恒力量。

（一）弗洛伊德的人格理论和人格发展观

在其早期著作中，人的心理活动或精神活动主要包括意识和无意识两个部分。弗洛伊德后来修订了这种意识和无意识的二分法，引入了本我、自我和超我的心理结构或人格结构。

本我类似于他早期理论中的无意识的概念。本我是原始的、本能的，是人格中最难接近的，同时又是强有力的。它包括人类本能的性的内驱力和被压抑的习惯倾向。弗洛伊德把本我比喻为充满激情的陷阱，目的在于争取更大的快乐和尽量减轻痛苦。他认为心理动机的力比多被困在本我中，并且通过减少紧张的意向表现出来。诸如，性欲的满足、干渴和饥饿的解除等，都使紧张状态消除而使个体产生快乐。在他看来，个体是要和现实世界发生交互作用的，即使是攻击、侵略，也是和本我的减少紧张状态的基本原则相联系的。

年龄越小，本我越重要。婴儿几乎全部处于本我状态，他们担忧的事情不多，除了身体的舒适感以外，尽量解除一切紧张状态。但是由于生存的需要，他们会产生饥饿、干渴，于是就产生了紧张。在等待吃奶、喝水时，本我可能会产生幻觉，幻想希望的目标出现并获得满足；本我也可能进入梦境，如儿童在梦中会吮吸乳头或拿起奶瓶。这被弗洛伊德认为是初级过程思维。随着年龄的增长，儿童不断地扩大和外界的交往，以满足自身增加的需要和欲望，并维持一种令其舒适的紧张水平。在本我需要和现实世界之间不断接通有效而适合的联络时，自我就从儿童的本我中逐渐地发展起来。

自我是意识结构的部分。弗洛伊德认为，作为无意识结构部分的本我，不能直接地接触现实世界，要促进个体与现实外部世界的交互作用，必须通过自我。随着年龄的增加，儿童逐步学会了不能凭冲动随心所欲。他们逐渐考虑后果，考虑现实的作用，这就是自我。自我是遵循现实原则的，因此它既是从本我中发展出来的，又是本我和外部世界的中介。自我能支配行动，思考过去的经验，计划未来的行动，弗洛伊德称之为二级过程思维。这是我们一般知觉和认识的思维。

超我包括两个部分，一个是良心，一个是自我理想。前者是超我的惩罚性的、消极性的和批判性的部分，它告诉个体不能违背良心。后者是由积极的雄心、理想所构成的，是抽象的东西，它希望个体为之奋斗。弗洛伊德认为，超我代表着道德标准和人类生活的高级方向。超我和自我都是人格的控制系统。自我控制的是本位的盲目的激情以避免机体受到损害；超我则有是非标准，它不仅力图使本我延迟得到满足，而且也使本我不能获得完全满足。超我在人身上发展着，逐步地按照文化教育、宗教要求和道德标准而采取行动。因此，弗洛伊德的超我和本我是有其对立一面的。

（二）弗洛伊德的心理发展阶段学说

心理性欲发展阶段的理论是弗洛伊德关于心理发展的主要理论。弗洛伊德既提出了划分心理发展阶段的标准，又规定了心理发展阶段的分期。具体分为五个阶段：第一个阶段是口唇期（0~1岁），这一时期又可以分为两个时期，即0~6个月和6~12个月。0~6个月儿童的世界是无对象的，他们还没有实现存在的人和物的概念，仅仅是渴望得到快乐、舒适的感觉，而没有认识到其他人对他是分离而存在的。大约6个月的时候，儿童开始发展关于他人的概念，特别是母亲作为一个分离又必要的人，每当母亲离开的时候，他就会焦躁不安。弗洛伊德认为，每个人都会经历口唇期阶段，流露出较早阶段的快感和偏见。以后的发展阶段直至成人，出现的吮吸和咬东西的愉快，或者抽烟和饮酒的快乐，都是口唇快感的发展。第二个阶段是肛门期，1~3岁儿童的性兴趣集中到肛门区域，例如以排泄为快乐，以抹粪或玩弄粪便而感到满足。第三个阶段是前生殖器期，约3~6岁，儿童由三岁开始，其"性生活"即类同于成人。不同点在于，首先，其生殖器官尚未成熟，以至没有稳固的组织性；其次，存在倒错现象；最后，整个冲动较为薄弱。弗洛伊德这里的3岁以后的"性生活"指的是男孩的恋母情结以及女孩的恋父情结，这一时期儿童变得依恋于异性父母。第四阶段是潜伏期。随着建立较强的抵御恋母情结的情感，儿童进入潜伏期，弗洛伊德认为，儿童进入这一时期，其性的发展便呈现一种停滞的或退化的现象，也可能完全缺乏，也可能不完全缺乏。这个时期，口唇期和肛门期的感觉以及前生殖器期的恋母情结的各种记忆都逐渐被遗忘，被压抑的性感差不多一扫而光，因此，潜伏期是相当平静的时期。第五阶段是青春期。经过短暂的潜伏期，青春期的风暴来到了。从年龄上讲，女孩从11岁开始，男孩从13岁开始进入青春期。青春期的个体最重要的任务是摆脱父母对自己的控制。同时，这个时期个体容易产生性冲动，也容易产生同成人抵触的情绪。

三、安娜·弗洛伊德的自我心理学

安娜·弗洛伊德（1895—1982）是弗洛伊德的女儿，是弗洛伊德6个孩子中最小的一个，也是唯一一个从事精神分析工作的。20世纪20年代以后，安娜成为弗洛伊德的主要代言人。其理论观点主要是：

安娜把其父创立的精神分析理论从成人的分析扩展到儿童的精神分析，并且把精神分析的重点由本我的分析转到自我的分析，对精神分析的发展做出了杰出贡献。安娜使用了"发展线"的概念来描绘儿童从依赖于外部控制到逐渐减少对外界的依赖性，最终发展出把握内部世界和外部世界的能力这样一个过渡过程。她认为有很多发展线，但是每一条发展线的基本特点是：①从依赖性到情绪的自控。②从吮吸到理性的饮食。③从随地便溺到大小便的控制。④从对身体的管理不承担责任到负起责任。⑤从自我中心到友谊和交往的建立。⑥从游戏到工作。安娜的这个概念强调儿童对生活需求的适应，强调了自我在儿童适应环境和成长发展过程中的作用，描绘了儿童正常发展的基本特征，也把精神分析的重点由对本能冲动的分析转移到了对自我环境的适应过程的分析，推动了精神分析自我心理学的发展。

拓展阅读

弗洛伊德的一生

　　西格蒙德·弗洛伊德原名西格斯蒙德·弗洛伊德，1856年5月6日出生于奥匈帝国的摩拉维亚省弗赖堡镇的一个犹太家庭。父亲雅各布·弗洛伊德是一位善良老实的羊毛商人，母亲阿玛莉亚·那萨森是父亲的第三任妻子，长得十分漂亮，但性格暴躁。弗洛伊德出生时，他已经有两个同父异母的哥哥，即伊曼纽尔和菲利普。1858年，妹妹安娜出生。1859年，家人搬到德国莱比锡。一年后，又搬到了维也纳。在接下来的六年里，母亲又生下了四个女儿，分别是阿道芬、玛丽、宝琳和罗莎，以及一个儿子，取名亚历山大。

　　弗洛伊德的启蒙教育是由父母在家实施的。在1865年，也就是9岁时——比正常的入学年龄早了一年进入著名的利奥波德地区实科中学（初高中一贯制）读书。在这段时期，弗洛伊德学习了大量的从古希腊到古罗马的古典文学，还学习了拉丁语、希腊语、法语和英语，另外，他还自学了西班牙语和意大利语。在高中时，他受一位朋友的影响，想将来成为一名律师。1873年秋，弗洛伊德进入维也纳大学医学院学习。在这里，他把名字从西格斯蒙德改为了西格蒙德。学习期间，他受到了达尔文进化论思想的影响。他还认真阅读了费尔巴哈的著作，听了布伦塔诺的课程。从大学第三年开始，他开始到恩斯特·布吕克的生理实验室学习生理学。1879年他被军方征召从事了一年的医疗服务工作。1881年他获得医学博士学位，从学校毕业后，弗洛伊德在布吕克的实验室工作了一年。1882年6月和玛莎·伯奈斯订婚。在布吕克的建议下，离开生理实验室。1882年7月进入维也纳综合医院工作，先任外科医生，后任内科实习医生。1883年5月转到精神病治疗所任副医师。1885年春天，弗洛伊德被任命为维也纳大学医学院神经病理学讲师。1885年8月，在布吕克教授推荐下获得一笔为数可观的留学奖学金，前往巴黎萨彼里埃医院跟随沙可学习。1886年2月返回维也纳。1886年春，由于经济原因，他开始私人开业行医。9月，弗洛伊德和未婚妻结婚。婚后他们育有三男三女。

　　在巴黎跟随沙可学习期间，弗洛伊德被沙可的思想所鼓舞。在这一时期他从一个神经学家转变为一名精神病理学家，从对躯体的研究转向对心理的研究。弗洛伊德对精神分析的兴趣是在1884年与约瑟夫·布洛伊尔合作期间产生的。布洛伊尔是一位非常杰出的医生，不但帮助弗洛伊德排忧解难，而且还使弗洛伊德学会用新方法治疗癔症。1882年11月他已经从布洛伊尔的病人安娜·欧的案例了解到催眠及宣泄疗法（布洛伊尔称为"谈话疗法"）的效果。从巴黎回到维也纳以后，他进一步考虑同布洛伊尔一起研究安娜·欧的病例。这时候，弗洛伊德已从沙可那里学到有关治疗歇斯底里症的方法。他在接受布洛伊尔的研究成果的基础上，进一步深入地探索其中隐含的问题，终于了解了催眠疗法的使用范围及其与人内在精神状态的关系。为了使催眠术更臻完善，1889年夏，弗洛伊德到法国南锡向伯恩海姆学习。他还说服一个女病人跟他一起到南锡去接受催眠治疗。就在治疗这位病人的过程中，弗洛伊德同法国医生本汉讨论并得出了一个重要的结果，即催眠疗法的作用是有限的，另外，他发现并非所有的患者都能接受催眠，最后弗洛伊德放弃了催眠术而转向自由联想。

　　1895年，弗洛伊德与布洛伊尔将共同研究歇斯底里病症的成果写成《歇斯底里症研究》一书。这本书的出版为弗洛伊德精神分析学的创立奠定了理论基础。在研究歇斯底里症的过程中,弗洛伊德在医学史和心理学史上第一次使用了"精神分析学"这个概念。1897年,在父亲去世后的一年,弗洛伊德开始了他的自我分析。进行自我分析的主要方法是分析自己的梦。在进行了两年的自我分析后,他认为心理障碍是由于性紧张累积而引起的。他把分析的结论写成了《梦的解析》,并于1899年出版(出版日期写的是1900年)。该书后来被许多人推崇为弗洛伊德最伟大的著作。然而这本书也遭到极大批判。在弗洛伊德一生余下的时间里,他一直坚持自我分析,每天工作的最后半小时被用于自我分析。随着《梦的解析》一书的出版,精神分析运动逐渐发展起来。这时在弗洛伊德周围聚集了一批年轻的学者,成立了"星期三心理研究小组",或称维也纳精神分析小组,1902年发展为心理分析协会。当时参加的人后来都变成了杰出的精神分析学家,包括阿德勒、兰克、费登和荣格。1904年出版的《日常生活中的心理病理学》探讨了种种生活中常见失误的心理作用,比如遗忘、失言、笔误、错放东西等。弗洛伊德在书中做出的结论,如今已被很多人接受。1905年,他出版了三本重要的著作。一本篇幅较长,一般称为《多拉的分析》,弗洛伊德在书中详尽地阐述了如何通过分析梦境以揭示并治疗神经症的种种症状;另一本是《玩笑及其与无意识的关系》,他在这本书中研究了无意识动机能够间接表现出来的许多方式;最后一本就是最有争议的《性学三论》,书中他表达了关于婴儿期性欲以及其与性倒错和神经症之间关系的观点。

1909年,受美国克拉克大学校长霍尔的邀请,弗洛伊德及其弟子参加了该校20周年校庆,弗洛伊德本人也被授予名誉博士学位,并与美国心理学界名人威廉·詹姆斯、铁钦纳、卡特尔等人进行交流,这标志着精神分析理论终于被国际同仁承认。

1913年弗洛伊德的《图腾与禁忌》出版发行,这本书的重要性仅次于《梦的解析》。弗洛伊德通过对乱伦恐惧、情感矛盾等许多特征的研究,声称自己发现了三大真理:梦是无意识欲望和儿时欲望的伪装的满足;俄狄浦斯情结是人类普遍的心理情结;儿童具有性爱意识和动机。1919年弗洛伊德创办了一家国际性的出版公司,专门出版发行精神分析学方面的杂志和书籍。到1938年,该公司已经出版了5种杂志、150种书籍。1920年他26岁的女儿去世;再加上他的两个儿子参加战争这一事件所引起恐惧情绪无法有效消除。在这样的历史背景下,弗洛伊德在1920年建立了死本能理论,即死的愿望,生本能或存活本能的对立面。

1923年春,他被诊断患了口腔癌,这可能与他每天抽太多雪茄的习惯有关。即使在癌症被发现后他也没改变这一习惯。1923—1939年,他接受了很多次手术,虽然非常痛苦,但他拒绝使用止痛药。他继续为病人诊疗和著书立说。1933年纳粹迫害犹太人,他们在柏林公开烧毁弗洛伊德的著作。弗洛伊德在1938年维也纳被占领后仍不愿离开。最后,由于他女儿安娜·弗洛伊德被捕,她的房屋屡遭纳粹匪徒抢劫,他才同意去伦敦。后来他的四个妹妹都在奥地利被纳粹分子杀害。1939年9月23日,弗洛伊德在伦敦去世。

第五节 埃里克森的心理发展理论

埃里克森是美国著名的精神分析医生,以及新精神分析派的代表人物。埃里克森师承弗洛伊德的女儿安娜·弗洛伊德和柏林厄姆。1933年定居美国,1939年入美国籍。1933—1939年在波士顿对儿童进行精神分析,并在哈佛大学和耶鲁大学等医学院和人类关系学院任职。1939—1944年参加加利福尼亚大学儿童福利学院"纵向儿童指导研究",研究内容涉及人的生命周期各阶段中冲突的解决及儿童游戏的性别差异等。后去加利福尼亚、堪萨斯等处大学任教，逐渐形成人格发展渐成说。

与弗洛伊德不同，埃里克森的人格发展学说既考虑到生物学的影响，又考虑到文化和社会因素。他认为在人格发展中，逐渐形成的自我过程在个人及其周围环境的交互作用中起着主导和整合的作用。每个人在生长过程中，都普遍体验着生物的、生理的、社会的事件的发展顺序，按照一定的成熟程度分阶段地向前发展。1950年出版《童年期与社会》一书。该书内容广泛，包括精神分析和文化人类学两方面材料，该书高度概括地强调了社会文化因素对人类发展的重要性，还详尽地论述自我的功能，创立了现在被称为新学科的"自我心理学"。在这本书里，埃里克森提出了人的八个阶段以及每个阶段的发展任务，建立了自己的发展理论。

第一阶段：婴儿期（0～1岁），基本信任和不信任的冲突。

不要认为这一时期的婴儿是不懂事的小动物，只要吃饱不哭就行。0～1岁的婴儿处于基本信任和不信任的心理冲突期，这期间孩子开始认识人，当孩子哭或饿时，父母是否出现是信任感是否建立的关键因素。信任在人格中形成了"希望"这一品质，起着增强自我的力量。具有信任感的儿童敢于希望，具有强烈的未来定向。反之则不敢希望，时时担忧自己的需要得不到满足。埃里克森把希望定义为："对自己愿望的可实现性的持久信念，反抗黑暗势力、标志生命诞生的怒吼。"

第二阶段：儿童早期（1～3岁），自主与害羞（或怀疑）的冲突。

这一时期，儿童掌握了大量的技能，如爬、走、说话等。更重要的是他们学会了怎样坚持或放弃，也就是说儿童开始"有意志"地决定做什么或不做什么。这时候父母与子女的冲突很激烈，也就是第一个反抗期的出现。一方面，父母必须承担起控制儿童行为使之符合社会规范的任务，即养成良好的习惯，如训练儿童按要求大小便，使他们对随地大小便感到羞耻，训练他们按时吃饭，懂得节约粮食等；另一方面，儿童开始产生自主感，他们坚持自己的进食、排泄方式，所以，要使其产生良好的习惯不是一件容易的事。这时孩子会反复应用"我、我们、不"等来反抗外界控制，而父母决不能听之任之、放任自流，这将不利于儿童的社会化。反之，若过分严厉，又会伤害儿童，阻碍其自主感和自我控制能力的发展。

第三个阶段：学前期或游戏期（3～6岁），主动对内疚的冲突。

在这一时期，如果幼儿表现出的主动探究行为受到鼓励，幼儿就会形成主动性，这为他将来成为一个有责任感、有创造力的人奠定了基础。如果成人讥笑幼儿的独创行为和想象力，那么幼儿就会逐渐失去自信心，这使他们更倾向于生活在别人为他们安排好的狭窄圈子里，缺乏自己开创幸福生活的主动性。当儿童的主动感超过内疚感时，他们就有了"目的"的品质。埃里克森把目的定义为："一种正视和追求有价值目标的勇气，这种勇气不为幼儿想象的失利、罪疚感和惩罚的恐惧所限制。"

第四阶段：学龄期（6～12岁），勤奋对自卑的冲突。

这一阶段的儿童都应在学校接受教育。学校是训练儿童适应社会、掌握今后生活所必需的知识和技能的地方。如果他们能顺利地完成学习课程，他们就会获得勤奋感，这使他们在今后的独立生活和承担工作任务时充满信心。反之，就会产生自卑感。

第五阶段：青春期（12～18岁），自我同一性和角色混乱的冲突。

一方面，青少年本能冲动的高涨会带来问题；另一方面，青少年面临新的社会要求和社会的冲突而感到困扰和混乱。所以，青少年期的主要任务是建立新的同一感或自己在别人眼中的形象，以及他在社会集体中所占的情感位置。这一阶段的危机是角色混乱。这种统一性的感觉也是一种不断增强的自信心，一种在过去的经历中形成的内在持续性和同一感（一个人心理上的自我）。

第六阶段：成年早期（18～24岁），亲密对孤独的冲突。

只有具有牢固的自我同一性的青年人，才敢于承担与他人发生亲密关系的风险。因为与他人发生爱的关系，就是把自己的同一性与他人的同一性融为一体。只有这样才能在恋爱中建立真正亲密无间的关系，从而获得亲密感，否则将产生孤独感。埃里克森把爱定义为"压制异性间遗传的对立性而永远相互奉献"。

第七阶段：成年中期（24～65岁），生育对自我专注的冲突。

当一个人顺利地度过了自我同一性时期，他将幸福地生活，生儿育女，关心后代的繁殖和养育。他认为，生育感有生和育两层含义，一个人即使没生孩子，只要能关心孩子、教育指导孩子也可以具有生育感。反之，没有生育感的人，其人格贫乏和停滞，他们只考虑自己的需要和利益，不关心他人（包括儿童）的需要和利益。

第八阶段：成年晚期或老年期（65岁以上直至死亡），自我调整与绝望期的冲突。

当老人们回顾过去时，可能怀着充实的感情与世界告别，也可能怀着绝望走向死亡。自我调整是一种接受自我、承认现实的感受，是一种超脱的智慧之感。如果一个人的自我调整大于绝望，他将获得智慧的品质，埃里克森把它定义为"以超然的态度对待生活和死亡"。老年人对死亡的态度直接影响下一代儿童时期信任感的形成。因此，第八阶段和第一阶段首尾相连，构成一个循环或生命的周期。

埃里克森的发展渐成说有着自己的特色，可以说他的发展过程不是纵向发展的，而是多维的，每个阶段实际上不存在发展或不发展的问题，而是发展的方向问题，即发展方向有好坏，这种发展的好坏在横向维度的两极之间。

第六节 皮亚杰的心理发展理论

皮亚杰的心理发展观极具代表性，其理论核心是发生认识论，主要是研究人类的认识（认知、智力、思维、心理的发生和结构）。他认为，人类的认识不管多么高深、复杂，都可以追溯到人的童年时期，甚至可以追溯到胚胎时期。儿童出生以后，认识是怎样形成的，受哪些因素制约，内在结构如何，各种不同水平的智力、思维结构是如何出现的，所有这些是皮亚杰心理研究所企图探索和解答的问题。他解答这些问题的主要科学依据是生物学、逻辑学和心理学。他认为，生物学可以解释儿童智力的起源和发展，逻辑学则可以解释思维的起源和发展。

皮亚杰既强调内外因的相互作用，又强调在这种相互作用中心理不断产生的量和质的变化。

皮亚杰认为，心理、智力、思维既不是起源于先天成熟，也不是起源于后天的经验，而是起源于主体的动作。这种动作的本质是主体对客体的适应。主体通过动作对客体的适应，乃是心理发展的真正原因。他从生物学的角度对适应进行分析，认为个体的每种心理反应，不管是指向外部的动作还是指向内化的思维动作，都是一种适应。适应的本质在于取得机体和环境的平衡。他认为适应有两种形式，一种是同化，是指把环境因素纳入机体已有的图式或结构之中，从而加强和丰富了主体的动作。另一种是顺应，即当主体已有图式或结构与环境因素相互关系有冲突，则需要对自身进行必要调整改造。因此，顺应就改变主体动作适应客观变化。这样，主体通过同化和顺应这两种形式来达到机体和环境的平衡。

皮亚杰是一个结构主义心理学家，他提出心理结构的发展涉及四个概念：图式、同化、顺应和平衡。什么是图式？就是动作的结构或组织，这些动作在相同或类似的环境中由于不断重复而得到概括。每个主体的图式不同，所以对环境因素的刺激做出的反应不同。图式最初来自先天遗传，以后在适应环境中不断改善、丰富。低级的动作图式经过同化、顺应、平衡而逐步构成新的图式。同化和顺应既是相互对立的，又是相互联系的。平衡不是绝对静止的，而是某一水平的平衡，是另一较高水平的平衡运动的开始。不断发展着的平衡状态是整个心理发展的过程。

皮亚杰把儿童心理或思维发展分为四个阶段：

1. 感知运动阶段（0~2岁）

这个阶段的儿童的主要认知结构是感知运动图式，儿童借助这种图式可以协调感知输入和动作反应，从而依靠动作去适应环境。通过这一阶段，儿童从一个仅仅具有反射行为的个体逐渐发展成为对其日常生活环境有初步了解的问题解决者。

2. 前运算思维阶段（2~7岁）

幼儿的语言能力迅速发展，开始运用符号代替客观事物，出现直觉思维或表象性思维。这阶段的幼儿还无法理解守恒原则，思维具有集中性、不可逆性。

3. 具体运算思维阶段（7~12岁）

儿童思维具有可逆性、守恒性。儿童开始具有逻辑思维和运算能力，但都离不开具体形象的支持，运算系统零散。

4. 形式运算阶段（12~15岁）

这个阶段，儿童不再需要依靠具体事物来运算，能够脱离具体事物对抽象的和表征性的材料进行逻辑运算；能把内容和形式区分开，开始用系统化方法提出假设，验证假设。

皮亚杰认为：

（1）心理发展的过程是一个内在结构连续的组织和再组织的过程，过程的进行是连续的，但由于各种发展因素的相互作用，儿童的身心发展具有阶段性。

（2）各个阶段都有其独特的结构，标志着一定阶段的年龄特征。由于各种因素的差异，阶段可以提前或推迟，但阶段的先后次序不变。

（3）各个阶段从低到高是有一定次序的，且有一定的交叉。

（4）每个阶段都是形成下一个阶段的必要条件，前一阶段的结构是构成后一阶段的结构的基础，但前后两个阶段相比，有着质的差别。

（5）心理发展中，两个阶段之间不是截然划分的，而是有一定的交叉。

（6）心理发展的一个新水平是许多因素逐步组成的一个整体。

第七节　维果斯基的心理发展理论

一、维果斯基简介

维果斯基（Lev Vygotsky，1896—1934）是苏联卓越的心理学家，主要研究儿童发展与教育心理，着重探讨思维和语言、儿童学习与发展的关系问题。由于他在心理学领域做出了重要贡献而被誉为"心理学中的莫扎特"，他所创立的文化历史理论不仅对苏联，而且对西方心理学产生了广泛的影响。

维果斯基与皮亚杰是同时期的人物，但不同于皮亚杰认知发展泛宇宙统一的观点，维果斯基的理论强调文化、社会对儿童认知发展的影响。但由于其理论中有浓厚的西方文化色彩，维果斯基在1936至1956年间受到苏联政府当局的打压，禁止讨论其理论。直至20世纪60年代，维果斯基的理论才受到美国心理学界的重视。

维果斯基主张，心理学应该坚持科学的、决定论的、因果性的解释原则来研究高级心理机能，他反对将复杂的形式分解成简单的成分，认为这样就失去了整体的属性。他坚信马克思主义关于"人的实质由社会关系构成"之论断的正确性，拒绝从大脑深处解释高级心理过程。维果斯基的文化历史理论既丰富又深刻，后人对它的解读歧义丛生。这是因为：一方面，维果斯基的许多作品没有出版；另一方面，他本人不断修正、拓展自己的观点。他随时都在抓紧时间工作、撰写著作，因而，粗糙与欠成熟在所难免。不过我们还是可以通过其思想的发展过程把握文化历史理论的精髓。

二、维果斯基的基本理论

维果斯基的理论可以概括为以下五个方面：
（1）人从出生起就是一个社会实体，是社会历史产物。
（2）人满足各种需要的手段是在后天通过不断学习掌握的。
（3）教育与教学是人的心理发展的形式。
（4）人的心理发展是在掌握人类满足需要的手段、方式的过程中进行的。
（5）人与人的交往最初表现为外部形式，以后内化为内部心理形式。

维果斯基认为，从起源上看，低级心理机能是自然的发展结果，是种系发展的产物。高级心理机能是社会历史发展的产物。相对于个体来说，高级心理机能是在人际交往活动的过程中产生和发展起来的。人的心理发展的第一条客观规律是人所特有被中介的心理机能不是从内部自发产生的，它们只能产生于人们的协同活动和人与人的交往之中。人的心理发展的第二条客观规律是人所特有的新的心理过程结构最初必须在人的外部活动中形成，随后才可能转移至内部，成为人的内部心理过程的结构。

据此，维果斯基阐明了儿童文化发展的一般发生法则："在儿童的发展中，所有的高级心理机能都两次登台：第一次是作为集体活动、社会活动，即作为心理间的机能；第二次是作为个体活动，作为儿童的内部思维方式，作为内部心理机能。"显然，这种从社会的、集体的、合作的活动向个体的、独立的活动形式的转换，从外部的、心理间的活动形式向内部的心理过程的转化，就其实质而言就是人的心理发展的一般"内化"机制。同时，这也表明内化的过程是一种转化的过程，而不是传授的过程。

维果斯基将人的心理机能区分为两种形式：低级心理机能和高级心理机能。前者具有自然的、直接的形式，后者具有社会的、间接的形式。区别人与动物最根本的就是工具和符号。人所特有的高级心理机能是以社会文化的产物——符号为中介的。人类文化随人自身的发展而增长与变化，并对人的一切产生越来越大的影响，正是通过工具的使用和符号的中介，人才有可能实现从低级心理机能向高级心理机能的转化。

人生活在一个符号世界之中，我们的行为不是由对象本身决定的，而是由与对象联结在一起的符号决定的，我们赋予客体意义并按照那些意义行动。语言是人类为了组织思维而创造的一种最关键的工具，概念和知识都寓于语言之中。语言是思考与认知的工具，一个人在学习语言时，他不仅仅在学习语词，同时还在学习与这些语词相关的思想；语言可用于社会性的互动与活动，儿童可以凭借语言与他人相互作用，进行文化与思想的交流；语言是自我调节和反思的工具。语言也是通过历史而发展的。符号中介是知识建构的所有方面的关键，维果斯基认为，符号机制（包括心理工具）是社会机能和个体机能的中介，连接了内部意识和外部现实。

三、最近发展区概念

最近发展区概念是维果斯基在1931—1932年将总的发生学规律应用于儿童的学习与发展问题时提出来的。维果斯基将最近发展区定义为"实际的发展水平与潜在的发展水平之间的差距。前者由儿童独立解决问题的能力而定，后者则是指在成人的指导下或是与能力较强的同伴合作时，儿童能够解决问题的能力"。维果斯基将学生解决问题的能力分成了三种类别：学生能独立进行的；即使借助帮助也不能表现出来的；处于这两个极端之间的借助他人帮助可以表现出来的。维果斯基明确指出了教学与发展之间的关系，教学促进发展，教学应该走在发展的前面，"良好的教学走在发展前面并引导教学"。

最近发展区是社会文化理论的核心概念之一，它阐明了个体心理发展的社会起源，突出了教学的作用，教学应走在发展前面；彰显了教师的主导地位，教师是学生心理发展的促进者；明确了同伴影响与合作学习对儿童心理发展的重要意义；启发了对儿童学习潜能的动态评估。

怎样发挥教学的最大作用呢？维果斯基认为要强调学习的最佳期限。如果脱离了学习某一技能的最佳年龄，从发展的观点看是不利的，这会造成儿童智力发展的障碍。因此，开始某一种教学，必须以成熟与发育为前提，但更重要的是教学必须首先建立在正在开始形成的心理机能的基础上，走在心理机能形成的前面。

思考练习题

1. 简述弗洛伊德和埃里克森的心理发展阶段说。
2. 请说明维果斯基最近发展区的思想和意义。
3. 案例分析题。

• 典型案例 1 •

小华是幼儿园大班的小朋友，快要上小学了。但是让老师和家长头疼的是，每天早上妈妈送小华去幼儿园，他都不愿意。到了幼儿园，老师开始组织上课，小华却表现出很抵触的情绪，老师和家长问他："为什么不愿意学习？"他往往很不耐烦地说："没什么！老师你今天要布置什么作业，赶紧说，我好写！"妈妈很无奈，老师也很无奈。

·典型案例2·

　　幼儿的天性本应是天真烂漫，活泼可爱，表现出来就应是活蹦乱跳，爱说爱笑。林××是幼儿园中班的小朋友，年纪小小却沉默寡言，表现出忧郁、深沉老道的样子，整天板着脸，既不爱说不爱笑也不合群，不爱与小朋友们一块玩。他身体各方面发展都正常，智力也正常，就是性格偏内向，与自己的年龄特征不相吻合。

　　讨论：谈谈小华和林××小朋友出现这些行为和心理表现的原因，并结合自己的知识和经验谈谈如何创造条件促进幼儿健康成长。

第三章 学前儿童心理发展的生物学基础

幼稚期（自出生至 7 岁）是人生最重要的一个时期，习惯、语言、技能、思想、态度、情绪等都要在此时期打下一个基础。若基础打得不稳固，那健全的人格就不容易建构了。

——陈鹤琴

第一节 遗传及遗传基因

一、遗传的概念

亲子之间以及子代个体之间性状存在相似性，表明性状可以从亲代传递给子代，实现物种生命世代延续的现象称为遗传。

二、遗传对人身心发展的巨大作用

遗传素质就是个体从祖先继承下来的一些天赋特点，也表现为与生俱来的解剖生理的特征，如机体的构造、形态、感官和神经系统的特征等。这些遗传的生物特征也就是遗传素质。遗传素质是人身心发展的生物前提。

（一）遗传素质对人的发展的作用

1. 遗传素质为个体的发展提供了可能性

任何个体的发展，都要以遗传获得的生理组织和一定生命力作为发展的前提，如近似人类的黑猩猩，始终改变不了其动物性而人化，因其不具备人特有的遗传素质。

2. 遗传素质的发展过程制约着个体身心发展的年龄特征

年龄特征指在一定社会和教育条件下，个体在不同的年龄阶段表现出来的一般的、本质的、典型的特征。

身心发展的年龄特征，往往与一定阶段遗传素质（智力、大脑）的成熟程度相适应，如各年龄阶段的学习、训练内容是不同的。

3. 遗传素质对人的个别差异的形成有一定影响

如婴儿刚出生时，有的大哭大叫，有的十分安静，有的活泼好动等，这就是其高级神经活动过程的强度、灵活性、平衡性等方面各有差异所致。

4. 遗传素质具有可塑性

遗传素质既具有生物性，又具有社会性，是与父辈及自身的后天环境分不开的。考察遗传素质对个体发展的作用不可把环境、教育对改变个体遗传素质的作用分割开来。如本来开朗、活泼的小孩，在不良环境教育下，往往会变得忧郁沉默。

（二）遗传素质不是个体发展的决定条件

第一，遗传素质为个体发展提供可能性，但如果没有后天环境、个体主观能动性的参与以及教育的作用，这种可能就不会实现。

例如：1920年印度狼孩"卡玛拉"，虽有人的遗传素质，但由于自幼脱离人类社会，其身心发展受到严重阻碍，其被发现之初不仅缺乏人的心理，没有语言和思维，也不具备人的情感和兴趣，而且经过10多年的精心教育和训练也未能有根本变化，到17岁死时，其心理发展水平才相当于普通幼儿4岁时的心理发展水平。

第二，人的个别差异的形成并不完全是先天条件的结果，环境、个体主观能动性对此都有很大影响。如同卵双胞胎在不同环境教育下有不同发展。

第三，个体发展过程中，遗传素质的影响呈现出明显的减弱趋势。因为随着个体的发展，影响因素逐渐增多并增强，人的心理发展也趋向高级、复杂，因而遗传素质的作用也就相对减弱。如宋朝王安石写过一篇《伤仲永》的短文，说的是江西金溪县有个名叫方仲永的人，小时候比较聪颖，5岁能作诗，但由于后期没有受到良好的教育，到了十二三岁时，写的诗已经不如从前好了，年至20岁左右，则"泯然众人矣"。

我们承认遗传素质是人的发展的前提，承认遗传素质的个体差异性，但不能夸大遗传素质对人的发展的作用。就一般人来说，人的天资是差不多的。马克思说："搬运夫和哲学家之间的原始差别要比家犬和猎犬之间的差别小得多，他们之间的鸿沟是分工造成的。"

总之，遗传素质在儿童的发展上起着一定的作用，但它毕竟只是一个必要的条件，而不是决定性的条件。新生儿的发展水平、发展方向，不取决于遗传素质，而取决于环境和教育。"遗传决定论"或"先天决定论"是错误的。

三、遗传基因

新的生命开始于精子和卵子结合成受精卵的时刻，此时新生命就以包含全部生物遗传的46条染色体开始自己的生命历程。染色体是细胞核内的一种结构，其主要成分是一种叫作脱氧核糖核酸的化学物质，简称DNA。DNA是遗传信息的携带者，它决定着生物体的各种性状和生物功能，其化学本质是一条很长的脱氧核糖核酸分子链结构。每个人的DNA分子在结构上都是有差异的。基因是遗传物质的最小功能单位，父母的生物特征就是通过基因传递给下一代的。由于基因的传递，子女会继承父母的某些遗传特征。个体的性别、容貌、肤色、头发颜色和眼睛等都是由遗传基因决定的。个体的智力、个性和气质等也深受遗传基因的影响。

基因（遗传因子）是遗传变异的主要物质。基因支持着生命的基本构造和性能。储存着生命的种族、血型、孕育、生长、凋亡过程的全部信息。环境和遗传的互相依赖，演绎着生命的繁衍、细胞分裂和蛋白质合成等重要生理过程。生物体的生、老、病、死等一切生命现象都与基因有关。它也是决定生命健康的内在因素。因此，基因具有双重属性：物质性（存在方式）和信息性（根本属性）。

四、遗传的缺陷

人们的许多疾病都是遗传病，如色盲、苯丙酮尿症等。有些遗传病是由染色体数目或形态不正常引起的，有些则来自基因的缺陷，这些统称为遗传机制缺陷。遗传缺陷引起的障碍有发展障碍和精神障碍两种。

（一）发展障碍

1. 先天愚型（唐氏综合征）

先天愚型指父母染色体的形态异常引起的遗传病。患儿一般生下来体格较小，有20%左右为早产儿。患儿具有典型的面容，不论其种族起源，他们的面部特征更像其他的先天愚型患者而不像自己的同胞。如：眼距宽，双眼上吊，内角由皱纹覆盖，鼻梁低，耳郭小，口腔小且难以容纳舌头，故经常吐舌；皮肤发红，四肢短，手指短而粗，小指尤其短且向内侧弯曲；脐部经常膨出，常伴有十二指肠闭锁，50%的患儿有先天的心脏畸形。大多数患儿1周岁后方能坐起，3岁时才开始走路，性格比较温和，很少有攻击性，智能发育缓慢，不大识数，IQ值在25～50，但是有的患者偶尔是可以接受教育的，双亲的平均IQ值可以影响这些患儿的智力发展，患儿喜欢模仿、重复一些简单动作，有的还能成为乐团指挥。先天愚型患者平均寿命为16岁，由于心脏病和其他因素，50%左右的患者在5岁以前死亡，也有少于3%的患者活到50岁以上的。男性患者不能生育，女性患者虽有生育能力，但有半数左右的后代也是先天愚型。

2. 苯丙酮尿症（PKU综合征）

这种遗传病是由隐性基因突变引起的，因为缺乏产生某种酶的基因，致使中枢神经系统的神经细胞受毒害，造成智力落后。宝宝出生时外表看起来正常，有些患儿可能有喂养困难、呕吐、睡眠不安、容易哭闹等表现。未经治疗的患儿在出生数月后就会出现智力发育落后、头发由黑变黄、皮肤白、汗和尿液有特殊的鼠尿臭（霉臭味）等问题，且常伴有湿疹。随着年龄增长，患儿智力低下的情况越来越明显，约60%的年长儿童有严重的智力障碍，约1/4的患儿可能伴有癫痫发作。这种病如能早期发现，可采用控制食物的办法来治疗。

（二）精神障碍

1. 精神分裂症

如果父母患有精神分裂症，子女患同类病的可能性要比一般人大。在这种遗传现象中，子女从遗传中所承袭的并非精神分裂症本身，而是精神分裂症的易感性。后来是否发病主要依赖于个体的易感程度和所承受的精神或环境压力的大小。

2. 抑郁症

抑郁症又称抑郁障碍，以显著而持久的心境低落为主要临床特征，是心境障碍的主要类型。临床可见心境低落与其处境不相称，情绪的消沉可以从闷闷不乐到悲痛欲绝、自卑抑郁，甚至悲观厌世，可有自杀企图或行为；有时发生木僵；部分病例有明显的焦虑和运动性激越；严重者可出现幻觉、妄想等精神病性症状。每次发作持续至少2周以上，长者甚或数年，多数病例有反复发作的倾向。

抑郁症的主要表现为：

（1）心境低落。

主要表现为显著而持久的情感低落，抑郁悲观。轻者闷闷不乐、无愉快感、兴趣减退，重者痛不欲生、悲观绝望、度日如年、生不如死。典型患者的抑郁心境有晨重夜轻的节律变化。在心境低落的基础上，患者会出现自我评价降低，产生无用感、无望感、无助感和无价值感，常伴有自责自罪，严重者出现罪恶妄想和疑病妄想，部分患者可能出现幻觉。

（2）思维迟缓。

患者反应迟钝，思路闭塞，自觉"脑子好像是生了锈的机器"，"脑子像涂了一层糨糊一样"。

（3）意志活动减退。

患者意志活动呈显著持久的抑制状态。临床表现行为缓慢，生活被动、疏懒，不想做事，不愿和周围人接触交往，常独坐一旁，或整日卧床，闭门独居，疏远亲友，回避社交。严重时连吃喝等生理需要和个人卫生都不顾，蓬头垢面、不修边幅，甚至发展为不语、不动、不食，称为"抑郁性木僵"，经过仔细的精神检查，患者仍流露出痛苦抑郁情绪。伴有焦虑的患者，可出现坐立不安、手指抓握、搓手顿足或踱来踱去等症状。严重的患者常伴有消极自杀的观念或行为。消极悲观的思想及自责自罪、缺乏自信心可萌发绝望的念头，认为"结束自己的生命是一种解脱"，"自己活在世上是多余的"，并会使自杀企图发展成自杀行为。这是抑郁症最危险的症状，应提高警惕。

（4）认知功能损害。

近事记忆力下降，注意力分散，反应时间延长，警觉性增强，抽象思维能力差，学习困难，语言流畅性差，空间知觉、手眼协调及思维灵活性等能力减退。认知功能损害导致患者社会功能障碍，而且影响患者远期预后。

（5）躯体症状

躯体症状主要有睡眠障碍、全身乏力、食欲减退、体重下降、便秘、性欲减退、阳痿、闭经等。躯体不适的体诉可涉及各脏器，如恶心、呕吐、心慌、胸闷、出汗等。自主神经功能失调的症状也较常见。病前躯体疾病的主诉通常加重。睡眠障碍主要表现为早醒，一般比平时早醒 2~3 个小时，醒后不能再入睡，这对抑郁发作具有特征性意义。有的表现为入睡困难，睡眠不深；少数患者表现为睡眠过多。体重减轻与食欲减退不一定成比例，少数患者可能出现食欲增强、体重增加的情况。

开展遗传咨询工作，科学利用遗传基因，指导结婚、生育，对防止或回避遗传病的发生、提高人口素质是十分必要的。

第二节 胎儿的发育与先天素质

一、胎儿的发育过程

从受精卵形成到出生，要经历 270 天左右，其间，受精卵经过不断的自我复制，经历了三个阶段的发展变化过程，即胚种期、胚胎期、胎儿期。

胚种期也称为细胞或组织分化前期，大约持续两周。胚胎期也叫细胞和组织分化期，是从怀孕后的第三周开始，一直到怀孕后的第八周结束。这六周是胎儿发育最快的时期，身体的各个器官、系统都正在形成，成长中的胚胎特别容易受不健康因素的干扰。但是由于胚胎期非常短，这就减少了胚胎受严重伤害的机会。

胎儿期也叫作器官和功能分化期，从怀孕第三个月到出生为止。在这个阶段早期，胎儿发育迅速，特别是从第九周到第十二周，以后发育开始减缓。各种器官在这个时期逐步精细化。

二、胎儿正常发育的条件

尽管胎儿生长的环境与子宫外的世界相比是相对稳定的,但有很多因素会影响到胎儿的发育。

1. 致畸因子

致畸因子指所有的能对胎儿造成损坏的因子。致畸因子造成的伤害有时是直接的,有时是间接的,可能取决于致畸因子的剂量。

致畸因子的影响并不限于即刻的身体伤害。一些伤害是微妙的,延迟了的,可能会改变儿童对其他事物的反应,影响儿童适应环境的能力,如影响认知、情感及社会性发展。

一般来说,致畸剂,如药物,可能通过两种作用方式对胎儿造成影响:药物改变母体的生理环境,进而影响了胎儿的生长;药物透过胎盘直接进入胎儿体内,药物对胎儿可造成严重影响。

在怀孕期间,孕妇要定期接受合格医疗检查,避免药物、辐射及其他可能对胎儿有害的物质。定期检查确保孕妇了解如何饮食及充分摄取所需营养。定期测量血压、体重、尿液,一旦发现任何有毒物质或其他病变发生时,医院能迅速采取有效措施进行妥善处理。

2. 母亲的其他因素

(1)母亲自身患疾。

母亲怀孕前后的健康状况对胎儿影响极大。疾病会改变母亲的生理状况,恶化胎儿生长的生理环境,而某些病毒也会透过胎盘直接进入胎儿体内,导致流产和婴儿出生缺陷。

生育年龄妇女应于怀孕前接种相应疫苗,养成良好的卫生习惯,减少患传染性疾病的机会。

(2)母亲的营养情况。

胎儿期是一生中发展最快的阶段。在这段时间里,胎儿的发育完全依靠母体提供的营养。因此,母亲的营养状况将影响胎儿的发育。

研究表明,营养良好的母亲在整个怀孕期内,健康状况比营养不良的母亲好,她们贫血、流产、早产等的可能性也更小,胎儿发育更好,生出的孩子也更健康。

由于母亲营养不良而导致胎儿发育障碍是有时间性的。如果在怀孕的头三个月发生,将可能使胎儿脊髓的发育中断,导致流产。如果在怀孕六个月以前发生,孩子出生后智力落后的可能性比较大。而如果在怀孕的最后三个月发生,很可能生出小头的低体重婴儿,这种婴儿可能在1岁左右就会夭折。

胎儿期营养不良会导致中枢神经系统的损伤。母亲的营养越差,胎儿的脑重就越轻,特别是孕后期,由于胎儿大脑迅速增长,母亲的饮食必须含有充足的营养。孕期营养不充分也会导致胎儿其他组织结构的扭曲,包括肝脏、肾脏以及胰腺,由此增加其成年期患突发性心脏病、糖尿病的危险性。胎儿期营养不良也会导致免疫系统的发展受阻,新生儿出生后易得呼吸系统的疾病。

正常情况下,孕期正常的饮食能为孕妇和胎儿提供足够的营养,但由于人的吸收机能的个别差异,有时孕妇还是不能获得足够的维生素和矿物质(如叶酸)使营养达到均衡。这时,可以摄入小剂量的维生素和矿物质来达到营养的均衡,促进胎儿的发展。

（3）母亲的情绪压力。

尽管母亲和胎儿之间的神经系统没有直接的联系，但母亲的情绪状态还是会影响到胎儿的发育。严重的、长期的情绪压力可能阻碍胎儿的生长发育，导致早产、体重过低和其他并发症。另有研究发现，处于高压力下的母亲所生出的孩子过于活跃、易怒、偏执，饮食、睡眠、大小便无规律。长期处于情绪压力下的母亲自身免疫系统也会变弱，易感染传染病，病毒就会透过胎盘屏障对胎儿产生影响。

因此，如果母亲保持良好的情绪状态，就可以为胎儿的生长发育提供一个有利的环境。

第三节　学前儿童身体、脑和神经系统的发展

个体从出生到衰老，在生理和心理方面都要经历一个漫长的发展变化过程，直至死亡。生理发展是心理发展的基础。本节将重点讲述学前儿童的身体、脑和神经系统的发展。

一、儿童的身体发展

1. 身高和体重

身高和体重是儿童身体发育的主要标志。从出生到成熟，儿童的身高一直在增长，体重也不断地增加。通常，女性身体发展到 18 岁左右停止，男性约到 20 岁停止。

儿童出生后的第一年，称婴儿期或乳儿期，是儿童心理开始发生和心理活动开始萌芽的阶段，又是儿童心理发展最为迅速和心理特征变化最大的阶段。儿童身体发育有两个快速期，或称两个高峰期。

（1）第一个发育高峰期。

第一个发育高峰期在 0~2 岁，第一年发育速度最迅速。身高比出生时增长 50%，体重达到出生时的两倍。第二年与第一年末相比，身高约增长 10 厘米，体重增加 3~3.5 千克。2~13 岁儿童的身体发育保持相对平稳的速度，其间，2~5 岁比 5~12 岁发展速度要快一些。

（2）第二个发育高峰期。

第二个发育高峰期的年龄是 11~13 岁（女）或 13~15 岁（男），属于青春发育期。这段时间，儿童身高增长的平均值为每年 6~8 厘米，体重增加的平均量为每年 4~5 千克。

2. 不同性别儿童身体发育速度的两个交叉

按当前儿童的发育水平，女孩在 11 岁左右开始进入青春发育期，她们身高和体重的年增加量超过男孩，平均年增加量曲线位于男孩之上，形成第一个增长曲线交叉。男孩进入青春发育期约比女孩晚两年。在女孩身体发育高峰期已过，发育速度减缓时，男孩正好进入青春发育高峰，他们不仅追上女孩的发展速度，身高、体重、肩宽等身体发展水平也都超过女孩，形成第二个增长曲线的交叉。此后男性儿童的身高和体重一直领先发展。

3. 儿童身体发展的非匀速性

儿童身体发展并不是随年龄增长而等速增加。如前所述，发展过程有快速期也有相对平稳期。从出生到成熟的整个过程可以划分为四个阶段：0~2 岁是快速发展阶段；2~12 岁是平缓发展阶段；12~13 岁（女）、13~15 岁（男）是急速发展阶段；15 或 16 岁至成熟是缓慢发展阶段。

4. 儿童生理发展遵循一定的次序和规律

儿童的身体发展和神经系统等各种生理系统的发展都严格地遵循着固定的次序和一定的规律。

（1）身体发展遵循"头尾原则"和"近远原则"。

① 头尾原则：头尾原则是指从上到下的发展顺序，儿童身体的发展严格地遵循着头→颈→躯干→下肢的次序进行。

② 近远原则：近远原则是指从中轴向外围的发展顺序，儿童运动的发展顺序是从躯干开始向四肢，最后达到手指和脚趾的小肌肉运动。

（2）各生理系统发育的不平衡现象。

不同的生理系统的发育各有不同的模式，遵循着不同的规律。

① 神经系统在出生后的头几年发育较快，到幼儿末期接近成人水平，此后发展速度趋于平缓。

② 淋巴系统在10岁以前发展速度非常迅速，发展量达到成人时期的200%，10岁以后发展量迅速下降到成熟期的水平。

③ 生殖系统中的生殖器官在10岁以前基本上没有发育，10岁或11岁以后迅速发育成熟。

④ 一般的生理系统，如肌肉、骨骼、呼吸、消化系统的发育过程有两个快速期和一个缓慢期。4岁以前是第一个快速期，发展迅速；5~10岁处于相对缓慢发展期；从10岁或11岁开始到成熟阶段又进入发展速度非常迅速的快速期。

生理发展是心理发展的物质基础，它制约着儿童心理的发展，所以儿童心理发展水平和规律在一定程度上受其生理发展水平和规律的制约。

二、大脑的结构和机能的发展

心理是脑的活动的产物，个体脑的发展直接影响个体心理的发展。脑的发展主要指脑的结构和机能的发展。

1. 脑的结构的发展

（1）出生时大脑结构的初步发展。

胎儿出生时脑的基本结构已经初步具备，但发育不完善。出生时脑神经细胞的数目与成人相同，但其细胞较小；大脑皮层已经出现6层结构，但是沟回不明显；树突短小，大部分神经纤维未髓鞘化。出生后脑的结构迅速发展。

（2）脑的重量增加。

出生时脑的重量为350~400克，是成人脑重的25%，出生后脑的重量一直增加到成熟为止，增加的速度早期迅速，后期缓慢。

第一年脑重增加最迅速，可达成熟期的50%；2~3岁脑重达成熟期的75%；7岁左右达到90%；12岁约达1 400克，与成人脑重量非常接近；20岁脑重量不再增加。

（3）脑的结构复杂化。

脑结构发展的主要表现是皮质结构的复杂化。

① 神经细胞结构的复杂化：神经细胞体积增大；神经细胞突触的数量和长度增加。

② 神经纤维增长：神经纤维深入到各个皮层；逐渐完成神经纤维髓鞘化。

③皮层结构复杂化：大脑皮层的沟回加深；皮层传导通路髓鞘化；传导通路髓鞘化依次为感觉通路、运动通路、与智力活动有关的额顶叶髓鞘化。

（4）儿童脑电图的特征。

大脑活动自发地伴有不同频率的脑电波变化，把大脑自发的脑电节律变化及其记录图称为脑电图。脑电波变化是脑发育过程的最重要的参考。

脑电波有多种形式，以每秒活动的基本节律不同而分为 β 波、α 波、θ 波和 σ 波四种形式。儿童脑的发育水平不同，脑电波的变化也不同。有关儿童脑电波的研究表明：

① 儿童大脑发育的程序性。

儿童大脑各区域的成熟顺序依次为枕叶、颞叶、顶叶、额叶，说明儿童大脑发展是逐渐的、连续的，具有严格的程序性。

② 大脑发展的两个快速期。

儿童大脑发展具有程序性和连续性，但并不是等速发展。在 5~13 岁有两个快速期：第一个快速期在 5~6 岁，第二个快速期在 13 岁左右。

2. 大脑机能的发展

随着大脑结构的发展，大脑的机能亦随之发展。儿童大脑机能的发展主要表现在条件反射的形成和巩固；兴奋和抑制过程的增强；第一、第二信号系统协同活动的发展等几个方面。

（1）无条件反射和条件反射。

新生儿适应环境的活动主要是由皮下中枢调节，他们利用先天的无条件反射与周围环境进行简单的交往。基本的无条件反射有食物反射、防御反射和定向反射。

新生儿的条件反射是后天获得的，最初的条件反射是在被抱起吃奶时表现的寻找奶头、张嘴和吮吸等一系列食物性反应。最早出现条件反射的时间为出生后 10~20 天。初期的条件反射是由触觉—平衡觉复合刺激引起的。随后，听觉、视觉等各种感觉系统的刺激都能组成复合刺激引起条件反射。单个刺激引起的条件反射要滞后几个月才能出现。

明确的条件反射的出现被认为是心理发生的标志，也可以笼统地把新生儿时期视为心理发生的时期。

（2）皮层抑制机能的发展。

脑机能的发展不仅表现在兴奋过程中，还表现在抑制过程中。年幼儿童神经的兴奋过程比抑制过程占优势。新生儿大部分时间都处于保护性抑制的睡眠状态。在生命的前半年分化抑制、消退抑制和延缓抑制等内抑制相继出现。大脑皮层抑制机能的发展是大脑机能发展的重要标志之一。

在出生后的第一年中，由于各分析器的协同活动成为可能，不同的条件反射也能够相互联系形成一定的系统。到婴儿期末第一信号系统活动便已初步形成，具有了初步的分析综合能力。从出生后的七八个月起，以词语为信号的第二信号系统开始活动，1岁以后词语条件联系日益增强，到幼儿期词语才能作为独立刺激物参与儿童的高级神经活动，使儿童的心理活动具有新的抽象概括性。

3. 脑的结构和机能的可变性

脑的结构和机能的发展遵循特定的生物规律，同时也在很大程度上受环境因素的影响和制约。这里所说的环境包括胎内环境和后天环境。

（1）胎内环境对胎儿脑发育的影响。

胎内环境对胎儿的生长具有特殊的重要性。影响胎内环境的因素有以下几种：

① 母亲的生理条件对胎儿的影响。

妇女生育的最合适的年龄是 20～35 岁，过早或过晚生育容易使胎儿的发育和生存出现危险；母亲的营养状况与胎儿的发育有着非常密切的关系，怀孕早期母亲营养不良，会引起胎儿生理缺陷，后期营养不良有可能生出低体重儿。

② 母亲所患疾病对胎儿的影响。

许多病毒能透过胎盘的保护屏障影响胎儿。如风疹、伤寒、白喉、霍乱、肝炎以及梅毒、淋病、毒血症等都会给胎儿带来脑或其他方面的各种损害。所以，母亲在怀孕期间一定要采取适当的预防措施。

③ 药物和烟、酒对胎儿的影响。

很多药物，如反应停、性激素等都会对正在发育中的胎儿有潜在影响，再如抗生素和镇静剂也会对胎儿产生副作用，孕妇用药一定要小心谨慎。

酒精能抑制胎儿大脑的增长和脑机能的发展。母亲喝酒过多，胎儿易患酒精综合征，导致胎儿生理缺陷，并影响胎儿心理发展。

母亲吸烟会妨碍正常供氧，从而减慢胎儿的新陈代谢和正常发育。

（2）后天环境对脑的结构和机能的影响。

儿童脑的发育遵循着遗传基因所提供的规律，也受后天环境的影响，从这个意义上说，儿童脑的发展是先天因素和后天因素相互作用的结果。

脑发育的可塑性。在脑发育的过程中，由于环境因素的作用，脑的大小和功能都会受到影响。如早期社会经验剥夺将会导致中枢神经系统发展停滞甚至萎缩现象，乃至造成不可逆转的永久性伤害。儿童营养不良也会造成脑细胞发育不正常而对脑的生长产生重要影响。

脑的修复性和机能代偿：研究发现，婴儿早期某种脑损伤可以通过某种类似学习的过程而获得一定的修复。大脑两半球功能不同，当某半球受损伤，另一半球的功能可能会产生替代性功能补偿。如语言中枢受损伤，在 5 岁以前，另一侧脑半球可以进行功能补偿，而不会导致永久性的功能丧失。

思考练习题

俗话说："种瓜得瓜，种豆得豆。"请论述此谚语的合理性与科学性。

第四章　学前儿童感知觉和动作的发展

> 教育孩子，我一直深信"百闻不如一见"的道理。根据我的经验，读万卷书远远比不上行万里路，现实世界能教给我们的，远远比书本教给我们的更多、更丰富、更生动。
>
> ——卡尔·威特

长期以来，婴幼儿感知觉研究领域一直被"婴儿无能"的思想所影响。随着早期教育研究热潮的掀起，加之研究手段的计算机化，人们已经发现，婴幼儿已经拥有相当惊人的知觉能力和反应能力。许多感知觉在婴幼儿期已达到成人水平。

第一节　学前儿童感觉的发展

一、评定新生儿感觉的几种方法

如果教一个生来就失明的成人用触摸的办法来辨别大小差不多的金属立方体和球体，以便在他触摸时说出哪一个是立方体，哪一个是球体。然后假定把立方体和球体放在桌子上，使这个盲人复明，请问：在他触摸这两个东西之前，他是否能够用视觉来辨别出哪个是球体，哪个是立方体呢？对这一问题的回答来自以下方面：

（1）关于新生儿知觉能力的研究。

（2）关于那些在生活早期被剥夺过视觉之后又恢复了视力的个体的知觉能力的研究。

（3）关于成人对失真视觉输入的适应能力的研究。

婴儿知觉研究的最大障碍在于，他们既不能用言语报告自己的知觉活动，也不能以熟练的行为做出反应。因此，研究者能否机智地利用婴儿的非言语反应，作为推断他们感知觉活动的指标，就成为婴儿知觉研究成功与否的关键。

许多研究者所用的测查年龄较大儿童和成人感知觉能力的方法不适合婴幼儿。婴幼儿动作技能有限，无法回答自己是喜欢红色还是绿色。另外，也难以肯定成人确定的感知觉标准同样适用于婴幼儿。20世纪80年代以后，研究者越来越多地利用婴幼儿的反射，对婴儿测查的技术已经有了发展。儿童心理学家利用生理心理机能探索婴儿的感觉能力。例如，控制心率、肌肉反应、呼吸的自主神经系统的反应和习惯化都被用作鉴别婴儿感知觉能力的手段。

下面介绍几种可供观察的行为反应。

（1）反射行为。

（2）定向反射习惯化和去习惯化。习惯化：同样的刺激反复地呈现，就会使原先出现的定向反射完全消失。去习惯化：在个体已对某种刺激形成习惯后，又出现一个新刺激，这时的个体又产生了反射行为，表明个体能将新刺激与旧刺激加以区别。这种恢复了对新事件的兴趣的现象称为去习惯化。婴儿的吸吮行为可作为评估指标。首先给婴儿一个橡皮奶头供其吸吮，并记下其吸吮频率的基线。当一个新异的刺激（如声音）出现时，婴儿将产生定向反射，可能表现为吸吮行为的中断或频率降低。同样的刺激如果反复呈现，婴儿的定向反射将逐渐减少直至完全消失，吸吮行为不再受刺激呈现的影响。如果这时又出现另一个新刺激，婴儿可能又产生新的反射行为，吸吮行为再次发生变化。

（3）身体运动和脸部表情。

（4）视觉偏爱，即婴儿喜欢看什么，不喜欢看什么。在对婴儿的研究中，最有效的行为度量是他们的注视行为。在范茨的"偏好方法（Preference Method）"中，实验者同时呈现两个图案，测量婴儿注视每个图案的时间。如果婴儿对某一对象的注视时间长于对另一对象的注视，则说明婴儿对第一个对象表现出了"偏好"。

出现这一"偏好"说明：婴儿的知觉系统能够对这两个刺激做出区分，也可以判断婴儿倾向于注意什么。研究发现，甚至新生儿也表现出了某种知觉偏好：偏好相对新颖、清晰、复杂、对称、和谐的刺激。婴儿觉得新异、复杂或惊奇的事物，随着他们认知系统的变化而变化。婴儿从出生起似乎便有了某种对视觉刺激的主动需求。主要原因在于：第一，视觉皮层的正常发展必须要有相应的视觉刺激输入，婴儿运用视觉能力的先天倾向具有高度的适应性；第二，婴儿倾向的注意的环境信息，正是那些对他们的发展而言最重要的刺激，如母亲的面孔等。

二、视觉的发展

新生儿出生时其眼睛就能对视野内的几乎各个方面在生理上进行不同的反应。视觉集中：在出生时，新生儿视觉机能调节较差，两个月时才能改变焦点，四个月时才能像成人那样改变晶体的形状，以看清不同距离的客体。光的察觉：新生儿出生后既能立即觉察眼前的光亮，还能区分不同明度的光，只是敏感性远低于成人。视敏度：眼睛区分视觉目标的形状和微小细节的能力。目前，研究婴儿视敏度的方法有三种：视觉偏爱法、视动眼球震颤法、视觉诱发电位测量法。颜色视觉：一般认为，新生儿从3～4个月起就能分辨彩色和非彩色。红颜色特别能引起新生儿的兴奋。4～8个月的婴儿最喜欢波长较长的暖色调。测定婴儿辨别颜色的方法有：视觉偏爱法、记录脑电活动、去习惯化、配色法。

三、听觉的发展

一百多年前，普莱尔提出，"一切幼儿刚刚生下来时都耳聋"。因为出生后的几个小时内，内耳中的液体妨碍了对婴儿听觉能力的准确测量。1983年廖德爱、黄华建研究得出：出生第一天婴儿已有听觉反应，新生儿的听觉反应是极其充分的，能定位声音，并区别不同强度和时间的声音等。婴儿对声音的反应至少有三种不同的方式：感受抚慰、警觉、痛苦的反应。婴儿在出生前已开始有听觉。有研究者将塑料玩具狗发出的"唧唧"声作为刺激，对42名出生24小时内的新生儿进行测试：一次刺激引起反应19名（45.2%）；两次刺激引起反应16名（38.1%）；三次刺激引起反应5名（11.9%）。对出生3天婴儿的研究：婴儿各自的母亲朗读儿童故事并录音，将其作为测验的声音材料。婴儿用一定的频率吸吮奶头，就能听到自己母亲朗读的声音，反之则变为他人的声音。结果85%的婴儿会按产生母亲声音的频率吸吮。婴儿对说话声音敏感，在听成人讲话时，婴儿能使身体运动与讲话的声音模式同步。

四、嗅觉和味觉的发展

新生儿已能区分好几种气味。出生一周的婴儿已能辨别母亲的气味和其他人的气味。出生不到 12 小时的新生儿对草莓和香蕉的味道表示满意，对臭鱼和臭鸡蛋的味道表示拒绝，这表明区别味道的能力有可能是天生的。

第二节 学前儿童知觉的发展

一、整体知觉和部分知觉的发展

研究表明，6 岁儿童先是认识客体的个别部分，然后才认识整体部分，但不够确定。8 岁左右的儿童既能看到整体又能看到部分，但不能把整体和部分结合起来，出现了"逻辑上的慢动作"。9 岁左右的儿童一眼就能看出部分和整体之间的关系，实现了二者的统一。

二、对色、形的感知

总体上说，儿童对色、形抽象发展有三个阶段：3 岁前形状抽象占优势；4 岁时颜色抽象占优势；6 岁后同一抽象占优势。这一结论表明，儿童的色形抽象或感知受到发展成熟的影响，具有年龄特征，但并不排除个体经验影响，个体差异还是存在的。

三、空间知觉

1. 形状知觉

幼儿的形状知觉发展很快，一般在小班时就能辨认圆形、方形和三角形；中班时能把两个三角形拼成一个大的三角形，把两个半圆拼成一个圆形；大班时还能认识椭圆形、菱形、五角形、六角形和圆柱形，并把长方形折成正方形，把正方形折成三角形。研究表明，幼儿掌握形状的次序（由易到难）是正方形→三角形→长方形→半圆形→梯形→菱形→平行四边形。四岁是儿童形状知觉最敏感时期。

2. 大小知觉

有研究证明，2.5～3 岁半的幼儿，其判别平面图形的能力发展迅速。婴儿已具有物体形状和大小知觉的恒常性。

3. 方位知觉

研究表明，3 岁幼儿已能辨别上下方位，4 岁幼儿已能辨别前后方位，5 岁幼儿开始能以自身为中心辨别左右方位，6 岁幼儿已能完全正确地辨别上下前后四个方位，但以自身为中心的左右方位辨别能力尚未发展完善。朱智贤教授认为，儿童左右概念发展经过三个阶段：第一，5～7 岁，能比较固定地辨别自己的左右方位；第二，7～9 岁，初步、具体地掌握左右方位的相对性；第三，9～11 岁，能比较灵活地、概括地掌握左右概念。上下（3 岁）、前后（4 岁）、左右（5 岁），从具体方位知觉上升到方位概念需经历较长的时间。

4. 深度知觉

婴儿早期是否具有三维知觉能力？吉布森和沃克（Gibson & Walk）发明了一种叫作"视

崖"（Visual Cliff）的装置，用于探索婴儿这种知觉的发展。结果表明，婴儿早已有了深度知觉，但不能断定是先天的，可能是在六个月之间学会的。当婴儿到能爬行时（一般为7个月左右），表现出逃避深侧的倾向（36人中27人爬过浅滩，只有3人爬过悬崖）。将2个月的婴儿置于视崖深侧时，他们的心率比处于浅侧时的心率低，说明他们能够从知觉上区分这种差异。他们只是注意到悬崖，而不是害怕。

四、时间知觉

以下是研究者对小学不同年级学生估计一分钟时间的平均数的调查研究（见表4.1）：

表4.1 小学不同年级学生估计一分钟时间的平均数

年级	一年级	三年级	五年级
对分（60秒）的估计	11.5秒	24.8秒	31.1秒

另外，皮亚杰通过实验研究发现，4.5~5岁的儿童还不能把时间关系和空间关系区分开来；5~6.5岁儿童开始把时间次序和空间次序分开，但仍不完全；7~8.5岁儿童才最后把时间和空间关系分开。

五、儿童观察力的发展

幼儿的观察力初步形成，表现为四个方面：观察的目的性、观察的持续性、观察的细致性、观察的概括性。表4.2是关于幼儿在观察中接受和完成任务人数百分比的调查情况。

表4.2 幼儿在观察中接受和完成任务人数百分比

年龄	未接受任务者（%）	接受任务者（%）	接受任务中正确完成者（%）
3~4岁	24	16	75
4~5岁	6	34	91
5~6岁	1	39	92.5
6~7岁	0	40	100

根据研究，儿童观察力的发展趋势如下：
（1）从无意向有意发展。
（2）从冲动性向思考性发展。
（3）从笼统的、未分化的向精细的方向发展。
（4）整体与部分从分离到统一。

第三节 学前儿童动作的发展

儿童动作发展是儿童活动发展的直接前提。因为从心理方面来说，活动是由动作组成的，儿童在出生后的第一年里，在动作的发展上取得了非常大的成就。特别是作为人类特有的动作——手的动作和直立行走的出现，标志着人与动物有本质区别。

新生儿在出生后的前半年，首先发展的是一些感觉的能力，至于动作，特别是手的动作和行走等，都发展得较晚，这说明高度复杂的人的动作，特别是手和行走的动作，是在大脑皮质的直接参与和控制下发展起来的。而动物的动作机能则在出生后不久经过一定的练习逐渐成熟，其大脑皮质的支配作用远不如人类，是无法相提并论的。

一、1岁前婴儿动作的发展规律

这一时期是儿童动作发展最迅速的阶段，其发展是按照一定的顺序和规律进行的。从整体动作到分化动作：最初婴儿的动作是全身性的、笼统的、散漫的，以后才逐步分化为局部的、准确的、专门化的动作。从上部动作到下部动作：使婴儿俯卧在平台上，他首先出现的动作是抬头，然后慢慢发展到翻身、坐、爬、站立、走。从大肌肉动作到小肌肉动作：婴儿首先出现的是躯体大肌肉动作，如头部、躯体、双臂、腿部的动作，然后才是灵巧的手部小肌肉动作，以及准确的视觉动作等。

（一）手的动作的发展

作为人类特点的手的动作的发展，在儿童心理发展上具有重大的意义。儿童约从出生后的第三个月起，一种不随意的手的抚摸动作就开始了。他无意中抚摸亲人或玩具、自己的被褥、自己的衣服、自己的小手。五个月后，手的动作带有一定的随意性，当他看见亲人或玩具时，他不但会发出快乐的声音，而且要伸出手来抓抓摸摸。这样，儿童开始把手作为认识的器官来感知外界事物的属性。从儿童出生后的下半年开始，手的动作有了进一步的发展，逐步学会了拇指与其余四指的对立的抓握动作，这是人类操作物的典型方式。随着这种操作方式的发展，手才有可能从自然的工具逐步变为使用和制造工具；在抓握过程中，逐步形成眼和手，即视觉和动觉的协调运动。手的动作发展下去就更加复杂了，从手眼配合摆弄一个物体到同时摆弄两个物体，再到用种种不同的方式来摆弄各种物体。如把小盒放到大盒里，用小棒敲击铃铛等，使儿童进一步认识了事物之间的联系和关系。在经常接触日常物体的过程中，由于成人的反复示范和儿童自身的不断模仿，儿童逐步具有熟练地摆弄和运用这些物体的动作能力。例如，用茶杯喝水、用匙子吃东西、穿衣服、扣扣子、戴帽子、洗手等。首先，通过运用物体动作能力的发展，儿童掌握了使用物体的方法，这表示其初步掌握了成人使用工具的方法和经验。其次，儿童通过运用物体的动作及使用各种物体，认识了这一类物体的共有的特性，因而使知觉更加具有概括性，并为概括表象和概念的产生准备了条件。

（二）行走动作的发展

行走动作的发展同样要经过一个漫长的过程。大约三个月时，婴儿开始能够翻身，六个月左右能坐起来，八九个月会爬，一周岁左右能够站立并开始行走。当然，由于种种条件的影响，如营养状况、练习的机会等，婴儿之间存在个别差异。

一般来说，1.5岁以前，每个婴儿的行走动作的发展各异，这时，成人要多给他们一些练习的机会。约2岁时，幼儿就能掌握行走的技巧了，在平坦的道路上行走能达到自动化的程度。从此，行走便成了幼儿的需要，他经常喜欢到处走动。2~3岁时，幼儿不但学会了行走，而且也逐渐地学会了跳、跑、攀登阶梯、越过小障碍等复杂的动作，并可能学会按着节奏来做某些动作。

（三）实践活动的萌芽

三岁时，幼儿在动作发展的基础上，在语言的帮助下，逐步从运用物体的动作过渡到最初的有目的的活动。这是人类实践活动的萌芽。

首先，最原始的游戏。这种最初的有目的的活动的出现，是幼儿在言语调节下，对过去的表象和当前的知觉印象进行分析综合的结果，是动作和表象概括化的结果。例如，幼儿已经开始能够按照自己的需要把一个物体当作不同的东西来使用。例如，一个吃雪糕的小匙，吃饭时可以当作筷子等。实际上，幼儿这时活动的目的性还是很差的，而且也不稳定，容易变化。

其次，最原始的劳动活动。由于幼儿独立行动倾向的发展，到婴儿后期，已经开始会参加一些自我服务的活动和从事一些简单的劳动。例如，摆碗筷、洗手、穿衣、吃饭、擦桌子、搬椅子等。而且很多时候，儿童都喜欢模仿成人使用一些工具来进行活动。

二、婴幼儿动作发展中的个别差异

实际上，就每一个婴幼儿来说，其动作发展是存在很大差异的。例如，两个在其他方面相似的幼儿学习走路的时间可能并不相同，一个在10个月时就开始走，另一个到18个月才开始走，这都是正常的。导致这种差异的因素是多方面的，一般归为三个方面：遗传和经验、性别及种族差异。

（一）遗传和经验

在婴幼儿的动作发展中，一个重要问题不容忽视，即遗传和经验（练习）共同促进发展。有两个例子可以说明这个问题。

例1：一般来说，胖孩子显然比瘦孩子活动量少，可能导致胖孩子的运动技能不如瘦孩子发展得好。遗传可能引起原始的体重差异（当然，有些孩子越来越胖，也和饮食习惯有关），在此基础上，胖孩子一开始就动得少，学习、练习的机会自然也少，而瘦孩子则相反，这样造成了最终的动作技能差异。

例2：在某实验中，实验者帮助新生儿学习如前所说的行走反射；他们把新生儿举起来，让他们的脚轻轻接触桌面，刺激他们"行走"。结果，这些孩子后来学习真正行走时比其他孩子要容易。显然，这种早期的练习经验促进了婴儿行走，但这种学习是建立在先天的行走反射基础之上的。这个例子同样说明，在动作技能发展中，遗传提供生物前提或发展的可能性，教育和经验促进或延缓发展的速度，将这种可能性变成了现实性。

（二）性别差异

有的研究认为，在整个婴儿期，性别并不能影响能力方面的表现，但有时在动作和活动中有所表现。

活动方面的性别差异，首先表现在男婴和女婴活动的兴趣不同。这种不同，不但表现在活动内容方面，也体现在运用大动作和精细动作方面。据观察，在婴儿期，男孩比女孩的动作量更大，男孩更喜欢到室外去进行跑、跳等活动，而女孩则喜欢待在家中做一些精细动作，像弹琴、画画等。这种差异也许是由于父母的不同鼓励，也许是由于儿童自己渴望模仿"正确"的性别行为。但无论如何不应当否认这种差异是有遗传、生理差异基础的。

活动方面的性别差异还表现在男婴和女婴动作的能力不同。一般来说，女孩更经常地表现出精细动作技能，她们通常可以比男孩更高、更快、更少错误地建一座积木塔；女孩也更常表现出平衡和韵律方面的技能，如舞蹈等。男孩则在速度和力量方面超过女孩，如他们跑得更快，更喜欢玩打仗游戏等。

这种差异部分地由于在婴儿时期实践、学习的不同，部分地由于婴儿时期自我意识的发展，也由于不可否认的性别方面的生物学差异，虽然有时不很明显，但确实是存在的。

（三）文化和种族差异

儿童生理发展及其动作发展受到文化背景和种族的影响。例如，瑞典人的孩子出生时体重约为 3.8 千克，比印度小孩重 40%。美国黑人孩子的体重比白人孩子轻 10%。中国儿童出生时的体重一般为 3～3.5 千克。这些差异显然不是由于简单的营养或其他明显的健康问题引起的。

随着儿童的成长，受文化和种族的影响越深，某些差异会越来越明显。一般来说，在非洲国家长大的孩子比在北美洲长大的孩子动作技能发展得好，这种差异特别表现在坐和走方面：非洲婴儿能做这两种动作比美国白人孩子早两个月。这里至少某些差异是由于文化实践引起的。一些研究者报告了几种非洲社会的情况：他们主动教孩子坐和走，通过把婴儿放在一个小的凹坑里和用被褥或衣物支撑着他们，教他们坐；通过在婴儿很小的时候把他们举起来，帮助他们练习新生儿反射。在某些非洲国家，儿童尽早获得坐和走的技能也许能对家庭有所帮助。

第四节　学前儿童注意的发展

注意往往是和视觉联系在一起的，称为视觉注意。在儿童成长的过程中，注意品质随着生理的成熟而有所发展，不仅体现在注意时间量上的增加，也体现在注意活动效率上的提高。

一、儿童注意发展概述

注意不是单独孤立的心理过程，它是心理过程的伴随现象，它的发展是智力整合发展的保证。注意是系列活动对一定对象的指向和集中，注意的指向性和集中性是心理活动的质量的保证。儿童的注意是何时出现的，其集中性和指向性有何特点，注意是如何随着儿童的年龄增长而发展的，儿童注意的发展有无关键年龄，注意的发展在儿童期是否停止、何时停止，这些问题都需要研究。与注意相关的概念有习惯化与去习惯化。习惯化是指某一刺激物反复呈现后，婴儿对该刺激物的反应降低的现象；去习惯化是指在刺激物变换后，婴儿对已经习惯化了的反应的恢复。研究者通过研究习惯化，来确定婴儿能在什么程度上看、听、闻、尝和触摸（Slater，2004），来探知婴儿是否能认出先前已经接触过的东西。其实，定向反应和习惯化对婴儿都是有用的。一方面，定向使婴儿意识到环境中某些事件的潜在重要性和危险性。另一方面，经常对不重要的刺激做出反应是很浪费时间的，所以习惯化可以阻止婴儿浪费太多的能量在不重要的刺激上（Rovee-Collier，1987）。

在胎儿听力研究的实验中，可以看到注意的早期发展。Groome 和 Lecanuet 研究表明，胎儿对声音有定向反射。生物性定向反射是和注意联系在一起的，集中与定向既是注意形成的前提，也是注意形成的目标。胎儿在子宫内受到多种复杂声音刺激的影响，如母体内的声音、外界的声音等。心理工作者在对胎儿进行听力研究实验中发现，胎儿对不同分贝的声音会做出不同的反应。对高强度的声音刺激，甚至可以产生应激状态。

新生儿已有非条件性的定向反射。大声说话能够令他们停止活动，发光物能够使他们视线停留片刻，这些都是生物性的、原始的定向活动，在脑的低级部位。新生儿睡眠—觉醒规律的养成，标志着神经系统和脑的成熟，而脑的发展又为婴儿保持觉醒、感受刺激、进行信息加工处理提供了可能，也为婴幼注意行为的发生提供了可能。

Cohen 利用棋盘格子作为注意对象的实验表明，引起婴儿（3~6 个月）注意的主要是刺激的物理特征。又如研究表明，4 个月大的婴儿对有声音、活动的刺激物比对没有声音的、静止的刺激物注视的时间更长（Shaddy & Colombo，2004）。注意的产生似乎是受定向活动的先天机制控制，而且不随婴儿的生长而变化，但是，导致注意保持的刺激特性随着婴儿的生长而变化，并在这一保持中出现习惯化现象。6~12 个月的孩子，注意的范围扩大，能力增强，其注意选择性受到支配。在婴儿学会说话以后，受意识支配的有意注意出现。

国外的大量试验表明，婴儿三个月前后就有明显的注意选择性（即视觉偏爱）：① 偏好复杂的刺激物；② 偏好曲线多于直线；③ 偏好不规则的图形多于规则图形；④ 偏好轮廓密度大的图形；⑤ 偏好集中的刺激物多于非集中的刺激物；⑥ 偏好对称的刺激物；⑦ 从注意局部轮廓向注意全面轮廓发展；⑧ 从注意形体外围向注意形体内部发展。[①]

在听的注意力上，年龄较大的儿童在必要的时候可以同时注意两个声音，幼小儿童比年长儿童较多地被两个声音所妨碍。麦考贝和康纳德通过试验发现，年长的儿童能比较准确地集中注意，抵抗干扰的能力随年龄增长而提高。

6 岁以后的儿童的注意模式与婴幼儿的注意模式不一样，幼儿对刺激的注意力是随着活动的不断进行而增强的，6 岁以后，其有意注意能力大幅度提高。Bruner 通过对眼动的研究发现，4 岁幼儿还处于需要大量提醒才能进行随意注意的阶段，而到了 5 岁半的时候，随意注意会有一个飞跃。与有意注意关系重大的额叶大约在 7 岁的时候基本发展到相对稳定而且完善的程度。因而在 7 岁左右，注意开始变得有效率且稳定。随意注意基本上是社会性行动，是可以被训练的。

婴幼儿注意的外部表现：

（1）适应性运动。婴幼儿在集中注意力的时候，感觉器官指向刺激物。如"侧耳倾听""屏息凝视"等。

（2）无关运动的停止。幼儿在听老师讲引人入胜的故事时，会一动不动，甚至本来站着的幼儿会一直站着听老师讲故事。

（3）呼吸运动的变化。集中注意力的时候，呼吸轻微缓慢，一般吸短呼长；高度集中注意力的时候，会"大气不敢出""屏息凝气"。

此外，很多孩子在注意力集中时，面部表情紧张，如锁眉咬牙；另外，还可能出现脉搏速度加快、四肢紧张、双拳紧握等情况。

二、注意发展对儿童发展的意义

注意分为有意注意和无意注意。儿童注意的发展是由无意注意发展为有意注意的。

有意注意是自觉的、有预定目的的注意，是由第二信号系统支配的，即能够借助于语词

[①] 张莉：《儿童发展心理学》，华中师范大学出版社 2006 年版，第 71 页。

而实现。

无意注意是不自觉的、没有预定目的的注意，是由第一信号系统支配的。

儿童的有意注意是由成人提出的要求和任务引起的，在无意注意的基础上随着语言的发展而发展。

儿童注意的发展对儿童的成长有着特殊的意义：

1. 注意是心理活动的积极维护者，是高质量认知活动的捍卫者

有研究表明，用两种不同的学习态度学习 12 个无意义音节，学习效果差异极大：有强烈学习愿望而注意学习目标的儿童与不注意学习目标的儿童相比，前者的学习效率比后者高 7 到 10 倍。可见，注意程度对学习效果的影响很大。在教学过程中应引导幼儿养成集中注意力的习惯。

2. 注意对儿童心理活动发展有功能性意义

注意使幼儿吸收大量的感知材料，积累了经验。同时，注意对儿童的坚持性、意志形成也是十分重要的。注意的功能有以下三个方面：

（1）选择功能。通过注意对信息进行选择，趋向于有意义的、符合主体需要的和与当前活动任务相一致的各种刺激，排除和避免其他无意义的干扰刺激，将信息分离，使心理活动的指向性更加明确。

（2）保持功能。注意使反映的对象保持在意识之中，防止信息的消失，直到目的达成。

（3）调节和监督功能。注意足以控制着整个心理活动朝向一定的目标方向进行，维持心理活动的积极状态。当外界、注意客体、主体自身发生变化的时候，注意会促使心理现象适当分配、调整，直到任务完成。

三、影响儿童注意力发展的因素

（1）注意力的发展与儿童自身的状态有密切关系，身体因素更为直接地影响他们的注意力，在身体不适的情况下，儿童很难集中注意力。

（2）营养过量和缺乏都可能导致儿童身体不健康而阻碍其注意力的发展。如缺碘和缺锌都会严重影响婴儿大脑的发育，微量元素铅与注意力关系尤其密切，铅中毒的孩子一般都伴随着注意缺陷，摄入含铅量超标的饮食（不一定达到铅中毒的程度）也会导致多动障碍。

拓展阅读

注意力缺陷和多动障碍（多动症）

患有注意力缺陷和多动障碍（ADHD）的儿童在注意方面存在特殊的问题。3%～15%的学龄儿童被诊断为患有多动症，男孩和女孩患病的比例为 3∶1（Wicks-Nelson&Israel，1991）。多动症的三个核心特征是：

（1）活动过度。患有多动症的儿童经常精力旺盛、烦躁不安，不能保持安静，特别是在学校这样需要限制自己活动的地方，表现更加突出。

（2）分心。患有多动症的儿童不断变换注意对象。他们在课堂上注意力不集中，看起来好像无法把注意力集中在学校里的各项学习任务上。

（3）冲动。患有多动症的儿童做事不经过考虑，如在别人说话的时候任意打断。

值得注意的是，不是所有患多动症的儿童都会表现出这些症状，而且症状的程度也不一定都相同，一些症状常会随着环境的变化而发生变化。

许多患有多动症的儿童都具有攻击性行为，因而不被同伴所接纳（Barkley，1990；McGee，Williams，Feehan，1992）。尽管患有多动症的儿童智力水平正常，但是他们在阅读、拼写、算术的成就测验中得分要低于平均水平（Pennington，Groisser，Welsh，1993）。到了青春期和成年早期，仍有一半以上的儿童存在活动过度、注意力不集中、冲动等行为问题（Fischer et al.，1993；Papport，1995）。

治疗儿童多动症可通过以下几个方面：① 药物治疗；② 教育手段；③ 父母培训。综合的治疗可以帮助患有多动症的儿童注意力更加集中，其学业成绩明显提高（Carlson et al.，1992）。[①]

四、儿童注意品质的特征

（一）注意的集中性和持久性

随着年龄的增长，儿童注意的集中程度和持久程度提升，能将注意集中到与任务相关的刺激上。

（二）注意的稳定性

注意的稳定性是指对同一对象或同一活动的注意所能持续的时间。一项实验发现，一般从作业开始后半个小时左右注意明显下降。注意状态也很难保持不变，会出现周期性的变化。幼儿的注意稳定性比较差，在不同的年龄会有差别。一般而言，随着年龄的增长，稳定性增强。3岁儿童注意集中时间为3~5分钟；4岁儿童注意集中时间为10分钟；5~6岁儿童注意集中时间为15分钟，甚至20分钟。

（三）注意的分配能力

注意分配能力指同一时间里，注意指向多个不同对象。分配的条件是：其一，同时进行的两种活动中必须有一种是熟练的；其二，同时进行的两种或多种活动之间如果有联系，注意分配就显得轻松很多。幼儿的注意分配能力很差，常会顾此失彼，注意力也很难在多种任务之间灵活转换，影响注意的分配。到了小学阶段，注意分配能力迅速提高。分配性注意的进步可能要归因于认知资源（通过不断增加的加工速度和容量）的增长、自动化或资源指向性技能的增长。

（四）注意的转移能力

注意的转移能力，即有意识地将注意从一个对象转移到另一个对象上的能力。注意转移的快慢与儿童注意旧对象时的紧张程度及新对象的性质有关。儿童注意旧对象时越紧张，注意转移就越困难。儿童注意转移也是一个渐趋灵活的过程。

（五）注意的广度

注意广度即同一时间能把握的对象的数量，也称为注意范围。幼儿注意广度比较狭窄，

---

① 罗伯特·V. 卡尔：《儿童与儿童发展》（第2版），周少贤、窦东徽、郑正文译，教育科学出版社2009年版，第186页。

随着儿童的成长、生活圈子的扩大，其注意广度会增加。①

五、儿童注意力的培养

儿童注意力的培养是潜移默化与练习培训相结合的过程。在培养过程中应注意：

第一，注意的对象具体形象、生动鲜明，丰富刺激物，避免刺激孤立，但是要坚持适度原则。

第二，学习活动游戏化，与实际操作相结合，避免枯燥单调的方式，但是要做到因龄施教。注意对象、任务过于复杂或者过于简单都不利于注意力的集中。另外，难度和教学速度都应适中。

第三，促使幼儿保持良好的身心状态，防止过于疲劳。

思考练习题

1. 谈谈幼儿注意力发展有何特点。
2. 如何通过积极健康的方式培养幼儿的注意力？
3. 案例分析题。

"坐不住的孩子"

霖霖在集体教学活动中注意力很难集中，是个坐不住的孩子，还常不自觉"骚扰"周围的小朋友，影响教师教学活动的正常开展。对教师布置的任务，他常常不能很好地完成。下面举几个例子：

场景一：语言活动课上，全班幼儿都坐着安静地听老师讲故事，霖霖冷不丁地"哇"一声，并故意把凳子往后翘，让自己翻倒在地上；霖霖翻倒后，立刻有四五名幼儿也跟着乱叫起来，教室里顿时乱成一团。

场景二：有一次开展区角活动，霖霖刚摆弄了一会儿，就开始寻找"机会"淘气。先拉拉边上小女孩的辫子，女孩一转身跑开了；接着他又将边上一个男孩子的操作材料扔到地上，男孩瞪了他一眼，捡起操作材料，到别的组去了；边上已经没有人了，他就在自己的操作材料上乱涂乱画，并不时用眼睛瞅着老师，大有要激怒老师的意思。

场景三：晨间活动结束后，老师带着孩子们排队回教室，走到教室门口时，霖霖突然猛地推了前面的小女孩佳佳，结果佳佳摔倒在地，霖霖非但没有愧疚之意，反而趁势压在了佳佳身上，后面的孩子都觉得好玩，边哄闹边一个个地压过去，幸亏老师及时发现，把他们一一拉开，要不然不知道会发生什么后果。当时，老师气急了，狠狠地训斥了霖霖，可是他还满不在乎，甚至有点洋洋得意，一副"看你能把我怎么样"的表情。

（1）分析影响霖霖行为表现的自身心理因素和外部环境、教育因素。
（2）谈谈如何引导霖霖养成良好的注意品质。

---

① 秦金亮：《儿童发展概论》，高等教育出版社 2008 年版，第 80~85 页。

第五章 学前儿童记忆、思维与想象的发展

真理就其本性而言就是辩证的思想的产物。因此，如果不通过人们在相互的提问与回答中不断地合作，真理就不可能获得。因此，真理不像一种经验的对象，它必须被理解为是一种社会活动的产物。

——恩斯特·卡西尔

第一节 学前儿童记忆的发展

案例引入

朵朵三岁半了，妈妈为了培养她对国学的兴趣，就在家里对她进行早期经典诵读训练。朵朵进步很快，没多久就能够背诵很多唐诗宋词了，爸爸妈妈都夸她记性好，聪明。妈妈也经常在朋友面前要朵朵表现，朋友都对朵朵伸出大拇指。后来妈妈外出学习了两个月，回来之后再检查，那些诗词歌赋朵朵基本都忘记了，但对于半年前去"世界之窗"喂孔雀的情景，小朵朵的印象却十分深刻。这是为什么呢？

案例中，朵朵能记得半年前喂孔雀的场景却不记得两个月前背过的诗词，这涉及学前儿童记忆所要探讨的主要问题。

一、三岁前儿童记忆的发生与发展特点

有研究表明，出生才一周的婴儿已经能辨认母亲的气味和其他人的气味。这说明新生儿有一定的记忆能力。

不同的记忆的出现有一定的时间顺序。运动性记忆出现最早，约在出生后第一个月就可以观察得到。其次是情绪记忆，它表现为一种情绪反应，始于头六个月或更早些。形象记忆出现的时间可能稍早于言语记忆，迟于运动记忆和情绪记忆。言语记忆出现在生命的第二年。[①]

3岁前儿童的记忆富于情绪色彩，特别容易记住那些引起他们情绪反应的事物或情景。比如第一次去海洋馆看海豚表演的情景，他能记得很久很久。3岁前儿童的记忆内容在头脑中保持的时间相对较短，而且带有很大的随意性，一般没有目的，凡是感兴趣的、印象深刻的事物就容易记住。

知识链接

在学前儿童的记忆研究中，有个有趣的记忆缺失现象，即3岁前儿童的记忆一般不能永久保持，这种现象被称为"婴儿期健忘"。作为成年人的我们回忆不起来婴儿期的经验，甚至

[①] 汪乃铭、钱峰：《学前心理学》，复旦大学出版社2011年版。

是幼儿园早期的事情。但关于这种现象的成因至今没有一致性的解释。①

二、3~6岁儿童记忆发展特点

儿童进入幼儿期以后，由于神经系统逐渐成熟，口头语言迅速发展，生活经验不断丰富，记忆能力有了新的发展，主要表现出如下特点：

（一）无意记忆占优势，有意记忆逐渐发展

幼儿期整个心理活动的有意性都很低，因此记忆的有意性也较低。在记忆过程中，幼儿既不善于有意识地完成成人提出的记忆任务，也不善于自己主动提出某个记忆任务。幼儿所获得的知识、经验大多数是在日常生活和游戏中无意识地、自然而然地记住的，并且幼儿无意记忆的效果随年龄增长而增强。主要受以下因素的影响：

1. 客观事物的性质

直观具体、形象生动的事物，因为其具有突出的物理特点，容易成为幼儿无意注意的对象，也容易被幼儿无意中记住。例如，电视里播放的动画片，由于色彩鲜艳、形象生动，大多数幼儿都非常爱看，很多幼儿看过一遍就能记住主要角色和故事情节。

2. 客观事物与主体的关系

对幼儿生活具有重要意义的事物、幼儿感兴趣的事物以及能激起幼儿强烈情绪体验的事物，都容易成为幼儿感知和注意的对象，也容易成为无意记忆的内容。

知识链接

发给幼儿15张图片，每张图片中央画有幼儿熟悉的物体，图片的右上角画有同样醒目的符号，如+、△或○等。把幼儿分成两组，一组的任务是按物体的特点对其分类，另一组按符号分类。分完后要求幼儿回忆图片上的物体。结果，记忆按物体分类的幼儿，平均记住10.6个物体；记忆按符号分类的幼儿，只记住了3.1个物体。

3. 记忆事物成为幼儿活动的对象或结果

当需要记忆的事物成为幼儿活动的对象或结果时，记忆也较容易。上例说明由于活动中辨别的主要对象不同，对图形的无意记忆的效果也不同。

情景再现

某实验要求幼儿按照要求到"商店"去买皮球、牛奶、铅笔、娃娃、糖果等5样东西。结果三四岁的孩子走到"商店"，就认为他的任务完成了，既没有事先有意识地记住要"买什么"，到"商店"时也没努力回忆应该做什么事；四五岁的孩子来到"商店"，能迅速复述要买什么，不过遗忘了也就算了，不再设法回忆；五六岁的孩子接受任务时，会要求教师把任务交代得慢一点，而且边听嘴里边轻轻重复，如果遗忘了就会请求成人提示。

幼儿的有意识记一般发生在学前中期，约四五岁时才能观察到。这是由于在这个时期言语对儿童行为的调节作用有一定的影响。五六岁的幼儿，记忆的有意性有了明显的发展，这是儿童记忆发展过程中重要的质变。这时幼儿不仅能努力去识记和回忆所需要的材料，而且

---

① 刘新学、唐雪梅：《学前心理学》，北京师范大学出版社2011年版。

还能运用一些简单的记忆方法，如自言自语、自我重复等加强记忆。[①]上述情景中大班儿童边听任务边重复，并在遗忘时请求提示，这是很明显的有意记忆的表现。在幼儿园中，教师经常要求小朋友背诵一些简单的儿歌，到了中、大班，要求幼儿复述故事，让他们回忆周末都去了哪里，做了些什么等，这些都是有利于幼儿有意记忆发展的。有意识记最初都是被动的，往往由成人提出识记的任务，如寻找某件东西等，以后幼儿才能逐步自己确定识记任务，主动进行记忆。有意记忆的效果主要受以下因素的影响：

1. 对记忆任务的意识

例如：幼儿在玩"开商店"游戏时，担任"顾客"的角色，必须记住应购物品的多种名称，角色本身使幼儿意识到这种识记任务，因而也就努力去做，记忆效果也有所强化。

2. 活动动机

活动动机对幼儿有意记忆的积极性和效果都有很大影响。把幼儿带到实验室里，简单地要求他们完成记忆任务，幼儿对这种活动缺乏积极性，记忆效果往往比较差。而在游戏中，由于幼儿对游戏有浓厚的兴趣，产生了强烈的情绪反应，因而有意识记的数量和质量都超过实验室条件下的有意识记。

3. 强　化

在完成现实生活中实际任务时，由于幼儿的正确识记和回忆都能得到成人或集体的实际强化（肯定、赞扬等），而这种强化在游戏中一般是没有的，所以幼儿有意识记的效果甚至可超过游戏的效果。[②]

（二）以机械记忆为主，意义记忆效果优于机械记忆

由于幼儿知识经验比较贫乏，抽象思维不发达，不善于在新旧知识间建立联系，不能通过对事物意义的内在联系的理解来识记。而且这时期的幼儿还没有掌握足够的词汇，还不能用自己的话来表达所要记的内容，所以较多地采用了死记硬背、机械识记的方法。因此，幼儿给人的印象是机械记忆突出。例如，我们常常可以发现，幼儿记一则故事，往往是从头到尾逐字逐句地死记硬背；有的幼儿不理解数的意义，却能够流利地从 1 数到 100 甚至更多。特别是小班的幼儿在这方面的表现尤为突出。他们在学习儿歌、识记歌词时，往往都是凭借儿歌和歌词的音调进行机械的模仿来识记的。因此，幼儿教师在教学中要特别注意吐字发音要清楚、准确，一旦发现幼儿的错误模仿行为要及时更正，以免幼儿坚持错误的识记。

日常生活中，幼儿的机械记忆表现突出，但并不意味着幼儿只有机械记忆而没有意义记忆。许多事实说明，4 岁后的幼儿在记忆过程中能够对识记材料进行明显的理解性改造。例如，幼儿在复述自己熟悉的故事时，往往不是逐字逐句地死背，而是经常进行着或多或少的逻辑加工，有时用自己熟悉的词代替较生疏的词，有时则可能省略或加入某些情节，或对细节程序进行改动。这说明幼儿的意义记忆开始发展，而且幼儿意义记忆的效果优于机械记忆。

例如，天津幼儿师范学校曾做过一个实验：实验者在速示器上依次向幼儿呈现一套 10 张不规则图形和另一套 10 张常见物体的图形，如红旗、灯、西瓜等，并事先提出识记要求，事后则要求幼儿在 1 分钟内再现。实验结果发现，幼儿对自己熟悉和理解的常见物体的图片正确再现的百分数，普遍高于对不熟悉和不规则的图形正确再现的百分数。在日常生活和教学

[①] 高月梅、张泓：《幼儿心理学》，浙江教育出版社 1993 年版。
[②] 高月梅、张泓：《幼儿心理学》，浙江教育出版社 1993 年版。

中,也有许多事实说明,幼儿对理解的事物的记忆比对不理解的事物的记忆效果好。例如,故事比寓言易记,识记专门为幼儿编写的儿歌比识记唐诗快得多;幼儿容易记住"雪白""天蓝""五颜六色""火红"等词语,却不易记住"洁白""蔚蓝""藏青""五彩缤纷"等词语。

在幼儿的记忆活动中,机械记忆和意义记忆并不是相互对立、相互排斥的,而是相互渗透、相互联系的。对于那些生疏的、难理解的材料,幼儿机械识记的成分多,而对于那些熟悉的、容易理解的材料,幼儿意义识记的成分就多,这要视各种条件以及当时的识记任务而定,所以不能把这两种方法绝对地对立起来。要提高幼儿的记忆能力,不能让幼儿一味停留在反复背诵上,要帮助幼儿理解识记对象,尽量使幼儿在理解的基础上识记,以提高记忆的效率。

(三)形象记忆占优势,语词逻辑记忆逐渐发展

根据记忆内容的不同,记忆可以分为运动记忆、情绪记忆、形象记忆和语词逻辑记忆。

在幼儿期,四种记忆的内容都在发展,但就形象记忆与语词逻辑记忆而言,形象记忆占主要地位。他们最容易记住的,是那些具体的、直观形象的材料。

其次,儿童易记住那些关于实物的名称、事物的形象和行动的语词材料。最难记住的是那些概括性比较强、比较抽象的语词材料。

有人对幼儿的形象记忆和语词逻辑记忆的效果进行了比较研究,让不同年龄的孩子分别识记10张画有物体形象的卡片和10个词,其结果如表5.1所示:

表5.1 幼儿形象记忆与语词逻辑记忆的比较(一)

年龄(岁)	平均再现量		
	物体形象	语词	两种记忆效果比较
3~4	3.9	1.8	2.1∶1
4~5	4.4	3.6	1.2∶1
5~6	5.1	4.3	1.1∶1
6~7	5.6	4.8	1.1∶1

表5.1表明,幼儿识记物体的形象的效果比识记词的效果好,年龄越小越是如此;另外,幼儿形象记忆与语词逻辑记忆的能力都随年龄增长而提高,但是语词记忆发展得更快,表现为两种记忆的效果的差别随着年龄增长而逐渐缩小。

有的研究表明,儿童记忆熟悉的事物和熟悉的词,都比记忆生疏的事物和生疏的词的效果好(见表5.2)。

表5.2 幼儿形象记忆与语词逻辑记忆的比较(二)

年龄	平均再现量			
	熟悉的物	熟悉的词	生疏的物	生疏的词
4~5岁	4.3	2.4	1.9	0.1
6~7岁	6.1	4.0	3.7	2.1

表5.2表明,幼儿记忆熟悉的事物比记忆生疏的事物的效果好。原因在于前者有词语参加。

对于熟悉的事物,儿童一般都掌握了它们的名称,因此,在记忆中,形象和词语是紧密联系在一起的,当幼儿在记忆熟悉的词时,由于他们对这些词所代表的事物往往也是熟悉的,一提到某词,它所代表的形象就会马上浮现在脑海里,成为词语记忆的形象支柱;至于生疏的词,幼儿脑中完全没有相应的形象,所以记忆效果差。可见,形象与词结合有利于增强记忆效果。

(四)幼儿记忆的正确性差

情景再现

有一位小朋友,看到了很多小朋友都带了风筝来到草地上玩,他没有带,于是很羡慕别人。另一位小朋友边玩边问他:"你怎么不把风筝带来呢?"他说:"我家有很多漂亮的风筝,有蜻蜓的,有小鸟的,有蜈蚣的,还有孙悟空和奥特曼的,我每天都让他们在天上飞呢。"其实,他只是在商店看到许多风筝。

菲菲看见明明拿了只海宝玩具在玩,也想抱一会儿,但遭到了明明的拒绝。于是,菲菲对明明说:"我家有比你更大的海宝,还能唱歌呢,是我爸爸从上海带回来的。"一边的菲菲妈妈听了,心里一惊,心想:"我们家什么时候给她从上海买了会唱歌的海宝啊?这孩子什么时候学会说谎了?"其实,菲菲是在邻居小伙伴那见了会唱歌的海宝。

这种现象在幼儿中很常见,并非幼儿有意说谎,而是因为他们记忆的正确性差,分不清想象和现实。研究表明,幼儿年龄越小,这一特点越明显。幼儿记忆的正确性,随年龄增长逐年提高。有人曾做过实验,让小、中、大班的幼儿都识记一则含 35 个意义单位的故事。在即时回忆时,小班幼儿平均只记住 9 个意义单位,而中、大班幼儿则平均记住了 19 个意义单位。①邵渭溟等人的实验也表明,小班幼儿在记忆句子时,其正确率为 26%,中班为 43%,大班为 60%。②这些实验均从不同的方面反映幼儿记忆的正确性有随着年龄而提高的趋势。当然,在整个幼儿期,儿童记忆的正确性是相当差的。

发生这种现象的原因是由于幼儿高级神经系统发展的水平较低,又容易接受暗示,容易把想象与现实混淆,用自己虚构的内容来补充记忆中残缺的部分,因而记忆的正确性差。主要表现为:记忆的完整性差,他们在回忆时常常出现脱节、遗漏和颠倒顺序等现象;幼儿常常出现识记的混淆,他们回忆的东西往往是一些偶然的、自己感兴趣的个别对象,或彼此毫无联系的情节等;幼儿的记忆容易歪曲,当强烈的情绪兴奋妨碍幼儿把真实事物同似是而非的事物,或是同他非常向往的事物加以区分时,这种歪曲现象就表现得更为明显。

三、学前儿童记忆发展过程中出现的问题及教育措施

(一)偶发记忆

情景再现

在参观博物馆之前,李老师给小班孩子们布置了一个任务:要仔细参观,记住 2 到 3 个藏品,回来告诉老师。参观结束后,李老师特意组织了一次谈话活动来帮助小班孩子记忆参

---

① 朱智贤:《心理学大辞典》,北京师范大学出版社 1989 年版。
② 邵渭溟:《四岁至六岁半儿童认识能力的调查》,《心理科学文摘》,1980(3)。

观的内容。李老师问孩子们："小朋友，昨天我们参观了什么地方？""博物馆。"李老师又问："那小朋友看到了什么东西呢？"小龙马上回答："我看到了一个黑人，只有牙齿是白的。"李老师急忙纠正："我让你说的是东西，不是人。"小明说："我在路上看到了一辆好大的越野车，和我叔叔的一样哦。"虽然李老师尽量引导，可孩子们还是没说出一件展览品的名称。李老师很生气，认为孩子们没有认真地完成老师布置的任务，并批评了全班的小朋友。

在学前儿童记忆的发展过程中，存在一种被称为偶发记忆的现象，上述情况就是偶发记忆。这种现象是指当要求学前儿童记住某样东西时，他往往记住的是和这件东西一起出现的其他东西。如有实验者把画有各种儿童熟悉的物体并涂有各种颜色的图片呈现在他们面前，要求他们记住物体并加以复述，这是中心记忆课题。偶发记忆课题则要求复述图片的颜色（事先并未对幼儿提出要求），结果发现偶发记忆现象在学前儿童身上表现明显。这是由于学前儿童对课题选择的注意力、目的性不明确，把偶发记忆课题也记住了，结果使中心记忆课题完成效果不佳。幼儿教师要重视这种学前儿童特有的记忆现象，注意引导学前儿童朝有意记忆方向努力发展。

（二）"说谎"问题

情景再现

月月是中班的小朋友，有次周一入园时，老师见她脸上有块很明显的伤疤，便问她是怎么弄的，月月说是回家的路上，被人推倒了，脸在地上磕的。下午奶奶来接孩子时，老师再次提起这件事，奶奶说是回家的路上，月月把手插在口袋里，蹦蹦跳跳的，结果被东西绊倒了，不小心自己磕破的。老师正纳闷为什么月月会怀疑是别人推倒她，奶奶接着说，一回到家，月月妈妈马上大惊小怪地问，谁这么不小心，把孩子弄成这样了。原来月月是受了妈妈的暗示，也以为自己是被人推倒的。

以上现象说明学前儿童的记忆存在着正确性差的特点，容易受暗示，容易把现实与想象混淆，用自己虚构的内容来补充记忆中残缺的部分，把主观臆测的事情当作自己亲身经历的事情来回忆。这种现象常被人们误认为儿童在"说谎"，这显然与实际不符。教师应该正确看待这种现象，假如学前儿童是由于记忆失实而出现言语描述与实际情况不符，那么不能看作是有意说谎。这是由于他们心理发展不成熟而造成的。随着学前儿童年龄的增长，儿童的这种情况会有改变。因此，教师不能随便指责学前儿童"不诚实"，而是要耐心地帮助孩子把事实弄清楚，把现实的东西和想象的东西区分开来。

四、培养学前儿童记忆力的方法

记忆力是认知能力，即智力的重要组成部分，人们常用"过目不忘""博闻强识"等与记忆力有关的词形容聪明人。如何根据学前儿童的特点来提高记忆效率，是教师和家长共同关心的问题，这对于提高学前教育教学的质量和促进儿童的发展都具有重要的意义。在幼儿园教育实践中，我们可以从以下几方面来努力：

（一）教学内容具体生动，识记材料形象且富有趣味性

学前儿童的记忆主要是无意记忆。对能吸引他的、他感兴趣的和能引起他情感体验的事物，他就能记住，反之，则较难记住。情节生动的儿歌、故事、变化多动的形象、色彩鲜艳的

图片等，都易吸引儿童的兴趣和注意。而且由于儿童在识记这些材料时，注意力集中，同时还伴随着愉快的情绪体验，所以也就记得特别深刻、牢固。故幼儿园在开展各项活动时，教师要精心设计活动方案，准备丰富多彩、形象鲜明的教具玩具，提供儿童能直接操作的游戏材料，语言要生动有趣，绘声绘色，这些不但容易吸引儿童的注意，使教学内容成为记忆的对象，而且由于富有感情色彩，容易引起儿童的情感共鸣，反过来又加深了记忆，增强了记忆效果。

另外，在学习一些抽象的概念和知识时，更应以具体的玩具和教具来协助演示，以一定的形象为支柱，使学前儿童加深对抽象的词语、概念的记忆，从而提高记忆的效率。例如，学习数字的组成、加减法等知识时，由于教学内容比较抽象，单凭老师语言讲解，儿童是很难理解的。这时，可结合教具演示、讲解，将抽象的知识寓于具体形象的教具中，这样孩子就能理解，如果再让他们自己亲自动手操作，他们很快就能掌握知识。又如，音乐课上，运用图片或实物等教具向学前儿童解释歌词，能帮助幼儿记住歌曲内容，并达到教学目的。其他各领域活动也是如此，恰当地运用不同的教具，易使儿童轻松地记忆知识点。在对学前儿童的教育中，实际的操作、实物的呈现和直接的感知效果要优于单纯的语言描述。

（二）帮助学前儿童明确记忆的目的

有意记忆的形成和发展是儿童记忆发展中最重要的质变，所以除了充分利用儿童的无意记忆外，还要注意培养他们的有意记忆。老师或家长在日常的生活和各种活动中，要经常向孩子提出明确具体的任务，提出具体的要求。如儿童春游时，老师跟孩子说："小朋友在公园里都看到了什么，我们回幼儿园后把它画下来！"故事教学中还可以就故事的具体内容向孩子提问，讲故事前，教师可事先跟儿童说好，讲完这个故事，儿童要告诉大家，故事里有哪些角色，你喜欢谁，为什么等，这样做的目的在于培养儿童不但要注意听，而且要让其带着目的任务去记忆故事的内容。事实证明，学前期，尤其是幼儿初期，如果成人不提出具体的目的任务，儿童是不会主动地记忆什么的，而向儿童提出具体的要求，有利于调动他们记忆的积极性，从而增强记忆效果。需要注意的是，向儿童提出明确、恰当的记忆要求之后，要仔细观察孩子们完成记忆任务的情况，并给予及时的肯定和赞扬，这样会使儿童更好地进行主动记忆。

（三）帮助学前儿童进行及时、合理的复习

学前儿童记忆保持时间短，记忆精确性差，容易遗忘。例如，儿童在一个活动中学会了一首儿歌或一个故事，但如果不复习很快就忘了。因而，帮助学前儿童进行及时、合理的复习十分重要。根据遗忘"先快后慢"的规律，教师在教育活动中要帮助儿童及时复习，赶在大量内容遗忘之前将学习内容进行巩固。复习的次数要多，每次复习的间隔要短，以后次数可以逐渐减少，间隔也可以逐渐延长。这样做，可以收到事半功倍的效果。

同时，复习的方式要灵活多变，尽量避免简单机械地重复。应在孩子情绪稳定时，采用多种有趣的方法进行，如讲故事、念儿歌、猜谜语、表演活动、做游戏以及比赛活动、散步和日常生活活动等，让学前儿童在活动中对需要记忆的材料进行巩固。否则容易引起儿童大脑疲劳，反而降低复习的效果。另外，内容、性质相似的材料，在记忆和复习时要交错进行，避免互相干扰，以便提高儿童记忆的正确性。

（四）帮助学前儿童理解识记材料

实验表明，学前儿童意义识记的效果优于机械识记，儿童对材料理解得越深，记得就越快，保持时间也越长。因此，在学前儿童教育活动中，教师应该采用多种方法，尽量帮助儿童理解所要识记的材料。同时，还要指导学前儿童在记忆过程中进行积极的思维活动，逐渐学会通过事物的内部联系去识记材料。这样，在理解的基础上记，在积极思维的过程中记，学前儿童识记就很容易，不仅效果好，也有助于儿童意义识记和认识能力的提高。例如，用单纯重复跟读的方法教学前儿童背古诗《春晓》，需要三到四节课儿童才能记住，而且由于对某些词、句的含义不够理解，儿童在背诵时经常出错。而一位有经验的教师在教学前儿童背诵前，先把诗的内容绘成美丽的图画，再以故事的形式向儿童讲述诗歌的内容，进而引导他们对诗中的"眠""晓""啼鸟"等进行讨论，结合儿童的生活经验帮助他们理解，结果短短一节课，儿童便顺利地记住了这首诗，而且经久不忘。

（五）让儿童多种感官参与记忆过程

为了提高学前儿童记忆的效果，可以采用协调记忆的方法，记忆过程中要尽量调动孩子的多种感官参与，形成多类型的表象，并与需要识记的对象在大脑中建立多方面联系，加深对物体的记忆。在幼儿园教育活动中，教师要创造机会，尽量让孩子多看一看、摸一摸、闻一闻、尝一尝，调动学前儿童各种感官都投入到记忆活动中，让孩子在记忆过程中既听又看，还能动手操作等，从而获得多方面的感性认识，这样就容易记得完整、牢固。例如，在科学活动"水的性质"中，要让学前儿童理解水的性质，除了让儿童观察外，还要让他们玩水，闻水和醋、汽油等的不同气味，最后让儿童自己动手操作，观察水的三态变化，这样，关于水的性质的记忆，就比老师一味地讲，儿童一味地听的效果要好得多。

有这样一个实验，同样教一个故事，当采取老师讲、儿童听的办法时，孩子只能记住20%～30%的内容，要完全记住故事内容，需要四五节课的时间；若采取老师讲、孩子听，还跟着动嘴说一说的办法时，他们能记住 30%～50%的内容，三节课的时间儿童就能记住故事的基本内容；如果采取老师讲、儿童不但听听、说说，并且同时用手拿活动教具表演的办法时，他们的记忆内容可达65%～80%，一般只需要两节课的时间，学前儿童就能较完整地讲述故事。因此，在教学中，调动儿童的各种感官投入记忆活动，可以促进他们记得又快又牢。

（六）教给学前儿童多种记忆方法

儿童记忆能力的强弱很大程度上取决于记忆方法的运用，教师在引导学前儿童获得各种知识技能的同时，还应该教给他们一些常用的记忆策略，要培养儿童利用甚至创造各种记忆的方法。

1. 归类记忆法

归类记忆法是把许多同类的事物归为一类，将记忆材料整理成为有适当次序的材料系统，这样可以扩大儿童记忆的容量，使材料记得更容易、更牢固。例如，把衬衫、汗衫、长裤、短裙等归类为衣服类，把糖果、饼干、蛋糕等归类为零食类，便容易记忆。

2. 比较记忆法

比较记忆法是对相似而又不同的记忆对象进行比较分析，找出它们的相同点和不同点，用以帮助记忆的方法。例如，引导幼儿比较葱和蒜有什么相同点和不同点；在幼儿园数学活动中，引导学生将对数字"6"与数字"9"的记忆结合起来，记忆效果较好。

3．整体记忆和部分记忆

整体记忆是将材料整体一遍遍地进行记忆，直到完全记住为止。部分记忆是将材料分成几个部分，一部分一部分记，最后合成整体记忆。如果材料数量不多，一般用整体记忆的方法；当材料较多或学前儿童运用已有的知识经验难以理解时，应用部分记忆效果好。通常最好的方法是两种方法并用。如在儿童进行故事复述时，先让其进行整体感知，然后着重强调故事对话较多或难度较大的部分，进行分步骤复述，最后全部复述，直到熟练流畅。

4．联想记忆法

联想记忆法是利用事物间的联系，通过联想进行记忆的方法。有老师在给学前儿童讲解"国家"和"世界"这两个抽象的概念时，就采用空间上的接近联想的方法。他从我们住的地方讲起："左邻右舍住的一长排房子叫作胡同或街道，许多街道合起来就叫作区，许多区合起来叫作县或市，许多县和市合起来就是省，许多省合起来就叫作国家，各个国家都合在一起叫作世界。"

5．歌诀记忆法

歌诀记忆法就是把要记忆的内容编成歌谣或歌诀进行记忆。据说，曾经有位私塾先生每天要学生背诵圆周率，从小数点后几位开始一直到了22位，把那些学生折腾得苦不堪言，不过忽然有一天先生发现那些学生都不怕背圆周率了，每个学生都倒背如流，原来那些学生竟然把圆周率变成了一首讥讽先生的打油诗，打油诗是这样的："山巅一寺一壶酒，尔乐苦煞吾，把酒吃，酒杀尔，杀不死，乐尔乐"，正好对应3.14159，26535，897，932，384，626。在幼儿园活动中，幼儿教师也可以采用这种方法加强学前儿童的记忆，如在教儿童认识数字时，幼儿园就编了这样的数字歌："1像铅笔细又长，2像小鸭水中游，3像耳朵听声音，4像小旗迎风飘，5像衣钩挂衣帽……"①

总之，学前儿童记忆力的培养是循序渐进的，同时，儿童记忆力的培养，与儿童观察力、注意力、思维力、想象力和口语表达能力的培养是相互联系、相互促进的。只要我们做有心人，采用合适的方法，学前儿童的记忆力就会得到很大发展。

拓展阅读

自传体记忆

自传体记忆，是我们每个人产生的关于留在长时记忆中或者在我们的生活故事中特别有意义的事件表征。对自传时间的记忆早在儿童早期就开始了，实际上我们都不能回忆3岁之前的经历，这种现象称为婴儿期健忘。3~6岁自传体记忆开始变得清晰而且也更详细。3~6岁，儿童对特定的、一段时间内发生的事件的描述开始具有组织性、详细性和评价性（加入了个人的意见），年龄大的儿童也加入了更多的背景信息，将事件放在他们生活的更大范围中。总之，当儿童以具有社会和个人意义的方式来分享和保留记忆时，就出现了自传体记忆。而且，这种记忆形式在儿童早期得到了扩展。他们的描述技能对其他认知和社会进步是很重要的。例如，它帮助他们进行从口头语言到书面语言的转变；它提供了一种以有组织的方式告诉他人事件、培育满意的社会相互作用的方式。

---

① 王保林、窦广采：《幼儿心理学》，郑州大学出版社2007年版。

学前儿童的自传体记忆不仅会淡忘，而且所记的内容也可能不完全准确。例如，如果一件事经常发生，如去杂货店，可能很难记得这件事发生的某一次具体时间。学龄前儿童关于熟悉事件的记忆常常以脚本的方式进行组织，即事件及其发生顺序在记忆中被概括地进行表征。例如，一名幼儿可能以下列几个步骤表征在餐馆进餐的过程：和服务员交谈、得到食物、开吃。随着年龄的增长，这个脚本变得更加详细：进入车里、在餐馆入座、选择食物、点菜、等待菜肴、开吃、点甜品、付账。由于经常重复发生的事件容易融入脚本，关于脚本事件的特定事例相比那些尚未在记忆中脚本化的事件，回忆的准备性要差一些。学龄前儿童为什么没有完全准确的自传体记忆还有其他一些原因。因为他们描述某些种类的信息还有些困难，如复杂的因果关系，他们可能将记忆过分简单化。例如，一名儿童目睹了祖父母之间的争论，他可能只记得祖母拿走了祖父的蛋糕，而不记得引起该行为的有关祖父体重增加和胆固醇偏高的争论。而且，学龄前儿童的记忆力也易于受到他人暗示的影响。

婴儿的记忆

婴儿是否有记忆能力，是研究婴儿的基本问题之一。婴儿的许多行为，在逻辑上均隐含着记忆系统的存在。正如婴儿的感知觉研究所示，注意的习惯化是以某种再认记忆能力为前提的。如果婴儿不能以某种方式保持关于重复呈现刺激的经历，他们就不可能对它习惯化；模仿和寻找被藏客体也一样要求对以往事件的记忆；很早便出现于婴儿身上的经典条件反射和操作条件反射，也一样离不开记忆前提。

婴儿不仅很早就存在记忆，而且具有相当好的记忆保持能力。例如，5个月大的婴儿接触一张面部照片仅仅两分钟，在两个星期后，他们仍有再认照片的能力。在一项研究中，让婴儿对看到小汽车时做出踢脚反应形成操作条件反射，结果3个月大的婴儿能够将这种习得的联系保持长达两个星期的时间。如果在最初的学习与测验期间，为婴儿呈现关于这一联系的提示物，如实验者以婴儿所熟悉的方式轻轻摇晃小汽车，则婴儿的记忆更加持久。婴儿对诸如母亲的面孔这种经常出现的重要刺激的记忆，延续时间更长。

尽管记忆可能很早就存在，但并非一开始就很完善。贯穿整个婴儿期，记忆会发生各种变化。年长婴儿的信息保持时间长于年幼婴儿，他们只需较少的接触时间或"学习时间"，就可以把一些刺激和事件纳入记忆。随着发展，婴儿能对特定经验中越来越多的信息进行编码，他们对周边环境中越来越精细和复杂的特征变得敏感，从而也更可能记住它们。而且，年长婴儿的再认行为似乎更为复杂，对于熟悉的或以前经历过的客体与事件，他们很可能表现出更为明显的"似曾相识"的再认特征，而且可能促发进一步的提取活动，例如，可能仔细而更努力地回忆更多有关该再认刺激的信息。相反，新生儿和年幼婴儿的再认是粗略而梗概的，更类似于较低级的有机体所具有的那种再认过程。[①]

思考练习题

一、问答题

1. 学前儿童记忆发展有何特点？

---

① 刘新学、唐雪梅：《学前心理学》，北京师范大学出版社2011年版。

2．在实践中怎样培养学前儿童的记忆力？

二、事例分析题

1．试述如何解决幼儿记忆发展中易出现的问题。

2．我们经常发现这样一种现象：教师花大力气教幼儿记住某首儿歌，有时候孩子们不能完全记牢，但他们偶尔听到的某个童谣或看到的某个电视广告，只需要一两次就能熟记于心。请结合幼儿记忆的这一现象，分析影响幼儿无意识记忆的因素有哪些。

三、实践活动

1．数字跟读。目的在于测查幼儿的短时记忆能力。方法：随机选择一些年龄不同的幼儿（最好每个年龄段 3～5 人，越多越好）为测查对象，个别进行。测查者按每秒 1 位数的速度读下列数字，然后让儿童复述。每组 3 个数字全部正确则为通过。

3 位数：263、754、185；

4 位数：1538、2747、3751；

5 位数：71563、34785、41562；

6 位数：685217、476839、583621；

7 位数：8316954、6732158、2576531；

8 位数：65275431、25834719、59427963。

比较一下各年龄幼儿短时记忆的差异及同年龄幼儿之间的个别差异。

2．回忆图片。预先在桌面摆好 10 样物品或画有物品的图片（如尺子、娃娃、苹果、小汽车、铅笔、积木、香蕉、橡皮、梨、皮球），用挡板遮住。待儿童（个别进行）面向桌子坐好后，教师交代任务："这个桌子上放有一些东西（图片），一会儿我拿开挡板，让你看半分钟再用挡板挡住，过后请你告诉我桌子上摆的是什么东西（图片）。"儿童表示听懂了以后立即开始，最好用录音机帮助记录（放在不显眼的地方）。可以了解一下情况：（1）正确再现的数量；（2）观察识记时有无言语活动（包括不出声的唇动）；（3）再现物品名称时有无顺序，是按顺序排列还是按类别（文具、玩具、食品）。

第二节　学前儿童思维的发展

案例引入

小明是某幼儿园小班的小朋友。这一天，爸爸去幼儿园接小明时，幼儿园王老师向爸爸夸奖小明聪明伶俐。爸爸说："还聪明？他简直太笨了，太让我失望了。"老师问爸爸为什么这么说。爸爸说："我教了他简单的加减法。结果当我问他 2+2=? 时，他根本答不上来。"这时，老师蹲下来问小明："明明，现在老师这里有 4 颗糖，要分给你和真真两个小朋友，每人分得一样多，应该怎么分呀？"小明看着老师手里的糖，很快地答道："分给我 2 颗，分给真真 2 颗。"爸爸纳闷了，小明能够把 4 颗糖分给两个小朋友，为什么他就算不出 2+2=? 呢？

案例中，小明知道把 4 颗糖分给 2 个小朋友，却不能算"2+2=?"，也就是说他能做除法却算不出加法，这涉及幼儿思维发展的特点的问题。思维是心理学中最重要同时也是最复杂的问题。那么，学前儿童思维具有什么特点？如何对学前儿童思维进行培养？本节将对这些问题一一进行论述。

一、思维概述

（一）思维的概念

思维是人脑对客观事物的间接的概括的反映。思维的间接性是指人们借助于一定的媒介和一定的知识经验来理解和认识另一些没有被直接感知或不可能被直接感知的事物。例如，早上起床后，看到地上湿漉漉的，树叶上也沾满了水珠，就知道昨晚下雨了。这种根据环境提供的信息推断下雨的过程就是思维的间接性。思维的间接性使人的思维有无限的认识能力。它使人们能推测过去，展望未来，把握事物的本质和规律。思维的概括性是指在大量感性材料的基础上，把同一类事物的共同的特征和内在的本质的联系抽取出来，加以概括。它反映的是一类事物所具有的共性。例如，铅笔、钢笔、圆珠笔、毛笔，尽管形态各异，颜色不同，质地也不一样，但都可用来书写。所以，"笔是用来书写的工具"。任何科学概念、定理、规则都是通过概括得出来的。思维的概括性使人的认识活动摆脱了具体事物的局限性和对事物的直接依赖，这不仅扩大了人们认识的范围，也加深了人们对事物的了解。

（二）思维的发生发展对学前儿童心理发展的意义

1．思维的发生发展标志着儿童认识水平的提高

思维是在感觉、知觉、记忆等心理过程的基础上形成的，在个体心理发展中出现较晚。思维的发生不但标志着儿童的认识过程已经齐全，而且使儿童的认识过程发生重要质变。因为有了思维，知觉变得比以前复杂和深刻。它不再是简单的反映事物的外部特征，也开始反映事物的意义和意义之间的联系。记忆也从低级形态向高级形态发展。同时，思维也使儿童认识事物、接受教育的能力迅速提高。儿童对事物的认识不再只停留在事物的表面，而是进一步认识事物的本质。如儿童欣赏一幅雪景画，进而推断出这幅画画的是冬天的景象，这就是对事物的内在属性和事物的内在联系的认识。

2．思维的发生发展使儿童个性开始萌芽

思维的影响并不局限于认知领域，它还渗透到情感、意志和社会性各个方面，促进儿童个性的萌芽。在思维影响下，儿童情感渐渐发展，并开始出现高级情感。同时，思维使儿童增强了责任感和自制力，出现意志行动的萌芽。对自己、自己与他人关系的认识，使儿童知道自我，自我意识开始出现。自我意识的出现，标志着儿童个性的萌芽。

总之，思维的发生发展使儿童整个心理水平不断得以提高，开始成为具有一定倾向性的、稳定而统一的整体。

二、学前儿童思维的发生

思维是借助于语言、表象或动作而实现的对客观事物间接的和概括的反映。从这个角度来判断，儿童思维发生的时间就比我们想象的要早得多。11~12个月的先学前儿童通常会用手指向成人指出他想要的东西，或是他想去的地方，嘴里"啊啊"地叫着。这些声音和简单的动作所表示的复杂的意义就反映了认识的初步间接性：他想干什么，凭他自己的能力达不到目的，成人有能力帮助他而且愿意帮助他。1岁以后，儿童知道用杯子喝水，用勺子吃饭，皮球是用来拍的，小汽车推着才会走。这反映了儿童对"类"概念的模糊认识，是儿童初步

概括的表现。

在此基础上，儿童开始用"试误"的方法寻找解决问题的手段。例如：儿童要拿放在桌子中间的玩具，几次伸手都没拿到，踮起脚也没拿到。偶尔带动桌布，玩具好像近一些了。这时，儿童就开始有意识地拉扯桌布，很快就拿到了玩具。像这类解决问题的智慧性动作的出现，就标志着个体思维的发生。1.5岁到2岁是儿童思维的发生期。

三、学前儿童思维发展的特点

儿童的思维从萌芽到成熟，要经历一系列发展演变过程。思维发展的一般趋势是：从主要借助于感知和动作到借助于表象再到借助于概念；从直觉行动思维到具体形象思维再到抽象逻辑思维的萌芽；从反映事物的外部联系到反映事物的内在联系和本质。[①]具体表现为以下特点：

（一）学前儿童思维发展的阶段性

1．先学前期思维以直观动作思维为主

直观动作思维是儿童最早出现的思维。这种思维在儿童2~3岁时最为突出，3~4岁时也常有表现。这时期的儿童的思维往往依靠动作，反映自己动作所能触及的具体事物，而不能在动作之外进行思考。如前所述，儿童用扯动桌布的方式拿玩具就是一种典型的动作思维。这种思维如果离开了动作和感知就会停止或发生转移，所以很容易受外界干扰而"见异思迁"。例如，某小朋友正在玩积木，老师给他一个布娃娃，他就会抱过布娃娃，玩起"娃娃家"的游戏来。如果这时另一个小朋友推着小汽车过来，他又会把布娃娃丢一边来玩小汽车。当然，这时的儿童一般不能计划自己的动作，更无法预见动作的效果。如儿童在堆积木，老师问他要堆什么，他不回答。堆着堆着，他拍着手叫起来："大桥！我堆了一座大桥！"

2．整个幼儿期思维以具体形象思维为主

情景再现

案例一：老师向幼儿布置智力题："如果这是一座山，你要翻过这座山才能找到回家的路。你的爸爸妈妈都已经走过去了，只有你一个人了，再不走过去，天就要黑了。你会怎么办？"没想到幼儿回答说："我不会去那种地方的。""天黑了，我妈妈不会让我出来。""我妈妈总是和我在一起，不会让我一个人在外面。"

案例二：一个阿姨给新生儿喂奶，幼儿好奇地看着奶水从阿姨的乳房里流出来，认真地问："阿姨，那里面也有牛奶吗？"

案例三：元旦节快到了。老师用旧报纸做了一张漂亮的贺卡，并要求学生照她的样子学着做。回到家，明明就开始找旧报纸，结果家里旧报纸都卖给收废品的了。妈妈问清原因后，找出几张旧挂历纸给明明，但明明不要，她就要用废报纸做贺卡，并一再强调："我们老师是用废报纸做的。"

这些案例反映了幼儿思维的什么特点？

具体形象思维是幼儿思维的主要特征，其最大特点就是思维的形象性和具体性。

[①] 陈帼眉、冯晓霞、庞丽娟：《学前儿童心理学》，北京师范大学出版社1995年版。

幼儿思维的形象性表现在他们依靠事物在头脑中的形象来进行思维。幼儿能计算 2 个人分 4 个苹果却不能计算 "2+2=4"，就充分说明了这一点。幼儿头脑中充满了形状、颜色、声音等事物的生动的形象。比如，儿子一定是小孩子，爸爸就不是儿子了；兔子就一定是小白兔。"我昨天看见了一只灰色的小白兔"这样的话在幼儿中屡见不鲜。

幼儿思维的具体性表现在他们能理解桌子、椅子、书包等代表实物的具体概念，却难以理解家具、文具等抽象概念。例如，老师对刚入园的小朋友说"喝完水的小朋友请把杯子放到柜子里"，没有一个小朋友做出反应。但如果老师讲"阳阳、菲菲，请把杯子放到柜子里"，名叫阳阳和菲菲的小朋友马上会高高兴兴地照办。他们以为先前老师是叫一个叫"小朋友"的人，而不是他们。

幼儿是从他自己的具体生活经验和具体接触到的表面现象进行思维的，思维缺乏灵活性。幼儿的具体形象思维还具有经验性、表面性、固定性等一系列派生的特点。

3. 幼儿晚期儿童开始出现抽象逻辑思维的萌芽

抽象逻辑思维是人类思维的典型方式，严格意义上，学前儿童尚不具备这种思维形式，但幼儿晚期，儿童开始出现这种思维的萌芽。儿童喜欢问"为什么"，就反映出儿童已经开始探索事物内在的奥秘和事物之间的因果联系。另外，儿童概念的掌握、判断和推理的形成以及理解能力的发展也是其抽象逻辑思维萌芽的具体表现。

（二）学前儿童概念的发展

情景再现

爸爸带小辉去动物园。小辉在动物园里看到了猴子、孔雀、熊猫、大象和老虎等。爸爸告诉小辉动物园里的都是动物。第二天，小辉来到幼儿园，对老师说："昨天我爸爸带我到动物园看了好多动物。"老师问小辉："什么是动物呀？"小辉说："动物你都不知道呀？就是猴子、孔雀、熊猫、大象和老虎呀。"老师指着刚飞进来的蝴蝶说："这也有一只动物。"小辉说："这是什么动物呀？它又不是孔雀。"老师说："人也是动物呢。"小辉更不明白了："人是到动物园里看动物的，怎么会是动物呢？"

这个案例反映出幼儿是怎样获得概念的？幼儿掌握概念具有什么特点？

1. 学前儿童概念获得的方式

概念是一个有层次的系统，其核心层是基本概念。围绕着基本概念还有上位概念和下位概念。如"花"是一个基本概念，其上位概念是"植物"，下位概念是"玫瑰花、菊花"等。儿童最早形成基本概念。

儿童获得概念的方式基本分为以下两种：

（1）通过实例获得。儿童在日常生活中经常接触各种事物，这些事物就被作为概念的实例并冠以特定的词介绍给儿童。在家里指认碗、杯子、盘子和奶瓶；到外面认识花草树木。学前儿童获得的概念几乎都是通过这种学习方式。

（2）通过语言获得。有时，成人也会用讲解的方式帮助儿童掌握概念，但学前儿童的语言能力还不太强，他们很难用这种方式获得概念。

2. 学前儿童掌握概念的发展趋势

学前儿童对概念的掌握与其概括水平息息相关。

（1）以掌握具体实物概念为主。儿童最初掌握的概念，往往是日常生活中经常接触到的物体名称，如人称、动物、玩具、生活用品等，数量有限，直到幼儿晚期，在环境和教育影响下，才能初步掌握一些比较抽象的概念，如团结、礼貌等，但总体水平不高，因为掌握概念的名称容易，真正掌握概念的内涵要困难得多。即使对于实物概念，也还不善于从本质特征上去掌握。至于各种抽象概念，水平就更低。例如，很多学前儿童认为"团结"就是不打人，不抢玩具；"礼貌"就是见到老师要问好。这说明概念在学前儿童的头脑中只是具体事物的符号，并不是事物的一般的、本质特征的反映。对于具有一定相对性或抽象性的左右方位概念、时间概念，学前儿童更难正确掌握。

（2）概念的内涵和外延不恰当。有研究者用"下定义"的形式研究儿童对概念内涵的理解，具体表现为：小班幼儿属"直指型"，如"狗"就是"我家的大黄狗"；中班幼儿属"列举型"或"描述型"，如"狗有四条腿，还长了毛，还会汪汪叫"。幼儿开始用"功用型"来解释概念。如"狗是看门的"，桌子是"吃饭用的东西"。[①]对于概念的外延的把握，学前儿童水平也相对较低，不是失之过宽，就是过窄。例如，将"羊"也称为"狗"，或者说自家的狗是狗，别人家的狗就不是狗。

（三）学前儿童判断、推理的特点

情景再现

老师把红积塑、玻璃球、钉子、黄木球放在水里，让幼儿观察后说出什么样的东西能够浮起来。小班幼儿纷纷说："球大，浮在上面""钉子小，把水刺破了，就落下去了""红的（或黄的）浮起来""方的（或圆的）浮起来"。有的大班幼儿却说："因为它小""它轻"。少数幼儿开始考虑浮力和比重问题。大班幼儿尽管不能从科学角度进行分析，但是已自觉地寻找事物的内在原因，思维趋于合理化。

这反映了幼儿判断推理的什么特点？

概念不正确，判断、推理也会发生错误。学前儿童的判断、推理往往不合逻辑，具体表现在：

1．判断推理的抽象概括性差

小班幼儿的推理建立在直接感知或经验的前提下，结论也与直接感知和经验的事物相联系。年龄越小，这一点越突出。例如，因为姑妈是奶奶的女儿，3 岁的阳阳经常将姑妈叫作"奶奶的姑妈"。大班幼儿开始出现简单的间接判断和间接推理。

2．判断推理不考虑客观逻辑，没有一般性原则

小班幼儿常以自身的主观感受或生活经验作为判断推理的依据。例如，皮球为什么从椅子上滚下来？小班幼儿会说："它要下来和睿睿一起玩。""它不愿意待在椅子上，椅子上不好玩。"大班幼儿可能会说："它没有脚，在椅子上站不稳。"再如，妈妈问贝贝："妈妈有 4 块巧克力，给了姐姐两块，给了弟弟 1 块，还剩几块？"贝贝不回答问题，反而问："为什么姐姐有那么多？应该给弟弟多一些。"

3．推理逻辑性差，不会推理

刚入园的孩子常哭着找妈妈，老师有点不耐烦了，就生气地说："别哭了。再哭，就不带

[①] 陈帼眉：《幼儿心理学》，北京师范大学出版社 1999 年版。

你找妈妈。"结果孩子哭得更厉害了。因为他不会推断出"不哭就带你找妈妈"。幼儿的归纳推理不是从特殊到一般，而是从特殊到特殊，这种推理也被称之为转导推理。如 3 岁的孩子看到大人在种瓜，大人告诉他秋天会结出好多瓜来，他也把自己最爱吃的冰激凌埋在土里，希望能结出更多的冰激凌来。还有很多时候，幼儿将两件同时发生的事当作因果关系来理解。如川川过生日时吃蛋糕吹蜡烛，然后妈妈告诉他又长大了一岁。有一次，妈妈自言自语："我宝贝什么时候长大呢？"川川听到后天真地说："那你就给我买蛋糕吧。吹完蜡烛吃了蛋糕我就长大了。"

（四）学前儿童理解事物的特点

学前儿童对事物理解受外部条件的限制，不深刻，水平不高，属于直接理解水平。具体表现为：

1．理解事物孤立化

学前儿童往往孤立地理解具体事物，不从事物之间的关系和联系出发来进行。年龄越小，这个特点就越明显。例如，一个 3 岁的幼儿看插图故事书《格林童话》。在整本书的每一幅插图中都只能指出一个对象："这里有青蛙""这里有马"，等等。在成人引导下，大一些的儿童开始逐渐理解事物间的关系。到了幼儿晚期，儿童已经能初步把握较简单的图画中各种事物的关系。

2．理解依靠动作形象

在先学前期和幼儿小班，由于言语发展水平与思维的特点，儿童常常是依靠行动来理解的。幼儿讲故事说到"把大灰狼扔到河里去了"时，自己也会随着做出"扔"的动作。讲到"小朋友高兴得跳起来"，自己也就会真的"跳"起来。幼儿阶段主要依靠形象化的语言或图片等辅助手段来进行理解。有研究者研究发现有无插图对儿童理解文学作品有很大影响。如果说没有插图的理解水平为1，有插图以后，3～4.5岁幼儿的理解水平为2.12，4.5～6.5岁幼儿的理解水平为1.23。[①]可见，插图对幼儿理解文艺作品有重要影响。年龄越小，对直观形象的依赖性越大。到幼儿晚期，儿童开始初步学会依靠词来进行理解，但总体水平仍然很低。

3．理解表面化、简单化

学前儿童不能理解事物深刻的内在含义，对语言也只能作表面的理解，不理解气话、反话。例如，活动时，有个小朋友弯腰拱背地坐着。老师讽刺地说："你这个样子真好看。"没想到，别的小朋友听到后也跟着弯腰拱背地坐起来。他们也不能理解词的转义。妈妈赞扬邻居家的小妹妹："妹妹长得真甜。"儿子奇怪地问："妈妈，你怎么知道她很甜？你舔过她吗？"他们对人物的内心活动、课文、比喻词和漫画也不能进行较深刻的理解。妈妈给儿子讲《孔融让梨》的故事，问儿子："为什么孔融要把大梨让给别人呢？"儿子回答："因为他小，吃不了大的。"同时，学前儿童对事物的喜欢和厌恶常常影响他们对事物的理解。在他们看来，长得漂亮的就是好人，坏人都长得很丑，而且看上去很凶恶。

4．不理解事物的相对关系

学前儿童对事物的理解比较刻板、固定，不能理解事物的中间状态或相对关系。在他们看来，不是好人就是坏人。学前儿童也不能把握左右方位的相对性。不过，幼儿晚期开始出现辩证思维的萌芽。

---

① 陈帼眉：《学前心理学》，人民教育出版社1989年版。

（五）学前儿童问题解决与创造性发展

《曹冲称象》《司马光砸缸救人》的故事说明学前儿童已能创造性地解决问题。在正确的教育影响下，学前儿童已初步具有解决问题的能力，并开始表现出一定的创造力。他们已经能根据故事的开头编出符合逻辑的结尾；在游戏中发展新的主题，增加新的情节；在绘画、泥塑等艺术活动中展现自己的创意。据相关研究，整个学前期儿童的创造性稳步发展，入小学时达到高峰。

但是，与成人相比，学前儿童缺乏相关的知识经验，社会阅历远远不够，也没有掌握相应的思维方法，他们的创造性还只是处在初级阶段。主要表现为：

（1）学前儿童的创造性不持久、不稳定。学前儿童的思维以具体形象思维为主。具体形象思维的情境性特点导致其创造性活动也常常受外界条件的变化而变化，来得快，去得也快，转瞬即逝。

（2）学前儿童的创造性具有随意性。儿童喜欢幻想，其创造性思维常由创造性想象引起，受兴趣影响很大，具有较大的随意性。

（3）学前儿童创造性思维流畅性强，但灵活性不够。例如，让4岁幼儿列举"水"的用途时，他们也会列举很多，如"洗脸、洗脚、洗衣服、洗鞋子、洗手绢"等，但都是洗涤用途。当老师提醒"水还可以浇花"后，他们才会联想到"还可以浇菜""浇树"等灌溉用途。一般幼儿很少能主动变通。

（4）创造性既受先天遗传因素的影响又后天环境和教育因素的影响，因此，儿童创造性还具有个别差异性。如有的幼儿擅长编故事，有的幼儿擅长做美工。

四、学前儿童思维能力的培养

（一）向学前儿童提供各种直接感知和动手操作的机会

直觉行动思维虽然是3岁前儿童思维的主要方式和典型特点，但是它可以一直延续到幼儿小班阶段，甚至整个幼儿期。因此，教师应多向学前儿童提供动手操作的机会，提供大量可以直接感知的玩具与活动材料，以使儿童更好地感知事物的存在、变化和发展。否则，脱离儿童自身的感知操作，会使儿童思维发展失去凭借物，即使儿童学会某些知识，可能也只是模仿习得某些语言的符号而不是真正理解知识。例如，让儿童认识数，就不能单纯教他们口头数数，还要教他们点数（掰手指、数小木棍以及点数物体的数量）。同样，只给他们说"什么是苹果"，而不让他们看一看、摸一摸、闻一闻、尝一尝，他们是不会真正认识苹果的。

（二）注意幼儿思维的具体性和形象性

具体形象思维是整个幼儿期思维的最主要方式和典型特点。对事物的具体性和形象性的清晰认识有助于儿童思维的正确进行，也有助于思维的发展。在教学过程中，一方面，老师要注意教育内容的具体形象性，所教内容必须是幼儿能够理解的具体事物，并重视在各种活动中积累感性经验，使幼儿能在头脑中形成清晰的表象；另一方面，教师要结合直观的教学方法，将相应的知识经验与幼儿思维结合起来，避免空洞、抽象地讲授。例如，教幼儿认识"空气"。空气是无色无味无形状的物体，幼儿很难直接感知。教师就可采用塑料袋装空气、玻璃杯倒扣水中鼓出气泡等实验形式让幼儿体验空气的存在。讲"雨的形成"时，教师就可以通过讲童话故事或看类似《小水滴旅行记》的动画片，配合做相关的演示实验，让幼儿清晰地感知雨的形成过程，认识事物发展的规律。

（三）丰富学前儿童的言语，培养儿童抽象逻辑思维能力

学前儿童思维概括性比较弱，这固然与缺乏知识经验有关，也与缺乏相应的概括性的语词有关。学前儿童言语能力的发展直接影响到儿童的思维，尤其是抽象逻辑思维水平的发展。因此，教师应有意识、有计划地不断丰富儿童的词汇，并让儿童学习准确运用词汇，理解要领。例如，当儿童已经掌握鸡、鸭、猪、牛、马、老虎、狼等概念后，教师可以继续让他们掌握"家禽""家畜""野兽"等概念，继而掌握更高一级的"动物"的概念，提高他们抽象概括的能力，促进思维发展。

（四）教授思维方法，促进思维的发展

感性知识和语言只是思维的基础和工具，掌握思维方法才能使儿童利用经验、借助语言来进行正确思维，发展逻辑思维能力。因此，在各种活动中，教师在向儿童传授知识的同时，要有意识地、自觉地教给儿童一些常用的思维方法。例如，在给儿童讲完《会跑的小树》（主题是梅花鹿的角像树杈）的故事后，可以引导学生思考仿编类似的故事，如"会游泳的石头"（乌龟）、"会飞的剪刀"（燕子）等，培养儿童的类比意识；在分类活动中，启发儿童按一定标准进行分类，引导儿童发现分类的规律，培养儿童的抽象概括能力；在日常生活中有意识地让儿童比比大小、多少、长短、高矮等，引导儿童对具体事物进行分析综合，提高学生进行比较的水平。

（五）在各种活动（日常生活、游戏活动、教学活动）中培养学生思维能力

人的思维与实践活动是分不开的，儿童的思维更是如此。因此，教师要高度重视学前儿童的各种实践活动，即要有意识地根据儿童思维发展水平组织活动，同时注意在活动中发展儿童思维。

游戏是学前儿童的主导活动。在游戏中，儿童学会把握事物之间的关系，解决问题，促进思维的发展。在角色游戏中，儿童对角色进行分配就是一个思维过程。而如果能创设新的角色，或找到新的游戏材料的代替品，或改变游戏的过程，这就是创造性思维了。如"过家家"游戏中，已经分配好了爸爸、妈妈、宝宝的角色，这时又有一个小朋友想参加进来，就可以引导幼儿尝试增加一个客人的角色，增加游戏的内容。又如在主题游戏"建公园"中，老师提供积木、玩具，让儿童大胆设计，创造出自己心目中的最美公园。

教学活动也是学前儿童生活的一部分，是有计划、有目的、有意识地培养儿童思维的活动。在科学、语言、音乐、美术等教学活动中，随时随地都可以训练儿童的思维，发展儿童的创造性。如美术课中的"添画"活动，将圆形画成太阳、熊猫、西瓜、足球、大头儿子等，有助于培养儿童思维的流畅性和变通性；而画画时，"因为工人叔叔太热了，画一个绿太阳，让工人叔叔不热"则体现了儿童思维的独特性；说话课上，儿童自己创编故事也是发散思维的具体表现。

日常生活则小中见大。教师要善于观察生活中儿童的点滴表现，善于抓住教育的契机。比如，在平时的玩沙、玩水、玩泥塑活动中，可以引导儿童比较大小、多少；可以引导儿童

认识固体、液体的不同点；可以利用事物不同的特点来进行创造性活动。

（六）创设宽松的心理环境，激发学前儿童的求知欲，保护学前儿童的好奇心

好奇是人类的天性。善于发现问题、提出问题有助于引发人们的积极思考，从而解决问题。学前儿童好奇心很强，总是频繁地提出问题："为什么会打雷？""鸟为什么会飞？""闹钟为什么会闹？"有时还会主动探究事物的真相，甚至会出现成人眼中的"破坏性行为"。例如，一个五六岁的学前儿童特别想知道昨天给他照相的相机里到底有什么，趁爸爸妈妈不在家时把相机后盖打开，结果才照了一半的一卷胶卷全部曝光。面对儿童的这些表现，成人不要轻易指责他们，更不要对他们做出各种规定的限制，以解除儿童怕犯错误的恐惧心理。同时，也不能置之不理，但也不一定事事直接给予儿童答案，而应鼓励并引导他们勇于想象，自己探索。有时，成人还可以有意识地为儿童创设问题情境，提出儿童能够接受的问题，引导儿童独立思考，以激起儿童的求知欲，培养思考问题的习惯。同时，老师和家长也不要以成人的思维模式来限制或否定儿童的思维，也许在成人看来，儿童的想法非常不成熟、不合理，但正是这样，才会有助于儿童创造性思维得到真正的发展。

思考练习题

1. 学前儿童思维发展的一般趋势是什么？
2. 学前儿童思维发展有何特点？
3. 举例说明成人为什么要正确对待学前儿童提出的问题。
4. 请从思维角度谈谈为什么对学前儿童要坚持正面教育，成人为什么不能在学前儿童面前说谎话。
5. 结合实际谈谈怎样促进学前儿童思维的发展。

第三节　学前儿童想象的发展

案例引入

有一次，四岁半的菲菲正在家里画画，奶奶在一旁兴致勃勃地指导，菲菲先画了绿色的树，然后画上绿色的花和草，当她在草地上画了绿色的小鸡时，奶奶的眉头就有点皱了，但奶奶还是说："哦，画的是小鸡在公园玩啊，天气怎样呢？出太阳了吧，宝宝画个太阳公公吧！"菲菲接着用绿彩笔画了个太阳，奶奶连忙叫道："不对，不对，太阳应该是红色啊，还有小鸡，本来是黄色的，花朵是五颜六色的，你怎么都画成绿色了呢？"菲菲扬起小脸说："我戴上绿眼镜，看到的都是绿色了。"奶奶若有所思地点点头。

生活中，很多时候我们也像案例中的奶奶一样，经常用自己的经验在看待事物，而儿童却是在想象中，在多彩的体验中慢慢建构起成长感的。那么，什么是想象？想象在儿童心理发展中有何作用？儿童想象有什么特点以及怎样在活动中发展学前儿童的想象将是我们本节要探讨的主要问题。

一、想象的概述

（一）什么是想象

想象是对头脑中已有的表象进行加工改造，创造出新形象的过程，是一种高级的认识活动。

（二）想象的心智操作

想象是对记忆表象的加工、改造，其具体的心智操作有：

1. 黏合

黏合即从已有的表象中，把所需要的部分从整体中分解出来，并按一定的关系，把他们综合成为新的形象。例如，从猫的表象中，分解出猫头，从警察的表象中分解出身体，然后把它们结合在一起，形成了黑猫警长的基本形象。

2. 夸张

夸张又称强调，是通过改变事物的正常特点，或把客观事物的某种品质、部分、属性或与其他事物的关系加以突出、强调，从而形成新的形象。如千手观音、九尾狐等，就是采用这种方式构成的。

3. 典型化

典型化是把某类事物共同的、最有代表性的特征集中在某一具体事物上，从而形成新的形象。它是文学、艺术创作的重要方式。典型化使作家和艺术家创造出来的形象更逼真，更感人。如鲁迅笔下的阿Q、《祝福》中的祥林嫂等形象。

4. 联想

由一个事物想到另一个事物，也可以创造新的形象。想象联想不同于记忆联想，它的活动方向服从于创作时占优势的情绪、思想和意图。如某儿童一听到"六一"，马上就想起欢庆的场景。

（三）想象对学前儿童心理发展的作用

1. 想象在学前儿童的学习、游戏等实践活动中的重要意义

想象在学前儿童学习活动中帮助他们掌握抽象的概念，理解较为复杂的知识，创造性地完成学习任务。例如，儿童在学习"10以内的加减"时，5+4等于多少他们还不能掌握，但老师可以借助表象或实物让他们理解抽象的数字，提问："池塘里有5只小鸭在游，又游过来4只，池塘里一共有多少只小鸭？"

游戏中，想象也起着极为重要的作用。在角色游戏中，角色的扮演、游戏材料的使用、游戏的整个过程等都要依靠儿童的想象。如："娃娃家"游戏中，用小石子代替鸡蛋，用牙签代替医生打针用的针头等，都是儿童经过假想而成的。如果没有想象，学前儿童的这类虚构活动便无法开展。在结构游戏中，儿童必须对结构材料、结构物体进行想象，通过一定的建构技能才能创造出一定的结构活动。在游戏中，儿童不断地依靠想象而变换物体的功能。比如一根棍子，既是他们手中的宝剑，又能当马骑，还可以当拐杖。游戏中的人物也可以变化，一会儿是老师，一会儿是司机。游戏的情节更可以根据儿童的需要千变万化。几样简单的玩具，一个小小的角落，学前儿童就可以借此进入广阔的想象世界。

2．想象的发展是学前儿童创造性思维发展的核心

想象是儿童认识和掌握社会经验的手段，儿童的实践活动不能没有想象的参与，想象越丰富，活动就越有成效，就越能发展学前儿童的创造力。我们评价儿童创造性思维的水平也主要是从想象的水平出发的。丰富的想象是学前儿童创造思维的表现，如儿童画"月亮上荡秋千"，就充满了丰富的想象，因此获得很高的评价。

3．想象是维持学前儿童心理健康的重要手段

不恰当的想象也往往会导致心理活动的某些失常。如由于医生说话不谨慎，使患者想象自己得了某种危险的疾病，结果这种病的症状真的在他身上发展起来，这就是所谓"医疗致因疾病"。同样，教师欠妥的教育举动或不慎的言论，也可能给学生以创伤性的影响，激起离奇的恐惧，结果导致其"精神失常"，即所谓"教育致因疾病"。教育工作者必须了解自己的教育对象，审慎地从事教育工作。

在学前儿童的日常生活中，我们常常可以看到这样的想象活动。比如，打针时，有的孩子一边卷衣袖，一边大声宣称："我是警察，我不怕打针！"明明一个人在玩，却口中念念有词："宝宝别藏了，我已经看见你了！快过来看我的画！……你真的喜欢吗？我再画一张给你好不好？"这类想象与儿童的情绪情感关系密切，故而称为情感性想象。细分析一下，前例中的想象是一种"自居"作用，后例却是一种特殊的游戏——假想的角色游戏，它们尽管表现形式不同，但在执行着一个共同的功能——满足儿童的情感需要。

另外，假想的同伴以及由此开展的角色游戏，使他们暂时忘却孤独以及现实生活中的其他烦恼，自得其乐。当然，不仅是假想的角色游戏和自居作用具有上述作用，一切具有明显的情绪色彩的想象活动，如自由绘画、即兴表演等，都可以满足孩子的情感需要，维持其心理健康。

二、学前儿童想象发展的特点

新生儿没有想象。1.5～2岁的儿童基本具备了想象的基础，但此时的想象只是最初级形态的想象，简单贫乏，有意性很差，基本是记忆表象的简单迁移，加工改造的成分极少。比如，一个2岁左右的孩子正在吃饼干，忽然，他对着手中被他咬了一口的饼干看了片刻，举起来高兴地喊着："妈妈！看！月亮！"这种想象是一种简单的联想：由被咬掉一口的饼干联想起头脑中原有的关于月亮的形象。

2岁以后，尤其是进入幼儿期以后，随着儿童生活经验的增加，语言理解能力的增强，分析综合能力的提高，儿童的想象逐渐发展起来。他们喜欢想象，一会儿把自己当成警察，一会儿又把自己想象成超人，一会儿又把自己当成是某部动画片中的人物形象……因为学前儿童最喜欢想象，所以经常有人把学前期当成是儿童想象最发达的时期。事实上，学前儿童的想象也只是出于初级形态，水平并不高。主要表现为：学前儿童想象以无意想象为主，有意想象开始发展；以再造想象为主，创造想象开始发展；想象常常脱离现实与现实混淆。下面分别说明想象发展的具体表现。

（一）以无意想象为主，有意想象初步发展

在学前儿童的想象中，无意想象占重要地位，小班儿童表现尤为突出，随着年龄的增长，有意想象开始初步发展。

1. 以无意想象为主

情景再现

童童5岁了，有次晨间活动时，老师观察了他的活动表现，起初，他看见桌上有个奥特曼的小玩具，他便玩起打怪兽的游戏；旁边的明明拿过来一个娃娃，他就和明明给娃娃穿衣喂饭；有小朋友端来一盒积塑片，他便玩插皇冠的游戏；过了一会儿，他看见有小朋友带来了小汽车，便立马和小伙伴玩起汽车来。

学前儿童想象的无意性主要体现在以下几个方面：

（1）想象无预定目的，由外界刺激直接引起。学前儿童的想象活动不能指向一定的目的，不能按一定的目的坚持下去，在游戏中想象往往随玩具的出现而产生，上述案例中的童童就是这样。如果要求儿童在活动开始前想象活动进行的目标，小班的儿童往往不能完成任务。他们不知道自己将创造什么形象，不能预先做出设计。儿童往往在行动中看到了由自己的动作无意造成的物体形态，或者是受到外界刺激才想象自己所作产品的意义。到五六岁时，儿童才会按计划去活动。

（2）想象的主题不稳定，易受外界的干扰而变化。小班的孩子，其想象不能按一定的目的坚持下去，很容易从一个主题转移到另一个主题，想象的过程也受到外界事物的直接影响。例如，在游戏中，一会儿喜欢玩这个，一会儿喜欢玩那个；绘画时主题也不稳定，刚说画一个红苹果，马上又画成一个人头了。或者正在用积木搭造某建筑物的孩子，见别的伙伴在用积塑片做皇冠，他便立即推倒正在搭建的建筑，玩起了积塑片。

（3）想象的内容零散、无系统。由于想象的主题没有预定的目的，不稳定，因此，学前儿童想象的内容是零散的，所想象的形象之间不存在有机的联系。学前儿童在绘画中常常出现这种情况，在同一幅画面上，会把他感兴趣的东西都画下来，有房子、汽车、飞机、小朋友、树木、小狗等，他们的想象天马行空，不受时间、空间的制约，也不管物体的比例大小。

（4）以想象的过程为满足。

情景再现

壮壮是大班的孩子，快6岁了，妈妈给他买了套《神奇校车》的漫画书，每天临睡前给他讲漫画里的故事，每次读到故事主人公坐上神奇的校车开始他们惊险刺激的旅行时，壮壮都激动不已。这套书里的故事壮壮听了一遍又一遍，每次都是同样激动的表情，弄得妈妈迷惑不已："每天都是同样的故事，至于乐呵成这样吗？"

这一特点在小班幼儿身上表现得最为明显。小班儿童在画画时，常常画了一样又一样，直到把整个画面涂满为止，画出的形象零散、杂乱。比如，有个孩子拿画笔在纸上不停地画重叠的圆圈，边画边念"挽毛线，挽毛线，我帮妈妈挽毛线"，虽然只是画了满满一张纸的圈，但他很高兴。虽然学前儿童的想象没有主题，说不上什么内在的联系，在成人看来毫无意义，但学前儿童自己却感到津津有味。因为他们并不追求画出什么东西，而是为画而画，除对绘画本身感兴趣外，没有其他的目的。听故事也是如此，他们对很多故事百听不厌，甚至有的儿童很长时间每天都听相同的睡前故事，因为他们对这些故事中的形象比较熟悉，可以一边听一边进行想象。生动的形象在头脑中像图画似的不断呈现，儿童感到极大的满足，上述情景中的壮壮就是因为满足于想象的过程，才每天晚上都听《神奇校车》的。

（5）想象的过程受兴趣和情绪的影响。

情景再现

有次美术活动时，中班的贝贝画了只小鸡，她兴高采烈地要老师过来看，可老师当时正在指导别的小朋友，便拍了拍贝贝的头，没有看那幅画，等到老师走到贝贝身边要欣赏贝贝的作品时，画面上是一团黑，老师问贝贝为什么，贝贝说小鸡被老鹰抓走了。

学前儿童的兴趣和情绪对其想象影响很大，凡是他们感兴趣的事情都能引起想象，尤其是小班幼儿满足于想象的过程，对有兴趣的内容反复想象。另外，如受到大人表扬和支持的想象活动，就能长时间地坚持下去，而受到冷落或没有及时被大人肯定的活动就变得兴味索然甚至放弃了，上述案例中贝贝放弃作画就是这个道理，情绪高涨时，幼儿的想象就活跃，不断出现新的想象结果。

总之，无意想象实际上是一种自由联想，不要求意志努力，意识水平低，是学前儿童想象的典型形式。

2. 有意想象初步发展

儿童的想象虽以无意想象为基本特征，但有意想象已经开始萌芽，在教育的影响下，学前儿童的有意想象开始发展了。

有意想象是在无意想象的基础上发展起来的。例如，一中班孩子拿出图画纸和笔说："我要画只小鸡。"于是就画了起来。小鸡画好之后，又说："我要画几条虫子。"虫子画好了又要画小草。画着画着，便画成了一片草地，一边画一边还自言自语："草地上还有小鸡的朋友，它们都在抓虫吃。"然后在草地上又画了一群小鸡。

从这个绘画过程来看，该儿童的想象基本还是自由联想，无意性成分很大，但是此儿童毕竟已经能够先想后画，而且按照想的去画了，说明他的想象已经有了一定的目的。

情景再现

小涵 6 岁了，她参加了名为"童心画语"的美术活动班。一次上课时，老师要她们设计自己喜欢的房子，小涵画了一所漂亮的大房子。最引人注意的是，这房子里有两个卫生间，卫生间上分别标着"男""女"二字。老师一问才知道，原来小涵家现在的房子只有一个卫生间，早上爸爸妈妈要上班，爷爷奶奶要送她上幼儿园，都要抢着洗漱，卫生间使用时间很紧张，因此，她设计的房子就有两个卫生间，而且男女分开。

学前晚期，有意想象表现得十分明显。想象活动开始之前，已经能确定主题，并且围绕主题进行想象。例如，能预先商定游戏的主题，然后根据主题设想出大致情节，确定游戏规则，进而分配角色，准备游戏材料。游戏中能自觉排除无关事件的干扰，主动克服困难，如材料缺乏等，将主题进行到底。如语言教育活动中的续编故事，大班儿童已经能按照老师的要求，根据一定的主题接着把故事讲下去。这也体现了该年龄段儿童已有明确的有意性和目的性。

（二）以再造想象为主，创造想象开始发展

1. 学前儿童的再造想象

一般来说，学前儿童想象的再造成分很大，创造性成分很小，具体表现为：

（1）学前儿童的想象常依赖于成人的语言描述，或根据外界情景而变化。

这一方面反映了学前儿童想象具有很大的无意性，同时也说明他们的想象以再造想象为主，缺乏独立性。如果老师不提示，小的孩子常常不能独立展开想象，进行游戏。但一般说来，想象在游戏中比较容易展开，因为游戏有可供操作的游戏材料，玩具的具体形象可以起到引发学前儿童想象的作用，符合儿童再造想象的特点。

（2）学前儿童的想象多半是记忆表象的简单加工，缺乏新异性。

学前儿童的想象常常是在外界刺激的直接影响下产生的。他们常常无目的地摆弄物体，改变着它的形状，当改变的形状正巧符合儿童头脑中的某种表象时，儿童才能把它想象成某种物体。另外，学前儿童想象很大程度上表现出复制性和模仿性。如孩子看到布娃娃，随手抓起并做出喂娃娃吃东西和哄娃娃睡觉的动作。实际上这是模仿妈妈的动作，是离不开他的生活经验的。因此，可以说，小班儿童的再造想象是以复制式再造想象为主的，这是较低发展水平的想象，独立性和创造性较少。学前儿童的再造想象从内容上可分为五类：

一是经验性想象。学前儿童凭借个人生活经验和生活经历开展想象活动。如某儿童对夏天的想象是"小朋友在游泳池里游泳"。

二是情境性想象。学前儿童的想象活动是由画面的整个情境引起的。如某班幼儿对"春节"的想象是"一家人在一起吃饭，大人给小朋友压岁钱"。

三是愿望性想象。在想象中表露出个人的愿望。如孩子跟大人说长大后想当超人，当老师、医生等等。

四是拟人化想象。把客观物体想象成人，用人的生活、思想、情感、语言等去描述，如看到融化的冰激凌说它流眼泪了。

五是夸张性想象。学前儿童常常喜欢夸大事物的某些特征和情节。如在某中班儿童的绘画作品中，可发现他画的长颈鹿，从比例来看，脖子特别长；画得大象头特别大，鼻子特别长。这些夸大部分，常是学前儿童印象特别深刻的部分。

2. 学前儿童的创造性想象

随着学前儿童知识经验的丰富和抽象概括能力的提高，他们的再造想象中逐渐出现了一些创造性的因素，儿童开始能够独立地去进行想象。虽然想象的内容还带有浓厚的再现性质，但其中也具有一些独立创造的成分，具有一定的新异性。

如一位6岁儿童画的未来的交通工具是汽车顶上安有螺旋桨，就是对汽车和直升飞机的表象进行加工、改造形成的新形象。孩子自己解释为：去外地外婆家，就让它"飞"起来，到那个城市后，就降到公路上，去外婆家的速度就快了。飞机、汽车这是大家头脑中都有的形象，但儿童把这些形象进行了新的组合加工，就形成了有一定独创性的画面。

儿童创造性想象还表现为时常提出一些不平常的问题。如："萤火虫的尾巴上是不是有个小电灯啊？""抓几只萤火虫在家里是不是就可以不用电了？"等等。

另外，编故事和创造性绘画也是学前儿童创造性的表现。有的学前儿童能把过去听过的故事以及他生活经验中的各种事物加以分析、改造，编成新的故事；看图说话时，能说出和主题有关但画面上没有表现出来的情节；绘画时，不少儿童，尤其是大班儿童，能够完全不按老师的范例去画。通过良好的早期教育和训练，儿童的创造性可以达到相当高的水平。

三、学前儿童的想象易与现实混淆

（一）想象脱离现实

幼儿想象脱离现实的情况，主要表现为想象具有夸张性。学前儿童特别喜欢听童话故事，因为童话故事中有很多夸张的成分，什么大人国、小人国、长鼻子公主，还有那些能长到天上去的豌豆，只有拇指大小的姑娘，都让孩子着迷不已，不吃饭不睡觉也要听故事。

儿童在自己讲述事情时，也往往用夸张的说法："我爸爸买的西瓜可大了，有这么大，这么大，一百人都吃不完！"边说还边张开双臂比画着，直到手臂完全张开。至于这些说法是否符合实际，他们是不太关心的。

学前儿童想象的夸张性还体现在绘画活动中，儿童感兴趣的东西，往往在其意识中占主要地位。对小鸡有兴趣，有可能把小鸡画得有三个小朋友那么大；画人时，人体某个部分表现得特别夸张，比如妈妈本来是长头发，有点卷，会被孩子画成长到膝盖的长卷发；爸爸头发有些稀疏，被孩子画成了一片"盐碱地"，寸草不生。

（二）想象与现实混淆

学前儿童常常把想象的事情当成是真实的。尤其是小班儿童，这种情况比较多。主要表现在三个方面：

第一，把渴望得到的东西说成是已经得到。如有孩子告诉老师："我爸爸从香港给我买了一辆赛车！"经老师了解，原来是孩子的爸爸准备赴港，说好给孩子带一辆玩具赛车，但还没有动身。

第二，把希望发生的事当成是已经发生的事来描述。如某位小朋友听小伙伴描述去香港迪斯尼乐园游玩的事，很开心。于是这位小朋友也有了去迪斯尼的愿望。把"玩"的过程想象了一下（根据别人的描述而想象），然后跟别的小伙伴说他自己去迪斯尼的经历。

第三，在参加游戏或欣赏文艺作品时，往往身临其境，与角色产生同样的情感反应。如儿童看动画片《猫和老鼠》，总是为老鼠的逃脱而欢悦。

中、大班儿童想象与现实混淆的情况已减少。孩子们听到一些事情后，常问："这是真的吗？"有些大班儿童甚至不喜欢听童话故事，希望老师"讲个真的！"说明他们已经意识到想象的东西与真实情况是有区别的。

整个学前期，儿童的想象是以无意想象为主，有意想象开始发展；以再造想象为主，创造性想象开始发展；同时想象还会和现实混淆。学前儿童想象活跃，富于幻想，而且很大胆。因此有人认为学前时期是想象发展最快的时期，此时期的儿童甚至比成人更善于想象，这是不正确的。因为，想象水平直接取决于表象的数量和质量以及分析综合能力的发展程度。而学前儿童的知识经验和语言水平都远不如成人，且表现的丰富性和准确性都比成人差，思维发展水平也不如成人，所以儿童想象的有意性、协调性、丰富性和创造性都不会超过成人。但是，学前期是想象非常活跃的时期，应该重视学前儿童想象力的发展，这是促进他们智力发展的一个重要方面。

四、学前儿童想象力的培养

想象力是一切发明创造的基础。爱因斯坦说："想象力比知识更重要，因为知识是有限的，而想象力包括世界上的一切，推动着进步，并且是知识进化的源泉。"因为有了大胆的想象，科学才不断发展，才不断有新产品的出现。在科技日益发展的今天，在幼儿园教育实践中，如何培养儿童的想象力和创造性，已经成为教育中一个极为重要的课题。

1. 丰富学前儿童的表象，扩大学前儿童的视野，丰富儿童的感性知识和生活经验

想象是在对头脑中原有表象加工改造的基础上形成的，也就是说，表象是想象的原材料。换句话说，想象的内容是否新颖，想象的发展水平如何，取决于原有的表象是否丰富。如在一次谈话活动中，当说到外出游玩，路上堵车了可以怎么办时，有小朋友说坐飞机，有的说坐飞艇，有的说坐地铁，还有的幼儿说用任意门或用扫把，就像哈利·波特一样飞起来了，想去哪儿就去哪儿，然后孩子用手中的笔把自己的想法表现出来。儿童只有在电视里见过这样的画面才会产生这样的想象。可见，儿童的感性知识和生活经验对他们想象的发展是非常重要的，儿童的生活经历不同，想象的内容也有区别。

积累知识经验，这是学前儿童想象力发展的基础。陈鹤琴先生认为"大自然、大社会是我们的活教材"。他主张让孩子"多到大自然中去直接学习，获取直接的体验"，让大自然启发孩子的想象力。因此，教师应常常带孩子走出活动室，看看美丽的花朵、摸摸大树、观察小动物等，这样孩子的兴趣一下子就会被激活，想象也就随之迸发。例如，引导大班儿童画《一片森林》时，就可以请孩子们到户外观察各种各样的树木，然后请儿童自由讲述他们看到了一些什么样的树，树干、树枝、树叶各是什么样子的，教师还可以通过幻灯片、照片等各种各样的手段去总结归纳，并与几何图形、夸张变形等相联系，鼓励儿童按自己的想象创造出一幅关于树林的作品。结果教师将会发现，孩子们画出了千奇百怪的树木。在此基础上，教师可以再请孩子在自己画的这片树林里进行添画，孩子们会更加兴致勃勃。不光树可以是我们不常见到的，动态的情景也可以是儿童通过自己的想象画出来的。可见，亲近大自然不仅能使儿童增添知识和经验，也可以促进其智慧的发展，丰富孩子们的整个精神世界。所以，在实际工作中，要指导儿童去感知客观世界，使其置身于大自然中，多让他们去听、去看、去触摸、去模仿、去观察，还可以通过参观、旅游等活动开阔学前儿童的视野，使其不断积累感性知识，丰富他们的生活经验，增加表象内容，为学前儿童的想象增加素材。

2. 发展学前儿童的语言表现力，促进想象力的提高

学前儿童想象力的发展离不开语言活动。想象是大脑对客观世界的反映，需要经过分析综合的复杂过程，这一过程和语言思维的关系是非常密切的。通过语言，学前儿童得到间接知识，丰富想象的内容；通过语言，学前儿童可以自由表达自己的想象，而语言水平更直接影响想象的发展。学前儿童在表达自己想象的内容时，能进一步激发起想象活动，使想象内容更加丰富。因此，教师在丰富学前儿童表象的同时，要发展儿童的语言表达能力。如在看图讲述时，可以让学前儿童在认真观察的前提下，丰富感性经验，展开自由联想，将所见内容用语言表述出来；在科学活动中，鼓励学前儿童用丰富、正确、清晰、生动形象的语言来描述现象和事物，还可以让学前儿童描述在大自然中看到的事物。

3. 在文学艺术等活动中，创造学前儿童想象力发展的条件

幼儿园开展的一系列文学艺术活动都有助于学前儿童想象力的培养。首先，通过故事续编、仿编诗歌、适时停止故事讲述等形式，鼓励儿童大胆想象，并用语言表述自己的想象，让他们在活动中体验创造的自豪和快乐，发展儿童创造性想象，培养爱动脑筋的习惯。语言活动中，通过学习故事、诗歌等可以丰富学前儿童再造性想象，激发儿童广泛的联想。比如

在学习故事《小鼹鼠要回家》时，小鼹鼠克拉在外面蹦蹦跳跳地玩，迷路了，怎么办呢？教师可以通过诱导启发式的提问，开拓学前儿童的想象，儿童会争先恐后地为小鼹鼠想办法。有的说："小鼹鼠可以找警察叔叔啊！"有的说："小鼹鼠可以拨打'110'啊！"有的说："搭辆出租车吧！"有的说："雷锋叔叔就爱送迷路的孩子回家"……儿童各抒己见，展开了丰富的想象，从而想象力也就得到不同程度的发展。

其次，美术活动更为学前儿童的想象插上理想的翅膀。特别是意愿画，让学前儿童无拘无束地发挥想象力，构思出奇特、新颖的作品。教学过程中教师要激发儿童的灵感，鼓励儿童大胆作画，让他们充分发挥自己的想象力创造出优秀的作品。比如画意愿画《梦》，有个小朋友画上了月亮和星星，并且画的月亮有个大缺口。看到月亮不像月亮，星星没有棱角，老师就问："你怎么把月亮画成这样子啊？能告诉老师是为什么吗？"小朋友受到鼓励，表达了自己的想象："我奶奶说，天狗吃月亮，这不是刚好从这儿咬了一口嘛。"小朋友边说边得意地指着缺口。老师恍然大悟，及时表扬了这个孩子，并用稚趣的故事讲述了月食的形成过程。

最后，音乐舞蹈活动也是培养学前儿童想象力的重要手段。在音乐、舞蹈活动中，儿童可以通过感知、想象，从而理解所塑造的艺术形象，然后运用自己的创造性思维表达艺术形象。比如，音乐欣赏时老师放一段音乐，让学前儿童去听、去想、去思考，当教师播放情绪激昂的进行曲时，孩子们会雄赳赳气昂昂地大踏步前进，还说自己是小海军等；当播放一段轻音乐时，孩子们会很安静，有的说："老师，我做了个梦，梦见自己变成了蝴蝶，在花丛中飞啊飞啊，我好美啊。"在优美的音乐中，学前儿童兴奋愉快，想象力得到发挥。所以说，音乐和舞蹈也为儿童提供了想象的空间，培养了学前儿童的想象力。

4. 提供充分的玩具材料，通过游戏活动发展学前儿童的想象力

在游戏过程中，儿童可以通过扮演各种角色，发展游戏情节，展开自己的想象。比如他们在某次游戏中模仿成人生活，合理利用瓶盖、筷子等废旧材料，再用橡皮泥做成"鱼""土豆""鸡蛋"，将绿纸和白纸拈起来当作"白菜"，把橘子皮、番茄加工成一条一条新鲜的"猪肉"。在游戏中扮演营业员和顾客，用丰富的想象力煞有其事地做"买卖"。有的幼儿把柜子下面的抽屉拿出来，坐在抽屉里，对老师说她要坐船，老师递给她一根作划船用的棍子，她立刻把棍子当作桨，愉快地划起船来，一会儿又和别的孩子玩医院游戏……学前儿童在这样的游戏过程中，自然地置身于自己的想象中，俨然就是个小小营业员和小医生。

另外，游戏的过程中，玩具的作用也不可忽视。玩具为学前儿童的想象活动提供了物质基础，能引起大脑皮层旧的暂时联系的复活和接通，使想象处于积极状态。玩具容易使过去的经验再现，使儿童触景生情，从而展开各种联想，有时学前儿童可以长时间地沉湎于自己的玩具想象中。如拼图玩具、拆装玩具等，凡儿童自己动手玩的，他们大都可以想出多种玩法。例如，给孩子一个火箭玩具，孩子就会回忆起他看到的电影和动画片，参观科技馆见过的模型火箭、图画书中的火箭形象，想象自己坐飞船、上月球的图像。再如，儿童抱着布娃娃做游戏时，会把自己想象成"爸爸或者妈妈"，还会自言自语地说"娃娃不哭，妈妈抱抱，娃娃睡觉"等。这些有趣的游戏，能够促使幼儿想象活跃，促进幼儿想象力的发展。

5. 创设问题情境，训练学前儿童的发散思维，鼓励学前儿童讨论并自主解决问题

教师组织的活动能否成为幼儿的问题情境，这与问题的选择有很大的关系。如果问题非常容易，学前儿童不假思索就能解答，那么，这个问题就不能引起他们的思考活动。因而，也就不能成为问题情境。但如果问题太难，超出学前儿童的理解范围，让儿童弄不明白问题

到底是什么意思，也不能引起他们的思考，因而也不是儿童想象的问题情景。因此，为了发展幼儿的想象，教师所组织的活动一定要符合学前阶段儿童的实际水平，符合他们的思维特点。教师可经常创设一些开放式的问题向学前儿童发问，多和孩子一起从多个角度探讨问题。如在故事活动"小螃蟹找工作"中，学前儿童在对螃蟹的特征有了一定的了解之后，老师提问："小朋友，那么小螃蟹适合什么样的工作呢？"因为这个问题没有固定的答案，也符合儿童的认知水平，所以孩子们回答得很积极。有的说小螃蟹有两大钳子，可以干搬运工；有的说螃蟹在水里游，可以当渡船，等等。

教师还可以适时组织小组讨论。小组讨论的内容要选择学前儿童不太了解却非常感兴趣的内容，使儿童表达自己不同的感受和独特见解，促进儿童间相互学习、相互启发、取长补短，促进他们想象力、创造力的充分发挥。教师是小组讨论的组织者、引导者。教师要为学前儿童创设宽松、友好的氛围，特别是要包容儿童在讨论过程中的不当之处甚至错误，从而形成一个让学前儿童愿意想问题、敢于表达自己想法的氛围。

6. 在日常生活中引导学前儿童进行想象

日常生活中想象力的培养，是教育活动形式的必要补充和延伸。实际上，给孩子更多自由选择的想象空间，对拓展他们的想象力很有帮助。因此，应该利用一切机会为学前儿童创设想象的有利环境，充分利用在园的一日生活环节，全方位、多角度地为他们提供丰富而宽松的空间，鼓励儿童大胆想象，从而使其得到更好的发展。另外，教师要指导家长在日常生活中创设良好想象的环境。例如，跟孩子一起玩有丰富想象力的游戏；多带孩子接触外面的世界，见多识广，可获得并积累丰富的想象素材；让孩子设计布置自己的房间；多和孩子一起从多个角度探讨问题，多用开放式问题向孩子发问，给孩子提供更多发表自己想法的机会；开发儿童想象力的同时，训练孩子的语言能力；尽量给孩子买有多种玩法的玩具，并鼓励孩子自己发明更多新的玩法。

值得注意的是，当孩子向你讲述他的想法时，无论听起来多么滑稽可笑，甚至荒谬，也不要笑话他。要认真倾听，然后用平等的姿态说出你的观点，不求说服孩子，重在引发他的进一步思考和探索。如果家长们和幼儿园携手，积极为孩子营造自由想象的空间，那么他们必将成为极具创新意识的一代。

总之，学前儿童想象力的培养很重要，关系到孩子今后的发展。因此，在实际工作中，我们要创造各种条件，通过各种方式，调动孩子想象的积极性，充分发挥其想象力。

拓展阅读

别剪掉天鹅的翅膀

在美国内华达州，一位母亲认为自己的女儿上幼儿园后认识了字母"O"，失去了以前对"O"说成苹果、太阳、足球、鸟蛋之类的圆形东西的想象力，便把劳拉三世幼儿园告上了法庭，并且胜诉了。因为，陪审团被这位母亲在辩护时讲的一个故事感动了：

这位母亲曾到某个国家旅行，在一家公园里见到了两只天鹅，一只被剪去了左边的翅膀，一只天鹅的翅膀完好无损。被剪去翅膀的天鹅被放在较大的一片水塘里，翅膀完好的天鹅被放养在较小的水塘里。她非常不解，管理员告诉她，这样能防止她们逃跑。因为，剪去一边翅膀的天鹅无法保持平衡，飞起来后会掉下来，在小池塘的天鹅虽没有被剪去翅膀，但起飞时会因为没有必要的滑翔路程，而只能老实地待在水里。她听后既震惊又感到悲哀。为天鹅悲哀，她为女儿打官司，就是因为她感到女儿变成了劳拉三世幼儿园里的一只天鹅。他们剪掉了女儿的一只翅膀，一只幻想的翅膀，早早地把她投进了那片小水塘，那片只有ABC的小水塘。

想象与童心相伴，多数人在长大后，想象力也就随风飘逝，而剥夺这份与生俱来的财富的，恰恰是不恰当的教育，是缺乏想象力的教师。在教师善意的管束下，孩子的想象力就像被剪去了翅膀的小鸟，被束缚住了。孩子进入学校，似乎就和大自然和社会生活隔绝了，这就使想象力失去了源头活水。如果这一时期对孩子的自由言论给予过多的限制，对孩子充满诗意的灵感和幼稚天真的话语进行自以为是的封杀，用成人的眼光批评孩子的创造，那孩子的想象力就像被掐掉了花蕾的植物一样，别指望在未来还会开出五颜六色的花朵来。

狄德罗说："精神的浩瀚，想象的活跃，心灵的勤奋，就是天才。"爱因斯坦说："想象力比知识重要。"

想象力是一种天赋，想象是属于心灵的，是人的生命中固有的，是一种生命潜能的冲动。可是，我们常常见到这种自然生命冲动的流失，这跟人的童年经历和所受的教育密切相关。一个人在童年时期，如果既没有人给他讲美妙的故事，又没有动听的音乐和各种玩具相伴，也没有参与各种游戏，建造自己的家园，他的原始的言语生命意识——想象力就没有得到养护。

想象力是精神世界的绿卡，是人超越经验、超越自然、再造自然的能力。想象力是造化给人的特殊的赠礼，是智慧之光、创造之泉，是自由心灵闪耀的火花，想象栖息于天真、敏感的心灵，永葆诗意的情怀。想象力是生命的馈赠，是造物主给每一个人的童年的一份厚礼，只有精心地珍爱，才会终身受用无穷。如果失去这份馈赠，也就失去了人的创造才能。

——《小学语文教学》，2006年第21期。

思考练习题

1．幼儿的想象有何特点？
2．如何在实践中培养幼儿的想象力？
3．案例分析。

幼儿教师在幼儿园教学中使用大量直观形象的教具，以帮助幼儿理解教学内容；在给孩子讲故事时，讲到"大象用鼻子把狼卷起来"时，总用手做出"卷"的动作；说到"大象把狼扔到河里去"，又用手做出"扔"的样子。孩子们也学着老师的样子做出相应的动作，而且脸上露出会意的笑容。

分析案例中的现象，并回答如下问题：
（1）此案例体现了儿童想象发展的什么特点？
（2）根据该特点，教师应该怎样组织教学活动？

第六章 学前儿童语言的发展

语言是思想的图像和反映。

——马·霍普金斯

儿童语言发展又称语言获得，指的是儿童对母语的产生和理解能力的获得。主要指口头语言中的说话和听话。

儿童必须逐步掌握包括语音、语法（主要是句法）、语义（主要是词义）和语用技能四者的基本规则才能达成产生和理解母语的能力。

语言发展是一个极为复杂的过程，研究儿童语言的发展具有重要的理论意义和实际意义。首先，可以为儿童心理发展的基本理论提供依据；其次，可以为思维和语言的关系这一理论问题的研究提供资料；再次，可以为幼儿园的语言教育提供指导依据；最后，可用作诊断儿童个体语言发展速度和水平的指标。

严格地说，以儿童在 1 岁左右能说出第一批能被理解的词为界，将学前儿童语言发展分为前语言期和语言发展期两个阶段。本章第一节阐述语言准备期，第二节阐述语言发展期，第三节阐述语言获得的理论。

第一节　语言准备期

语言准备期也称前语言期。儿童从出生到1.5岁左右的语言学习，为正式的语言运用做好了准备，这段时间内儿童的各种语言学习现象通常被称为前语言现象。有学者认为，儿童的前语言阶段，是一个在语言获得过程中的语音核心敏感期。儿童语言的准备期可分语言产生和语言理解两个方面。

一、语言产生的准备

（一）反射性发声阶段

新生儿出生的第一个行为表现就是哭。婴儿的哭声可分为两种：分化的和未分化的。

1个月以内的新生儿的哭声是未分化的，虽然引起哭的原因有好几种，但所引起的哭声基本上是无差别的。此时，从婴儿的哭叫声可以分辨出其生理发育中的某些问题，如营养缺乏或未成熟等。婴儿不同的状态也可以通过哭叫声加以区分。因此，哭叫声是婴儿生理和心理状态的有效通信信号。

1个月后，婴儿的哭声逐渐地带有条件反射的性质，出现了分化的哭叫声。这些声音既在哭叫时发出，也在非哭叫时吐出。这些声音不像哭叫声那么明显，似乎是对发音器官的连续使用，它可在哭叫时随发音器官的活动而吐露出来；也可以在婴儿不哭且醒着时伴随身体运动，特别是头部的扭动而发出，并向着某些元音和这些元音与某些辅音的结合的"咿呀作语"声转化。

约从第 5 周起,婴儿也开始发出一些非哭叫的声音,先是发音器官的偶然动作,随后因玩弄自己的发音器官而发出许多非哭叫的声音。最初发出类似于后元音[ɑ:][ɔ:][ɔ:][u][u:]等,然后出现辅音 h, k, p, m 等。这些反射性发声只是用于表达婴儿的饥、渴、喜、痛等感觉,或是某种要求和欲望,对儿童来说并不具有信号意义,所以仍属巴甫洛夫说的第一信号系统而非第二信号系统。

总之,这与哭叫声不同的"咿呀作语"声是婴儿无痛苦通信的第一个重要信号,基本上是传送婴儿舒适状态的信息。在此期间,婴儿发音使发音器官得到了练习,发出更多的元音和辅音,并出现元音与辅音结合的音节。"咿呀作语"在婴儿 6 个月之前伴随着婴儿的自发身体运动(如四肢活动)而出现,6 个月之后则为发声——倾听的间歇所伴随,并经常重复着同样的但日益增多的音节。

(二)咿呀学语阶段

5 个月左右的儿童进入"咿呀学语"期,并将持续半年左右。所谓"咿呀学语"期,就是儿童对类似于成人语言中所使用的那些音节的重复,进而出现与语音极为相似的声音,并能将辅音和元音结合连续发出,如 ba-ba、ma-ma, da-da 等类似"爸爸""妈妈"等单音节语音。以后,婴儿将逐渐习得其他的辅音和元音。元音习得顺序一般是从前元音开始,然后依次是中元音和后元音;辅音则相反,先是软腭音,然后是齿龈音和双唇音,最后才是齿音和腭音。在这一时期,儿童将学会语言系统所涉及的各类音素。同时,心理学家还发现,到"咿呀学语"期结束,或在此之前,由于儿童先天具有语音感知和辨析能力,所以世界各民族儿童所能感知和发出的各类音素都是相同的,但此后各民族儿童逐渐变得只能感知和发出本民族语言的所有音素了。

婴儿约自第 9 个月起,"咿呀学语"的出现率达到高峰,已能重复不同音节的发音,还能发出同一音节的不同音调。此时婴儿能发出的声音很多,不限于本族语的声音。而且不同种族、不同社会文化环境下生长的所有婴儿发出的声音都很相似,甚至聋儿在此时期也能像正常儿童一样发出咿呀语,只因其缺乏听觉反馈,咿呀语停止得比正常儿童早些。

10 个月左右的婴儿从大量发出的音节中,在"咿呀学语"中曾保存下来一部分语音,构成最初的词语音素。1 岁婴儿不但能发出连续的音节,音调也接近真正的语言音调,模仿和重复增多,某些音节与实物发生联系,词语开始出现。

为了探明咿呀学语和本民族语言习得之间到底存在何种关系,德·波逊(De Boysson-Bardies)等人对母语为粤语和母语为英语的两组婴儿发出的元音做了比较,两组婴儿皆为 10 个月左右。他们发现,说粤语的儿童所发出元音的第一共振峰的平均频率比说英语的婴儿要高些,而第二共振峰的平均频率则要低些。这两者的差异恰好与粤语和英语元音的声学特征及出现频率一致——对两种语言单词中元音分布的分析显示:英语偏向于高/前元音,而粤语偏向于低/后元音。从这项研究的结果可以看到,母语环境对婴儿元音发音的习得过程有不容忽视的影响。元音发音的习得过程是如此,其他音素发音的习得过程也与此相似(即都要受母语环境的影响)。这就表明,在言语准备期,即咿呀学语期结束之前,婴儿已经学会根据母语来调节自己的发音。这项研究还使我们明白,为什么咿呀学语期之前的婴儿能感知和发出世界各种语言的音素,但婴儿长大以后却只能感知和发出本民族语言所涉及的有关音素,而不能再感知和发出其他民族语言所特有的音素。

在言语准备期中，婴儿虽然还不能说出词语，但已开始能对话语进行初步的理解。例如，当婴儿听到"把苹果给妈妈"的话语时，能做出拿苹果给妈妈的反应。此外，婴儿还能通过简单的体态语和手势与成人进行交流。例如，举起双手表示要大人抱，用嘴巴做吮吸动作表示想吃奶；手势则以"指向"为多，一般是食指伸直，其他四指弯曲，指向的功能是提出请求或指认事物，对指向的正确反应是瞧所指物，而不是看食指。据李宇明教授的研究，对于这一时期后半段的婴儿来说，能大致理解（即能基本听懂意思，但还不能够表达出来）的词语约有 200 个，其中名词性词语和动词性词语大致各占一半。这是第二信号系统开始建立的时期，可见，婴儿开始具有初步语言能力是在这一时期的后半段，即在 11 或 12 个月前后。

应当指出，在咿呀学语后期，婴儿不仅逐渐掌握本民族语言的各种音素，还开始习得更复杂的发音方式——音素或音位的组合（即音节和词），也就是说，婴儿开始能说出单个的词。在成人教育下，婴儿渐渐能够把一定的语音和某个具体事物联系起来，用一定的声音表示一定的意思。虽然，此时他们能够发出的词音只有很少几个，但毕竟能开口说话了。从"咿呀学语"期开始，儿童在发音方面需要经过两个相辅相成的过程：一方面要逐步增加符合母语的声音；另一方面又要逐步淘汰环境中用不着的声音。到 1 岁左右，大多数儿童开始产生第一个能被理解的词，这时"咿呀学语"的出现率开始下降，儿童逐渐学会调节和控制发音器官，这是以后真正的语言产生和发展所必需的。这样就为下一个语言发展阶段做好了充分准备（见表 6.1）。

表 6.1 1 岁婴儿能发出的非词声音

年龄	声音
新生	叫喊
1~3 个月	对成人发出"呜呜"声，微笑，发出饥饿、生气、疼痛的叫喊声
3~6 个月	会发出一些单音节，会用声音表示满意或不满意
6~8 个月	发出一些重叠音，咿呀学语，企图模仿某些声音
8~12 个月	发出一些有辅音或元音变化的音节，咿呀学语，或发出一些像句子的语调

二、语言理解的准备

语言理解的准备包括两个方面的内容：语音知觉和语词理解的准备。

（一）语音知觉

单个语音的知觉过程可以分为三个阶段，即听觉阶段、语音阶段和音位阶段。这三个阶段各有不同的加工对象和特点：听觉阶段的主要任务是从原始语音中提取出包含语音识别信息的声学线索；语音阶段的加工是把听觉阶段提取出的声学线索结合起来，辨认出语音；音位阶段的加工是应用音位规则将前一阶段识别出的语音转化成音位。婴儿早期已具备了语音范畴知觉能力，即能听准音且分辨两个语音范畴之间的差别。

何克抗教授认为，语音感知指感受当前输入的语音并完成相应声谱分析的过程。也就是从感觉器官（耳朵）接收到言语的声音信号开始，通过外耳和中耳把声波引起空气振动的机械能加以放大，再由内耳把放大后的机械能转换为电脉冲形式的神经冲动，然后由螺旋神经节细胞的长轴突把反映语音信息的神经冲动传入皮层下的低级中枢，进行逐级加工：第一级（耳蜗复核）→第二级（上橄榄复核）→第三级（下丘）→第四级（丘脑枕），从而完成对当前输入语音的感受和声谱分析过程。

研究表明，婴儿对言语刺激是非常敏感的。不到 10 天的新生儿就能区别语音和其他声音，并对之做出不同的反应。如原先已停止吸奶的婴儿，在听到一段语音后又开始用力吸，并且吸吮速率大大增加，而对非语言的反应则不明显。另有研究发现，一个正在听成人讲话的出生才 1 个月的婴儿，其肌肉运动的停顿和成人语流的停顿同步。这些都表明婴儿对言语刺激的敏感性。

婴儿对言语刺激的敏感性还表现在婴儿具有语音范畴知觉。研究表明，1 个月的婴儿就能在吸吮速率的变化上表现出[b]和[p]这两个属于不同音位范畴辅音的辨别能力。研究者给婴儿听一个人工合成的音[b]，几分钟后，婴儿对此感到厌倦了，吸吮速率就会下降。这时改变原先的声音，使改变了的声音和原来的声音有的属于同一个范畴，有的属不同范畴，然后根据吸吮速率有无变化来推断婴儿有无范畴知觉。研究者分三种情况改变音节：

（1）改变音节的 VOT（Voice Onset Time，即唇松开后和声带颤动之间的延迟时间）以致[b]变成了[p]。

（2）改变原先的 VOT，但仍和原先的[b]属同一范畴。

（3）用相同的声音。

实验表明，在第一种情况下，婴儿吸吮奶的速率有明显增加，而在后两种情况中则没有变化。在第二种情况中，吸吮速率没有变化的事实表明，这两个音虽有差异，但儿童忽略了这种差异。这说明 1 个月的婴儿已显示出语音范畴知觉，即在两个范畴之间的辨别力，而不是在一个范畴之内的辨别力。

语音范畴知觉在理解语言的过程中具有重要作用。因为我们只有忽略大量的语音范畴内的变异才能使语言的理解成为可能。例如，一个人每次发[b]音都有轻微不同，或许在气流强度方面不同，或许 VOT 不同，后跟不同的元音或不同的人发这个音更是不同，而我们总是把它听为[b]，这正是因为我们忽略了范畴内的变异。否则，这些细微的差别就会使我们无法理解别人的语言。

（二）语词理解

八九个月时，婴儿已开始从当前成人输入的语音串中，对单词进行辨别并加以区分，进而表现出能听懂成人的一些话，并做出相应的反应。如果母亲抱着婴儿问"爸爸在哪里"时，儿童就会把头转向父亲。对他说"拍拍手""摇摇头"，他就会做出相应的动作。这种以动作来表示回答的反应最初并非对语词本身的确切反应，而是对包括语词在内的整个情境的反应。这是成人的语声输入，通过儿童皮下的语觉系统进行声谱分析，形成语音串，儿童利用输入语音串中各词汇的音位信息依次访问音位表征库，并进行匹配比较，在沃尼克区完成语音辨析。由于在这个时期内，词在这个情景的一切成分中是最不起作用的，因此，对八九个月的儿童来说，只要保持同样的音调，保持习惯情境的一切成分，而一些常用的词就可以用其他任何词来代替，婴儿就能始终不变地做出相应的反应。在这里，词是无关紧要的。这说明婴儿还不能把词与复合情境区分开来。例如，给 9 个月的婴儿看"狼"和"羊"的图片。每当出示"羊"时，就用温柔的声音说"羊，羊，这是小羊"，而出示"狼"时，就用凶狠的声音说"狼，狼，这是老狼"。若干次以后，当实验者用温柔的声音说："羊呢？羊在哪里？"婴儿就会指画着羊的图片。这时，实验者突然改变说话的语调，用凶狠的声音说："羊呢？羊在哪里?"儿童毫不犹豫地指向画着狼的图片。这说明了什么?说明了这时引起儿童反应的主要是语调与整个情境,如说话人的动作表情等,而不是词的意义。

通常到11个月左右,语词才逐渐从复合情境中分解出来,作为信号而引起相应的反应,这时才开始真正理解词的意义。词是怎样从复合情境中摆脱出来的呢?随着儿童语音辨析系统的发展,儿童对来自外界的话语按音位特征划分词串,单词词义识别日渐清晰,词以外的一切成分的作用逐渐消失,先是儿童的姿势变得无关紧要,然后是环境、说话的人,最后剩下起作用的就只有词了。

这时的儿童对词义能理解,但还不能说出词。这种不能主动说出的语言也叫作被动性语言,被动性语言不能和成人交际。只有当儿童出现主动性语言时,才标志符号交际的开始,这大约在1岁。

儿童在1岁左右讲出了第一批能被理解的词,标志着儿童进入了语言发展期。据现代心理学家研究认为,儿童语言发展主要表现为一个逐渐分化的过程,儿童首先获得笼统的或一般的语言规则,然后逐渐地把这些规则分化为较细致而具体的规则,一直分化到达到成人语言的水平为止。

三、语言交际能力的准备

儿童获得语言之前,用语言及伴随的表情或动作去代替语言进行交往的现象,称为前语言交际。

(一)产生交际倾向(0~4个月)

1周至1个月的婴儿,已经能用不同的哭声表达需要,吸引成人注意,这种交际倾向主要产生于生理需求,如饥饿、身体不舒服。从此逐渐发展起交际兴趣,产生交际倾向。2个月时,交际倾向更明显。婴儿会用微笑、踢腿、改换表情来表达需要。

(二)学习交际"规则"(4~10个月)

此阶段的儿童呈现以下特点:
(1)对成人的话语逗弄给予语言应答,仿佛开始进行说话交谈;
(2)用语音与成人对话时,出现轮流说的倾向;
(3)当一段"对话"结束,婴儿会发几个音主动引起另一段"对话",使交流延续;
(4)学会用不同语调,伴以一定动作表情来表达自己的态度。

(三)拓展交际功能(10~18个月)

10个月后,婴儿已经能通过一定的语音和动作表情的组合,使语音产生具体的语义。从交际的习惯上看,婴儿开始创造相对固定的"交际信号"。不同的婴儿会用经常重复的声音表达某种意思。如儿童发出"yi-yi"音,表示自己发现了好玩的东西;"uu"音表示不合适。

第二节 语言发展期

语言发展在这里是指个体对母语理解和产生的发展过程。儿童的语言发展受生理机制成熟和认知能力发展的制约，呈现出固有的发展顺序和阶段。儿童语言的发展主要是口头语言的发展，表现在语音、语法、语义和语用技能等方面。

一、语音的发展

语音是指语言的声音，和杂乱的声音的不同之处在于它和意义紧密相连，而杂乱的声音毫无符号意义。

儿童语音发展受生理因素、语言因素和环境因素等多种因素的影响，而且在不同时期，这些因素的作用是不同的。在儿童语音发展初期，决定儿童发音正确与否的因素是儿童生理因素，即儿童发音器官的成熟，而其他因素影响较小。在儿童发音器官还未成熟时，对他们进行难度较大的语音训练很难有好的效果。

随着儿童发音器官成熟，在 10 个月左右，婴儿进入了规范化语音阶段。之后，婴儿不但能发出连续的音节，音调也接近真正的言语音调，且不厌其烦的重复也开始增多。我国心理学工作者吴天敏等记录到 1~1.5 岁的幼儿，其发出的连续音节和近似词的音节增多，无意义的连续音节减少，个别儿童已出现齿音，如发 bù-chi，近似"不吃"。

儿童以什么单位来获得语音以及人们以什么来作为儿童语音发展的研究对象呢？20 世纪 70 年代前大部分学者把音位作为儿童语音的获得单位并以此作为研究对象。结果表明，儿童能发出的音位越来越多，它们的出现大致有一个秩序。但这种研究存在很多问题，主要是一个音位有很多变体，它们的困难程度不同，很难确定各变体掌握到什么程度才算掌握了这个音位。

还有学者认为，儿童是通过掌握区别性特征而掌握语音的，一旦儿童掌握两个音位的区别性特征，他们就能迅速把它扩展到所有按这种特征来区别的音位中。如学会了[b]和[p]的对比，同时就学会了[d]和[t]的对比，因为它们都是按是不是浊音来区别的。

现在有不少心理学家认为，在语言发展的早期，儿童不是学习个别的、孤立的单音，而是学习如何说出一个词，他们是通过学习词来学习语音的，是在语音的相互关系中学习语音的。有人提出，儿童必须先掌握相当数量的主动词汇，然后才建立他的语音系统。这也许是使用各个区别性特征的发展规律。

在语音获得过程中，不少心理学家认为，儿童不是被动地模仿成人的语音，而是语音获得的主动参加者。当语音发展到某一时候，儿童获得了把听觉模式转换成自己发音的方法，一般称之为语音规则或语音过程。儿童用这些规则或过程把复杂的单词简化到他可以发出的水平，但由此产生了许多发音上的错误。儿童语音的发展，就是这些简化过程的逐渐减少，直至说出的单词与原型相符。这些规则可以分为两大类：改变与选择。改变包括替代、同化和删除等；选择包括避免发某个音和倾向发某个音。

二、语法结构的发展

儿童掌握了语音，仅仅是在掌握语言方面取得了一个最初的成就，但还不能认为已经掌握了语言。儿童要掌握语言，必须获得语法结构，掌握组词成句的规律。当然，这里所讲的语法结构，不是指语法书上的定义，而是一种自动的应用。儿童掌握的语法结构也有它独特的发展规律。据我国心理学家朱曼殊、武进之、缪小春的研究，认为 2~6 岁儿童的语法结构大致按照以下趋势发展。

第一，从混沌一体到逐步分化。幼儿早期的语言功能有表达情感、意动（语言和动作结合表示意愿)和指物三个方面。最初,这三个方面紧密结合,以后才逐渐分化。

幼儿表达情感的句子往往有省略主语和宾语提前的倾向。造成省略主语的原因可能与儿童思维中的自我中心有关,他们误以为自己明白的事别人也明白,因而把主语省略掉了。而造成宾语提前的原因则与他们在说话时带有强烈的情绪色彩有关,他们往往把容易激起兴趣和情绪的事物当作重点,急于抢先表达出来。

儿童语言中表达感情的另外一种常见的方式是频繁地使用叹词和语气词。幼儿语言表达意动的功能是一种常见的现象,他们讲话时往往一边说,一边做动作,尤其是当语言难以表达的时候,动作总是语言的注释和"图解"。

幼儿语言的指物功能最初并不单独出现,以后随着年龄的增长而开始单独出现,并发展为表达的功能。

幼儿早期的语言不分词性,稍后才能在使用中逐步分化出修饰语和中心语,及名词和动词等词性。

第二,句子结构从简单到复杂。儿童语言中的句子结构也有一个分化的过程,从最初出现的那种主谓不分的单词句到双词句而后又发展到简单句,最后出现结构完整、层次分明的复合句。

单词句是出现在 1~1.5 岁阶段的特定语言,这是人类共有的普遍现象。单词句中的单个的词,实际上是一个句子。这种单词可以表示多种意思,也可以表达多种语态,富有多种功能。双词句出现在 1.5 岁左右,起先发展缓慢,以后急剧加速。双词句是一种有结构的语句,它包括中心词(p)和开放词(o)的结构组成 p+o、o+p、o+ o 和 o 等几种形式。同时,双词句还有一定的语法结构。布朗(R. Brown)认为,儿童的双词句可以表达以下八种语义关系:施事—动作("妈妈—吻")、动作—对象("打—球")、施事—对象(当儿童要求妈妈用玩具娃娃做事时说"妈咪—娃娃")、动作—位置("坐—椅子")、实体—位置("杯子—桌子")、所有者—所有物("爸爸—汽车")、属性—实体("大—汽车")、指示词—实体("那—汽车")。有时,双词句也用来表示"更多"或"没有"(如 more—milk 和 all gone—milk)。到了 2 岁左右,儿童开始使用简单的主谓句、简单的动宾句、简单的主谓宾句和复杂的谓语句。3 岁儿童词汇量猛增,因而句子中的修饰语显著增加,并具有一定的语法规则。3~4 岁儿童的语言仍以简单句为主(61.4%),当儿童的简单句尚不完善时,复合句已经开始出现。复合句在简单句的发展过程中同时平行地发展完善起来(见表6.2、表6.3)。

表6.2 2~6岁儿童肯定陈述句中单、复句比较表

年龄(岁)	句子类型 简单句(%)	复合句(%)
2	96.46	3.54
2.5	90.00	10.00
3	82.57	17.43
3.5	78.45	21.55
4	76.60	23.40
5	59.95	40.05
6	62.85	37.15
总计	75.57	24.43

表6.3 2~6岁儿童复合句类型分布表

年龄（岁）	复合类型			
	联合（%）	主从（%）	多重（%）	紧缩（%）
2	85.7	14.3	—	—
2.5	80.33	19.67	—	—
3	67.46	29.76	2.4	1.2
3.5	79.14	16.55	3.5	0.74
4	70.83	23.21	4.16	1.8
5	78.42	13.35	7.87	0.36
6	79.17	13.06	6.39	1.39
总计	76.92	16.57	5.39	0.98

第三，句子结构从不完整到完整。儿童最初表达出来的句子不仅简单，而且常常不完整，漏缺句子成分或者句子成分排列不合常规。以后，随着年龄的增长，句子日趋完整严密。据研究，2岁组儿童的简单句中完整句占64%左右，3岁占93%，5岁占95%，6岁占98%。儿童最初出现的复合句，大部分也是不完整的（占66%），结构松散不严密，句子意思不明确。如果脱离当时的情景，就很难理解这些话。到了6岁，儿童的句子一般就比较完整了，如说因果复合句时，能说出关联词"因为"等。随着年龄的增加，儿童句子中各成分相互制约。如3.5岁以后的儿童句子中出现介词结构的"把字句"，"小明把书放在桌子上"。这种"把字句"的结构是严格的，"把"字前后两个名词的位置以及它们与动词的关系不能互换。

第四，句子长度由短到长。句子的平均长度（以词为单位计算）也是儿童语言发展的一项指标，2~6岁儿童使用句子的长度随儿童年龄的增长而增长。2岁儿童主要使用单词句（占总句数70%），其次是双词句（占总句数22.4%）；2.5岁仍以单词句为主（占总句数37.96%），但三词句已上升到第二位（占总句数21.6%）；3岁儿童主要使用三词句（占总句数21.5%）；3.5岁儿童的句子长度发展到6~10个词（占总句数21.2%）；到了4岁，儿童使用句子的长度有较大的发展，出现11个词以上的句子。从此开始，这种长度的句子逐年增加，但相对儿童语言的总句数来讲，这种长度的句子还是占少数。

研究人员分析了2~6岁儿童的简单陈述句的平均长度的发展，也发现了这种增加的趋势（见表6.4）：

表6.4 2~6岁儿童的简单陈述句句子长度的发展

年龄（岁）	2	2.5	3	3.5	4	5	6
句子长度（词数）	2.9	3.8	4.6	5.2	5.8	7.9	8.4

一般来说，学前末期，儿童不仅能表达完整的简单陈述句，而且出现了各种句型的复合句；句子的长度增加，语句的结构也较严密。由于儿童对语法的掌握并不依靠专门的语法教学而获得，而是在实际的语言活动中逐渐形成的，他们在使用句子时，并不知道句子构成的

理由。因此，成人在和儿童交际的过程中，使用符合语法的语句将对儿童正确掌握语法有积极的影响。

三、语义的发展

在儿童语言的发展中，语义的发展比语音和语法结构的发展要晚一些，如果4岁前儿童基本上获得了语音和语法结构的话，那么，相应水平的语义要到8~9岁才能获得，这是因为语义的获得与儿童认知水平的发展紧密相关。儿童对语义的理解包括词义的理解和句义的理解两个方面。

（一）词义的理解

前语言期的婴儿能够理解单词的意思吗？虽然绝大多数的孩子直到快满一周岁的时候，才会说出他们第一个有意义的单词，但是父母们却经常笃定地认为前语言期的孩子至少能听懂一些他们所说的话。但是，控制非常严格的单词理解测试说明，前语言期的婴儿即便能听懂一些话，那也是很少很少的。在一个研究中，妈妈告诉11~13个月的孩子看一些对他们来说很熟悉的物体。妈妈不能看，也不能用任何手势，或其他非语言性的提示来吸引孩子的注意力。研究发现，绝大多数11个月大的孩子不能理解单词的意思，因为，他们看错误的物体和看单词代表的物体的可能性差不多。而13个月大的孩子确实能够理解代表那个物体的单词的意思，因为当他们听到一个单词时，他们很专心地看着单词代表的物体；他们基本上不看其他错误的物体（Thomas, et al., 1981）。实际上，有研究者（S. Oviatt, 1980）认为：12~17个月的孩子早在他们能运用一些名词和动词之前，就能理解这些名词和动词的意思。因此，婴儿对语言的理解似乎早于他们对语言的表达。无论具体结论有什么差异，有一点是公认的，即接受性语言（理解）要早于生产性语言（表达），在出生后的12或13个月出现，也许更早。

年幼的儿童在不能马上明了单词所代表的物体的情况下，是如何知道这些新单词的意思的呢？这是一个非常富有挑战性的问题。

阿赫特（N. Akhter）和她的同事们（1996）认为2岁的孩子已经具有对社会和背景线索的特殊的敏感性，这样有助于他们判断那些新的词语是指什么。为了证明这一点，阿赫特让2岁的孩子和两个成人一起玩三个没有名字的物体，这些物体对孩子来说是很不熟悉的。然后一个成人离开，并又增加了第四个没有名字的物体。不久，刚刚出去的那个成人回来，然后她说："看，我看到了一个gazzer!一个gazzer!"但没有指出或表示出任何线索来表明她指的是这四个中的哪一个，即"gazzer"可以指这四个未命名的物体中的任何一个。但是，这些2岁孩子中相当一部分人正确地推断出说话者指的是哪个物体。当要求他们把"gazzer"拿出来时，他们拿起了新的那个玩具（对说话者来说是新奇的，而对他们来说并不新奇）。他们意识到那个成人前面没看到第四个物体，从而假设她肯定在谈论那个对她来说是新的物体。

儿童对词义的理解有一个从混沌到逐渐分化的过程，在这个过程中，经典性条件反射和操作性条件反射都对词的理解发生作用。例如，当儿童想伸手拿一件东西时，成人说一声"不"，同时拍打一下儿童的手，经过一定次数的强化，以后只要说一声"不"，就能引起儿童缩手的反应，这表明儿童已经理解了"不"这个词的意思，这是经典性条件反射对词的理解发生作用。再如，如果儿童发一个近似于 ná 的音，成人便及时向他们提供食物。这样，儿童饥饿时便有可能发出类似的音。

儿童在理解词义时往往采用一定的策略，研究者归纳结果如表6.5所示。

表6.5 能指导婴儿推断新单词意思的一定策略或限制

限制原则	描述	举例
物体范围限制	假设单词指的是整个物体，而不是物体的局部或特性	孩子总结出：单词"Kitty"指的是他看到的这个动物，而不是指动物的耳朵、尾巴、喵喵的叫声或它的颜色
分类限制	假设表示相似物体的种类的单词，它们有共同的感官上的特征	孩子总结出：单词"Kitty"指的是他看到的这个动物，而且也包括那些小小的、有毛的、四条腿动物
词汇比较限制	假设每个单词有一个唯一的意思	已经知道"狗"是什么的孩子，如听到用"dalmatian"（达尔马提亚狗）等名称来命名一只狗的话，那么它就假设这个名词指的是一种特殊的狗（从属等级）
相互排斥	假设每个物体只有一个名称，不同的单词指的是独立的、没有交叉的类别	已经知道"狗"是什么的孩子，如果听到别人说"看那只在追猫的狗"，他就会假设"猫"指的是那只在逃跑的动物

儿童对大量早期词的理解和使用，与成人有很大程度的差异，表现为词义的扩张和缩小两个方面。

儿童最初使用一个词时，容易倾向于过分扩张，并包含了比成人更多的意义。如"狗"这个词，首先学会专指一只狗，然后被用来指所有四条腿的小动物，或指所有会活动的小动物，或指带毛的小动物等。产生这种现象的原因是儿童思维过程的发展不足和缺乏经验，只运用一个或几个特征作为认识和理解的标准。当增加了特定的特征后，儿童理解词义的范围逐渐缩小，比如，在扩张地理解"狗"以后，再学一个词"乳牛"时，儿童必须对词义的标准增加其他特征。作为乳牛，儿童或许会增加牛的叫声的特征、大小的特征和形态的特征，因此也相应地增加了对狗的概念的理解。随后，儿童就学会了更多的词用以代替他原先保留的那个"狗"的词义的一部分，而逐渐缩小了对狗这个词义的理解范围，直到最后接近成人所理解的词义为止。从以上例子中我们可以看出，儿童理解词义是一个不断分化的过程。

3~4岁时，儿童对词义的过度扩张现象就不太明显了，但对紧密相关的词还是容易混淆。对于这类问题，只有在增加每个词的特定特征时，儿童才能区分它们的不同词义。

儿童具有词义扩张倾向的同时，还有词义缩小的倾向，即儿童常常把他初步掌握的词仅仅理解为最初与词结合的那个具体事物。这种缩小倾向与扩张一样，都表明儿童最初对词义的理解是混沌的、未分化的。只有经过一定的发展，儿童才能从具体到抽象地逐步掌握词义。在大量的语言实践中反复应用词语，也是儿童理解词义的一个重要途径。在上下文特定的语言环境中学习新词的意思，理解和掌握它们，这对于年长儿童来说会变得越来越容易。在不断的实践中，儿童所拥有的词汇量迅速增长。图6-1是1~5岁儿童词汇增长的示意图，它反映了这种突飞猛进的趋势。

我们知道，词分为实词和虚词两类。汉语中的实词包括名词、动词、形容词、数词、量词、代词六类，而虚词包括副词、介词、连词、助词、叹词等。这些词类在儿童语言中出现的频率是不同的。朱曼殊等人的研究（见表6.6）揭示了以下特点：

（1）在儿童的口头语言中，名词和动词占有相当大的比例。在以后的发展中，由于其他词类的增加，名词和动词在总词汇中的比例有所下降（见图 6-2）。名词中以代表具体形象的词出现在先，抽象概括的词出现在后。动词以表示动作的词出现在先，表示愿望的词（除"要"以外）出现在后。

（2）随着词语的丰富，那些便于发音、具有象征性的简单象声词（如"觉觉""饱饱"之类）不断减少，而较复杂的抽象代词、介词等的比例逐渐增加，尤为突出的是代词和副词。

（3）数量词随儿童思维能力的提高而不断递增。2 岁左右儿童的口语中没有序数词，数词比例也少（0.06%），到了 6 岁，数词比例增加到 4.6%。

（4）6 岁以前儿童（包括 6 岁）口语中连续词发展较缓慢，但有个别差异。

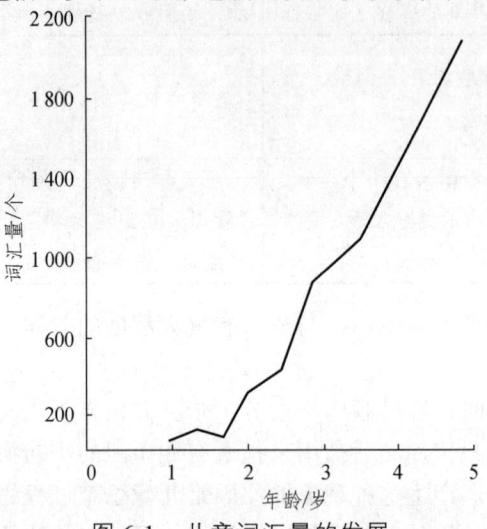

图 6-1　儿童词汇量的发展

表 6.6　2~6 岁儿童各种词类比例（%）变化表

年龄/岁	2	2.5	3	3.5	4	5	6
名词	32.8	29.6	26.0	22.4	22.9	22.5	22.3
动词	29.8	27.3	29.5	27.4	26.2	25.2	24.4
语气词	12.8	9.3	8.6	7.9	7.7	7.2	6.6
副词	6.4	7.0	7.1	8.5	8.3	9.7	11.6
代词	5.7	13.6	13.7	14.8	15.6	14.1	12.8
形容词	4.3	5.1	4.2	5.5	5.8	4.8	3.7
象声词	2.6	0.3	0.4	0.2	0.1	0.1	0.1
助词	2.2	2.6	3.2	3.0	2.6	3.1	3.5
助动词	1.0	1.7	2.3	2.3	2.4	2.2	1.0
叹词	0.8	0.3	0.7	0	0.3	0	0.1
量词	0.7	1.2	1.9	3.9	3.3	4.9	5.9
数词	0.6	1.0	1.3	2.1	2.7	4.1	4.6
介词	0.3	1.2	1.1	2.0	2.1	1.9	2.8
连词	0	0	0.2	0.2	0.2	0.3	0.7

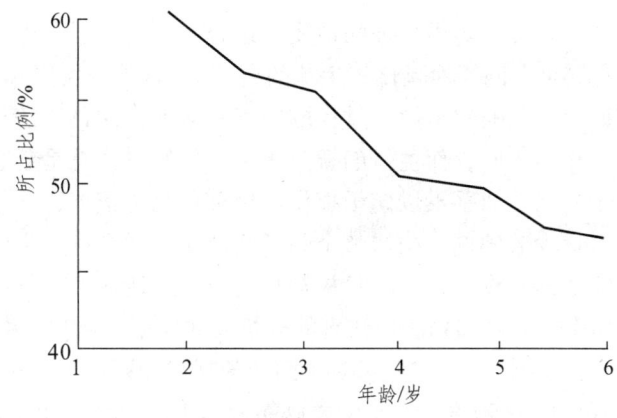

图 6-2　2~6岁儿童名词、动词占总词汇的比例

研究表明，儿童对词义的理解，不仅受思维水平的制约，而且也受情绪的影响。

（二）句义的理解

影响儿童理解句义的因素是多方面的。朱曼殊等人研究发现，同一句型中主语、宾语名词的性质及组合方式对儿童理解句义都是有影响的。研究者注意到儿童对句子中代词的理解与对整个句子的理解紧密相关。如果句子中主要人物的作用和关系不明确，就不可能正确领会整句的意思。因此，研究者确定将儿童对代词"ta"（他、她、它）的理解作为指标，检查被试对句子的加工情况。实验用的刺激变量采用三类句子。第一类为主动语态复合句，如："小兔子偷走了农民伯伯的萝卜，'ta'把萝卜藏在草堆里。"待儿童听清楚以后，问："谁偷走谁的萝卜？谁把萝卜藏在草堆里？"第二类为被动语态复合句，如："小明被小强撞倒在地上，老师把'ta'扶起来。"问："谁撞倒了谁？老师扶谁？"第三类是与常理不符的被动复合句，如"李医生被小明送到医院，'ta'生了急病。"问："谁送谁进医院？谁生了急病？"实验对象为5~7岁儿童（7岁儿童又分甲、乙两组）和11~18岁聋哑儿童，补充实验又抽取了4岁、8岁、9岁和10岁四个年龄的儿童。结果包括以下三点：

（1）句型因素对理解水平的影响比较显著。5岁组和6岁组对第一、二两类句型的理解力有显著差异，对主动句的理解远远胜过对被动句的理解。5岁组和6岁组儿童在经常使用主动句的过程中，已经形成了把句子中的名词—动词—名词的次序当作施动者—动作—受动者的理解策略加工。这种策略适合主动句，涉及被动句时，必须及时作智慧逆转，否则就会理解错误。这就是儿童在被动句上往往出错的原因。7岁儿童已经能按不同句型结构作不同的加工，因而对于他们来说，第一、二两类句型因素影响不大。

（2）主体的认知格式对理解句子的影响很关键。7岁甲组和聋哑组对第二、三两类句型的理解水平也有显著的差异，虽然两类都属于被动复合句，但第三类句子所反映的人物关系与被试已经形成的一般认知格式不一致，这时候儿童还不能通过对新刺激的顺应来改变已有的认知格式，而总是用自己已有的格式去同化新的刺激，因而产生了强烈的主观期望效应，导致错误率增加。对于第三类句子，4岁儿童已经表现出受已有格式的束缚，不顾句法信息和全句内容的影响。7~8岁的儿童表现了在句法信息与已有格式之间的矛盾，因而犹豫不决。到了10岁时能完全摆脱已有格式的束缚，并通过对句子内容的合理化揭示来顺应新的刺激，为进一步揭示句子理解过程的实质提供了有意义的线索。

（3）在同一句型中，主语、宾语名词的性质和组合方式也是影响理解过程的因素。句子中的主语和宾语如果是同类、同级而且比较生疏的名字，就容易引起混淆。

总之，这项研究证明，影响句子加工过程的因素是多方面的，句法信息和语义信息在不同的句子条件下引起的作用不同，而主体的智慧水平或认知格式总是起着决定性的作用。研究还表明，儿童对句子的加工似乎不以句子提供的全部信息为依据，而往往只借助于最少量的必要信息，有时只根据少数的词去构造整个句子的意义。如在第二类的句子中，往往只根据一个名词和动词来完成测验作业，有时只根据自己对句子所涉及事物的已有知识来推测句子的意义，而并不对句子的语词和句法作认真的分析，如在第三类句子中所表现的那样。

我国心理学家缪小春研究3~7岁儿童对疑问句的理解和回答（1986），发现大部分3岁儿童对"什么""谁"和"什么地方"三类问题已能做出正确回答。大部分4岁儿童能正确回答"什么时候"和"怎样"的问题。5岁儿童大部分能正确回答"为什么"。这一研究与国外研究结果基本相符。

缪小春还研究幼儿对某些复句的理解（1989）。向学前儿童呈现带有"还""不是……而是……""不但……而且……""或者……或者……""不是……就是……""如果……那么……""只有……才……"七种连词的句子，要求儿童根据句子的意思取出各种形状和颜色的木块。结果发现，4岁儿童基本理解含有"还"和"不是……而是……"的并列复句，6岁儿童基本理解"不但……而且……"的递进复句和"如果……那么……""只有……才……"的条件复句。对于选择复句，6岁儿童还没有达到基本理解的水平。

儿童对这些复句的理解一方面与复句反映的复杂性和认知活动的难度有关，另一方面与语言表达的方式有关。在另一项研究中，研究者还发现6~7岁儿童基本上能理解因果复句和条件复句，8岁儿童的理解能力又有所提高，但仍未达到完全理解的水平。

总的来说，儿童对句子的理解是以儿童的认知发展为基础的。随着儿童认知水平的提高，语言也得到相应发展。但儿童的认知发展与语言的发展不是同步的。语言的习得取决于儿童对语义的内容和概念的反应能力，而且语言的表达形式有易有难，儿童对其掌握也有先有后。儿童对语言的理解在很大程度上与他们自身的生活经验有关。对内容熟悉的句子，儿童的理解正确率高，反之，准确率则较低。

四、语用技能的发展

语用技能是指个体根据交谈双方的语言意图和所处的语言环境有效地使用语言工具以达到沟通目的的一系列技能，主要包括听和说两个方面。说者必须善于吸引听者的注意，讲话的内容和方式必须适应听者的水平和需要，并根据听者的反馈以及不同的交谈情境随时调整自己的言语等。听者必须能从直接的和间接的言语中推断出说话者的意图，需能对所听到的信息的可靠性和明确性做出判断和估计，并给予及时反馈。

（一）说话语用技能的发展

研究发现，1岁前的婴儿已能用指点、姿势说明物体的存在或请求得到某物体，同时还能检查自己的姿势能否引起成人对该物的注意。在单词句和多词句阶段，婴儿能进一步把词和姿势结合起来成为有效的交流方式，同时还能用不同语调来表示自己的意图。2岁的婴儿已表现出巧妙的交流能力，他们能谨慎地选择交流的情境，有效地引起对方的注意；能在交流过程中知觉到交流情境中出现的问题，对谈话做出相应的调整，如当视觉上有障碍物时就比情境顺利时讲得较详细些；他们还能根据听者的反馈对谈话做出调整，如发现听者没有反应时，儿童会重复所说的话（Wellman，et al，1985）。例如，以下是1名2岁10个月的幼儿与母亲的对话：

子：妈妈，今天，不买棒棒糖。（否定陈述作为试探）
母：好，乖孩子。
子：吃棒棒糖烂牙齿呢。（面子策略）
母：对，糖吃多了烂牙齿。
子：妮妮的牙齿烂了，看我的牙没有烂。（发出暗示性的请求）
母：就是，因为她吃的棒棒糖太多了。
子：口香糖可以吃吧？（故意忽略母亲强调的种属概念"糖"而代之以具体事物）
母：口香糖可以吃，但是今天不能买。口香糖吃多了也会烂牙的。
子：那好吧。

在上例中，孩子就是根据交际对象（母亲）发出的是否已经接收到信息的反馈情况，及时调整说话内容和方式。

又如，1名两岁半的儿子与母亲的一段对话——
母：儿子，爸爸爱你还是妈妈爱你？
子：爸爸爱我，妈妈爱我，爸爸妈妈都爱我。
母：你爱爸爸还是爱妈妈？
子：我爱爸爸和妈妈。

在上例中，孩子不仅理解了母亲问话的真正意图，而且向母亲传达了自己对爸爸和妈妈的爱是对等的信息。面对"二选一"式的选择性问题，第二次依然做出了策略性应答，用一种策略性表述方式既令妈妈高兴也取悦了爸爸，足以证明孩子无形中有一种很好的语用意识。

4岁时，幼儿的语用技能得到进一步发展，已初步学会了有效交流的基本规则之一，即必须使自己的话语适应听者的水平，如对成人讲话时更多表达自己的想法，想从成人那里得到信息或帮助；而对比自己年幼的儿童说话时，更多的是告诉对方有关的事情，表现得更自信。良好的语用技能的培养还要求说话者根据事物所处的具体情境调节自己的言语。五六岁的儿童已开始学会适应这种技能，但还不完善，7岁幼儿已能够熟练掌握。如对同一块积木，7岁幼儿能根据自己说话的具体情境有时称之为黄积木，有时称之为圆积木，有时称之为大的黄色圆积木等。

（二）听话语用技能的发展

幼儿期听话语用技能有了一定的发展，埃森和夏皮罗（Eson & Shapiro，1980）研究发现，四岁至四岁半的幼儿，即使在说者话语的字面意义提供线索很少的情况下，也能推测出说者的意图。但总体而言，幼儿的听话语用技能在很多方面发展水平还很低。幼儿对话语中讽刺意图的理解能力，以及对诚实话和讽刺话、嘻嘻话和侮辱性的话的辨别能力还很差。这主要表现为幼儿常把成人的反话当作正面话理解。例如，幼儿擅自过马路时，妈妈说"你再往前走走看"，他就真的往前走，并没有意识到此情境中他是不应该再往前走的。

第三节 语言获得的理论

关于儿童语言获得的观点和理论,影响最大的有以下三个方面。

一、后天环境论

后天环境论认为,儿童语言能力完全是后天获得的,是由后天的经验形成的。如英国哲学家约翰·洛克(John Locke)所言,人类的任何知识(包括语言)都不可能超越于经验之外。行为主义心理学派不仅继承了这种经验主义的观点,而且进一步发展了这一观点。

众所周知,行为主义心理学只把外显行为作为研究对象,认为行为是对刺激所做出的反应,是由条件反射的形式所组成的过程,是多次重复和强化的结果;而语言不过是"词语的行为",所以同其他行为一样,是通过一系列"刺激—反应"过程在后天学到的,并且认为,儿童是通过重复他所听到的话而学会说话,父母的夸奖能使儿童说话的能力得到增强。

事实上,言语行为是相当复杂的,它既受语言交互环境的制约,也受说话人自身心理因素的影响,绝不可能归结为简单的"刺激—反应"过程,不可能像行为主义者所设想的那样——控制刺激就可以控制反应、预测反应,就可以控制和预测人的各种语言行为。许多语言学家通过长期观察与实验也证明,儿童的语言能力主要是通过人际交往获得的,虽然有时儿童也有重复或模仿大人说话而得到夸奖的情况,但这绝非儿童获得语言的主要途径。在20世纪"后天环境论"曾一度流行。

二、先天决定论

当代比较有影响的先天决定理论有两种:以乔姆斯基(N. Chomsky)为代表的"LAD理论"和以伦内伯格(E. H. Lenneberg)为代表的"关键期理论"。

(一)LAD理论

同后天环境论相反,乔姆斯基认为,儿童有一种受先天遗传因素决定的"语言获得机制"(Language Acquisition Device,LAD)。为了说明这种机制是如何影响婴幼儿对母语的获得过程,乔姆斯基于1988年提出了一个基于普遍语法(Universal Grammar,UG)的语言获得模型。

在此模型中,婴幼儿对母语的获得过程被描述为:"普遍语法(UG)有确定的参数,这些参数可通过经验以某种方式固定下来。我们可以把语言能力看成是一个错综复杂的网络,该网络与一个包含开关矩阵的开关盒相连接,这些开关可以在两种状态之间转换。在系统运行之前,必须先对开关进行设置。一旦这些开关设置成某种允许的工作方式,系统就按其自身的性质工作。不过,取决于开关设置方式的不同,系统的功能也有所不同。这个固定的网络就是普遍语法的原理系统,开关值就是由经验所确定的参数。向正在学习语言的儿童呈现的数据必须能满足以某种形式设置开关的需要。开关设置以后,儿童就掌握了一种特定的语言并了解该语言的事实——一个确定的表达具有确定的意义,等等。这样,语言学习就是确定普遍语法中待定参数值的过程,就是确定使网络运行所需开关值的过程。……除此以外,语言学习者还必须发现语言的词汇项及其特性。……语言学习并不是儿童实际在做什么事情,而是处于某种适宜环境中的儿童发生了什么事情，就像儿童的身体在适宜的环境刺激和营养条件下，按预定的方式生长和成熟一样。"

由此可见，按乔姆斯基的观点，儿童获得语言的过程实际上是儿童主动地发现并确定普遍语法中待定参数及相关词汇项的过程。儿童是主动生成与发展语言的主人，而不像后天环境论者那样，把儿童看成只会对刺激做出被动反应的模仿者。儿童不是通过一个一个的句子来掌握语言的，而是通过普遍语法体系的一系列规则来掌握语言——只要参数一设定，普遍语法体系就被确定。乔姆斯基认为，这就是所有儿童都能在较短时间内快速掌握各自母语的根本原因。

尽管乔姆斯基的 LAD 理论和后天环境论相比有上述优点，但目前尚未被学术界普遍接受。主要原因是它还存在以下两方面的不足：

第一，乔姆斯基关于婴儿先天存在"语言获得机制"的论点是思辨的产物（乔姆斯基并未对此提供脑神经生理学的证据），大脑中是否先天就存在处理普遍语法的神经生理机制，目前还只是假说，尚有待证实。

第二，对后天语言环境的作用重视不够。如上所述，乔姆斯基认为，儿童获得语言的过程是儿童主动地发现与确定普遍语法中待定参数及相关词汇的过程，而在这一过程中并不要求"儿童实际做什么事情"，只要"处于某种适宜环境中"，儿童自身就会发生该发生的事情，"就像儿童的身体在适宜的环境刺激和营养条件下，按预定的方式生长和成熟一样。"乔姆斯基认为，儿童获得语言的过程并不要求儿童实际去学习语言（不要求"儿童实际做什么事情"），只要能让儿童置身于"某种适宜的环境"就可自动获得语言能力——就像身体在适当营养条件下的自动生长、发育一样。这里，虽然也提到了要有"某种适宜的环境"（表明乔姆斯基并没有完全否认环境的作用），但是在乔姆斯基的全部理论中对环境如何具体影响儿童语言的生成与发展却很少涉及，其理论的基础及侧重点始终是放在先天机制上，似乎儿童只要利用环境中接触到的部分语言现象和语言材料，就能凭借先天的语言获得机制，像语言学家那样从输入的语言素材中发现语法规律，从而获得语言。

（二）关键期理论

当代比较有影响的另外一种先天决定论是伦内伯格的"关键期理论"。1967 年伦内伯格发表了他的重要著作《语言的生物学基础》(The Biological Foundation of Language)。在该书中，他提出一套用于判定一种能力是否属于"先天能力"的准则，这套准则包括以下六条：

（1）与这种能力相关的行为在需要之前就已出现；

（2）它的出现并非是有意识决策的结果；

（3）它的出现不是靠外部事件激发的，但是必须为能力的发展提供理想的环境；

（4）直接教学与强化训练对这种能力的发展影响甚微；

（5）这种能力的发展具有明显的阶段性并与年龄及其他方面的发展水平有关；

（6）这种能力的获得有一个"关键期"(Critical Period)，过了这个关键期，要想掌握这种能力是非常困难的。

伦内伯格认为人类的语言能力完全符合这套准则的要求，所以是先天的。伦内伯格先天决定论的基本思想是把儿童的语言发展看成是受发音器官和大脑等神经机能制约的自然成熟过程。伴随年龄的增长，儿童的发音器官和大脑的神经机能逐渐成长发育。当和语言有关的生理机能发展到一定的状态时，只要受到适当外界条件的激活，潜在的与语言相关的生理机能就可以转变为实际的语言能力。所以，儿童语言能力的获得是由先天遗传因素决定的。伦内伯格还指出，在儿童发育期间，语言能力开始时是受大脑右半球支配，以后逐渐从右半球转移到左半球，最后才形成左半球的语言优势（左侧化）。伦内伯格认为，左侧化过程发生在2～12岁，并强调这是儿童语言发展的关键时期：在这一时期之后，如果大脑左半球受损，将会造成严重语言障碍，甚至终生丧失语言能力；如果是在这一关键时期的开始或中间阶段（即左侧化完成之前）左半球受损，则语言能力将继续留在右半球而不受影响。这就是伦内伯格关于儿童语言发展的"关键期理论"，也有文献称之为"自然成熟说"。

  从当前脑神经科学研究的进展来看，伦内伯格关于儿童发育早期（4～5岁之前）语言能力是受右脑控制的观点是值得商榷的，至少还没有得到实验证据的支持。目前比较公认的看法是：儿童在青春期之前（尤其在10岁之前），大脑两半球都具有发展语言的潜在机能，在语言能力发展上两半球是处于竞争状态，这时尚不存在单侧优势。只是随着年龄增长和社会交往的增加，对言语能力要求愈来愈高，需要相关神经机制更为精细地调节与控制，加上人类的大脑结构有天生的不对称性（Wada等人对若干胎儿大脑的研究表明，其左半球的颞叶均比右半球颞叶略大，而颞叶正是与话语理解密切相关的部分），最后才在两半球竞争过程中逐渐形成左半球的言语功能优势。尽管有这类争议，但是就伦内伯格的"关键期"理论本身而言，我们还是应当给予充分的肯定和高度的重视。事实上，儿童获得语言具有"关键期"（也称最佳敏感期），现在已不再是一种"假说"，而是已得到许多实验与观察证实。

三、先天与后天相互作用论

  先天与后天相互作用理论以加拿大心理学家唐纳德·赫布（Donald Hebb）为代表。他认为，婴儿在出生时就对人类言语的声音模式具有特殊敏感性，这是因为婴儿脑中具有接收、理解和生成言语的特殊结构。但是要使这种结构产生言语功能，还需要有适当的环境和经验的作用。这就是说，人类之所以有言语功能，一方面是因为大脑中先天就有专司言语功能的特殊结构（语言中枢），具有处理抽象语言符号的能力，另一方面则是因为后天经验的作用和语言环境的影响。目前，赫布的上述观点已为国际学术界所普遍接受。以这种理论建立的基础——假定大脑中具有专司语言功能的特殊结构（语言中枢）为例，迄今为止，通过脑神经解剖，发现大脑中确实存在以下四种语言中枢。

  （一）语言表达中枢

  位于大脑皮层左半球的额下回（即第三额回）后部。其主要功能是口语表达，这一区域若有损伤，会发生典型的"口语表达性"失语（失语症）。这时患者不能组成正常的言语，说话缓慢费力，语言贫乏，严重时缄默无语。多数患者能说出单词，但发音不清，造不出完整句子——类似电报语，并有不自主的言语重复。这一言语中枢最早是由法国神经外科医生保罗·布洛卡（Paul Broca）于1861年发现，所以通常也称之为"布洛卡区"。

  （二）语言感受（语言理解）中枢

  语言感受中枢包括大脑皮层左半球颞上回、颞叶后部以及顶叶在内的广阔区域。其主要功能是语言理解，这一区域如有损伤，患者尽管能主动说话，听觉也正常，但却听不懂别人的话语，也听不懂自己所说的话。由于这一语言中枢最早由德国神经生理学家卡尔·沃尼克（Garl Wernike）于1874年发现，所以通常也称之为"沃尼克区"。

（三）语言阅读中枢

位于大脑皮层左半球顶叶的沃尼克区后部（角回区）。其主要功能是把语言转换为视觉信息，使人能写下听到的话语；又能把文字信息转换为语音，使人能诵读诗文，从而在书面语的视觉表象与口语的听觉表象之间建立起联系。所以，一般把"角回区"称作是书面语和口语之间的"桥梁"。角回区损伤，视觉表象与听觉表象之间的联系就中断，书面语就不能转换为有声口语，形成书面语阅读障碍——过去认得的文字现在读不出它们的音，成了一堆毫无意义的符号；患者能说出听到的词，却不能说出看到的词。这种阅读障碍，就是所谓"失读症"，所以，角回区就被认为是"语言阅读中枢"。

（四）语言书写中枢

位于大脑皮层左半球的额中回（即第二额回）后部。其主要功能是书面语表达。这一区域处于大脑皮层左半球的头、眼和手的运动投射区内，促进人的头、眼和手的活动。这一区域若受损，将使患者形成书写障碍，造成"失写症"。由于书面语和口语都是内部语言的外部表现（只是表现形式有所不同），所以书写中枢和表达中枢（布洛卡区）之间有密切联系：当书写能力有较严重障碍时，说话也往往有些困难；反之，当口语表达有较严重障碍时，书写能力也会轻度受损。事实上，如上所述，语言表达中枢和语言书写中枢二者都在左半球的额叶部分，前者在额下回，后者在额中回，彼此互相邻接。这就不难理解，为什么当这两个语言中枢之一有损伤时，会对另一中枢的功能产生影响。

上述四个语言中枢，正好是和"说、听、读、写"四种言语能力相对应的。可见，唐纳德·赫布所提出的关于人类大脑"具有接收、理解和生成言语的特殊结构"的观点已得到脑神经解剖学的支持，所以是比较科学的、可信的。

值得一提的是，唐纳德·赫布所提出的"先天与后天相互作用"的理论，虽然有其科学性，并已得到国际学术界的普遍认可，但是还是比较粗糙，未能科学地阐明儿童获得语言的具体过程，尤其是它还不能令人信服地解释本书开头所提出的关于儿童语言发展的最核心、也是最关键的问题——"为什么任何民族的四五岁儿童都能无师自通地掌握包含数不清的语法规则变化的本民族口头语言？"乔姆斯基的LAD理论虽能对这一问题做出比较令人信服的解释，但是LAD理论赖以建立的基础——"人脑中先天就存在处理普通语法的神经生理机制"，这一关键问题多年来一直没有能得到证实，从而使人们对LAD理论始终持怀疑态度。其他几种理论也有各自的优缺点，其中有些优点还比较突出，但是又无法解释上述核心问题，更不能直接用来指导我们第二语言教学的创新探索实践。

思考练习题

1. 影响儿童语音发展的因素有哪些？

2. 分别观察和记录 1 名婴儿和 1 名幼儿的语言发展情况（每人至少观察 10 分钟），结合本章内容，分析儿童语言发展规律。

3. 儿童语法结构发展的一般趋势是什么？

4. 儿童语言获得理论有哪些？其各自主要观点是什么？

5. 请各选择 2 名 3~3.5 岁、4~4.5 岁、5~5.5 岁的幼儿，记录他们讲述的"有趣的事"（各讲 3 分钟），运用本章所学内容，分析他们语用技能的发展情况。

第七章 学前儿童智力的发展

在中国文学史或艺术史上，常常有几"绝"的说法。最多的是"三绝"，指的是诗、书、画三绝。所谓"绝"，就是超越常人，用一个现成的词儿，就是"天才"。可是，如果仔细分析起来，这个人在几绝中只有一项，或者两项是真正的"绝"，为常人所不能及，其他几绝都是为了凑数凑上去的。因此，所谓"三绝"或几绝的"天才"，其实也是偏才。

——季羡林

案例展示

聪明的阿基米德

阿基米德（公元前 287 年—公元前 212 年），是古希腊伟大的哲学家、物理学家和数学家。相传，赫农王让工匠给他做了一顶纯金的王冠，但是做好了以后，他却怀疑工匠在王冠上做了手脚，侵吞了他的黄金，但是，王冠已经做好了，不能够破坏这顶金冠。从质量上看，这顶王冠的重量与给工匠的黄金重量一样。这可难倒了各位大臣，大家一商量，决定请阿基米德来鉴定这顶王冠。刚开始，阿基米德并没有想到解决的办法，十分苦恼。有一天，他在家洗澡，当他坐进澡盆里时，看到水往外溢，他从浴盆中站起来，浴盆四周的水位下降。突然，他想到了可以利用测量物体在水中排水量的方法来确定金冠的体积。他兴奋地大喊："我找到了，我找到了！"他把王冠和同等重量的纯金放在盛满水的两个盆里，比较两盆溢出来的水，发现放王冠的盆里溢出来的水比另一盆多。这就说明王冠的体积比相同重量的纯金的体积大，密度不相同，证明了王冠里掺进了其他金属。最终，阿基米德浮力定律被发现，即物体在液体中所获得的浮力等于它所排出液体的重量，即 $F=G$（式中，F 为物体所受浮力，G 为物体排开液体所受重力）。

第一节 智力的一般理论

一、智力的概念

心理学中智力的概念最早起源于西方，智力的词源来自拉丁文，本意是召集、集合的意思，14 世纪被引入英文，后引申为敏锐、机灵和聪明的含义。1879 年，冯特在德国莱比锡大学建立世界上第一个心理学实验室，标志着科学心理学诞生，智力一词也随着科学心理学的产生和发展逐渐普及开来。智力是个体差异的重要表现，但智力的概念在心理学界并没有统一的定论，可谓是仁者见仁，智者见智。正如美国心理学家斯腾伯格所说："智力是最难理解的概念之一。"[①]一般来说，智力反映的是个体认识客观事物并运用知识成功解决实际问题的

---

① [美]R. J. 斯腾伯格：《超越 IQ：人类智力的三元理论》，俞晓琳、吴国宏译，华东师范大学出版社 2000 年版。

个性心理特征,也称为智慧、智能。在我国传统心理学研究当中,与能力的意义也基本等同。智力是个体差异的重要构成部分,反映的是个体在成功完成活动效率方面的差异性。从心理学的角度出发,智力的概念大概有以下一些具有代表性的观点:

(1)英国科学家弗朗西斯·高尔顿认为,"智力是人类生而具有的,一定程度的一般心理能力"。

(2)法国心理学家比纳认为,"智力是抽象思维能力、学习能力或者适应环境的能力"。

(3)美国心理学家刘易斯·推孟将智力定义为抽象思维能力。

(4)德国心理学家斯腾认为,"智力是指个体有意识地以思维活动来适应新情境的一种潜力"。

(5)瑞士心理学家皮亚杰认为,"智力的本质就是适应,使个体与环境取得平衡,这种适应不是被动、消极的,而是主动的、积极的"。

(6)美国心理学家斯腾伯格认为,"智力主要由言语能力、解决问题能力和实践能力组成"。

(7)苏联教育家赞可夫认为,"智力的主要内容是观察力、思维力和实际操作能力"。

(8)中国心理学家朱智贤认为,"智力是人的个性特点,是偏于认识方面的特点,包括个人的感知记忆能力或才能,个人的抽象概括能力或才能,独到性地解决问题的能力或才能"。

(9)中国心理学家林崇德认为,"智力应由思维、感知(观察)、记忆、想象、言语和操作技能组成,其中操作技能既是能力的组成因素,又是智力的基本成分"。

综上所述,我们认为,智力不仅包括个体在感知觉和注意等基本心理活动方面的效率,也包括了更为高级的心理活动方面的效率,如观察力、记忆力、想象力、分析判断能力、思维能力、决策能力、应变能力、问题解决能力和创造能力等。

二、智力结构理论

(一)斯皮尔曼的二因素理论

1904年,英国心理学家斯皮尔曼提出了智力结构二因素理论。他在对心理测验材料进行统计分析的基础上,采用因素分析的方法,提出了智力结构是由两种因素组成的,这两种因素分别为 G 因素(一般因素)和 S 因素(特殊因素)。按照斯皮尔曼的观点,人类的普通因素是先天获得的,主要表现在一般生活活动上;特殊能力只与少数生活活动有关,是个体表现出的异于他人的能力。通常的智力测验所测得的智力即普通能力。G 因素是每种智力活动所共同具有的,S 因素因心智活动不同而有所差异。如图 7-1 所示:

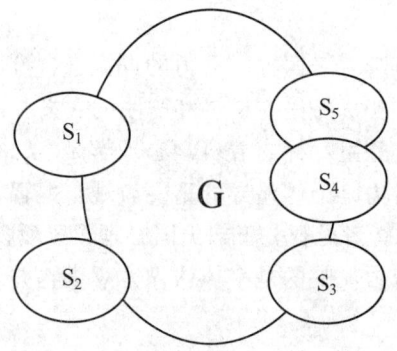

图 7-1 斯皮尔曼二因素模型

（二）桑代克的三因素理论

19 世纪 20 年代，桑代克提出了三因素理论，他认为，智力由三种特殊因素构成：

（1）抽象智力，包括处理语言和数学符号的能力。

（2）具体智力，即一个人处理事务的能力。

（3）社会智力，即处理人与人交往的能力。

桑代克设计了 CAVD 智力量表用来测量抽象智力，C，A，V，D 是量表中四种内容的代号：C——填空补缺；A——算术；V——词汇；D——执行指示，主要测量抽象智力。这个量表共有 17 组测验，每组测验反映一定的智力水平。智力水平最低的第 1 组测验运用于三岁的儿童，最高水平的第 17 组测验对一部分大学生来说难度比较大。

（三）瑟斯顿的群因素理论

美国心理学家瑟斯顿认为智力的组成成分是多元性的，并由此提出了群因素理论。他认为，智力是由一群彼此无关的原始能力构成的，各种智力活动可以分成不同的群组，每一群组当中有一个因素是共同的。瑟斯顿对 56 种测试结果进行了统计分析，他认为，智力包括七种彼此独立的心理能力：

（1）词语理解能力（Verbal Comprehension, V），即理解词语含义的能力，由词汇测验测量。

（2）词语流畅（Word Fluency, W），即语言迅速反应的能力。

（3）数字计算能力（Number, N），即数字运算的速度和准确性。

（4）推理能力（General Reasoning, R），即根据经验进行归纳推理的能力。

（5）联想记忆（Associative Memory, M），即机械记忆能力。

（6）空间知觉能力（Space, S），即方位辨别及对空间关系判断的能力。

（7）知觉速度（Perceptual Speed, P），凭知觉迅速辨别事物异同的能力。

瑟斯顿根据这 7 种基本智力编制了基本心理能力测验，但测验结果和他的设想相反，各种能力之间都有不同程度的相关。尤其在年幼的儿童中表现更为明显，后来，瑟斯顿本人也承认可能有一种总的智力，但他继续强调分析各因素对智力的决定作用。

（四）卡特尔的智力形态论

20 世纪 60 年代，美国心理学家卡特尔利用因素分析方法，根据对智力测验结果的分析，将智力分成两个独立的成分，即晶态智力和液态智力。液态智力是以神经生理为基础，随着神经系统不断成熟而逐渐提高的认知能力，与遗传因素有很大关系。液态智力是在信息加工和问题解决中表现出来的能力，如类比、演绎推理、对数学关系分析和形成抽象概念的能力，也就是与基本心理过程相关的能力，如感知觉、记忆、思维、想象和推理等方面的能力。液态智力基本不依赖后天的学习，与文化背景也没有多大关系，属于人类的基本能力。液态智力的发展与年龄有密切的关系：一般人在 20 岁以后，液态智力的发展达到顶峰，30 岁以后随着年龄的增长而降低。晶态智力是经验的结晶，取决于后天的学习，主要表现为运用已有知识和技能去吸收新知识和解决新问题的能力，与社会文化有很大的联系。如人类学会的技能、语言文字能力、判断力、联想力等。晶态智力一直在发展，并不因年龄增长而降低，只是到 25 岁以后，发展的速度渐趋平缓。晶态智力和液态智力一生发展趋势如图 7-2 所示。

（五）斯腾伯格智力三元理论

1985年，美国耶鲁大学心理学家斯腾伯格提出了智力三元理论。这是一种以认知心理学为背景的智力理论，它尝试用认知历程的观点来解释认知活动中所需要的智力。斯腾伯格认为，每个人的智力之所以有差异，是因为个人面对刺激情境时对信息的处理方式不同，因此，设法测量个体在认知情境中信息处理的方式就可以鉴别智力的高低。按照智力三元理论的观点，组成人类的智力成分像三角形一样，乃是由连接三角形三边关系组合而成的智力统合体。智力三角形的三边，可视为构成智力的三种成分，三角形各边之长度因人而异，因此，便形成了智力的人与人之间的差异。组成智力三角形的三种智力成分分别是：

（1）组合性智力，指个体在问题情境中，运用知识分析信息材料，经由思考、判断、推理以达到问题解决的能力。

（2）经验性智力，指个体运用已有的知识和经验来处理新问题时，统合不同观念而形成的顿悟或创造力的能力。

（3）实用性智力，指个体在日常生活中，运用已经学会的知识经验去处理日常事务的能力。

按照斯腾伯格的观点，传统智力测试所测出的智商（IQ）只是智力三元中的一边，相当于组合性智力，因此，智商不能代表智力。

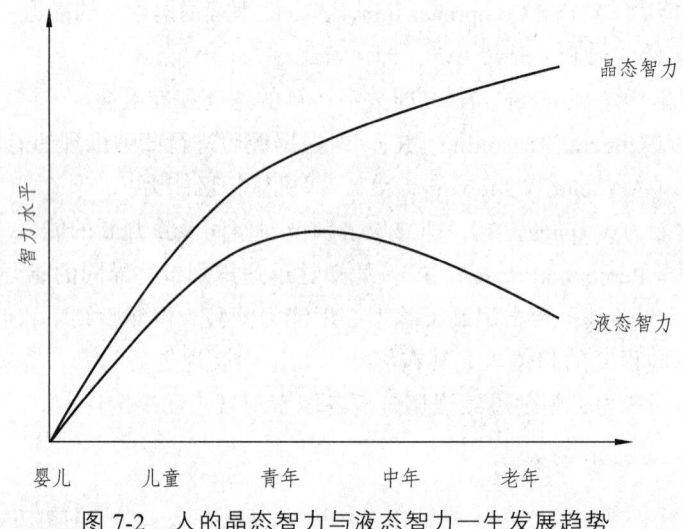

图7-2 人的晶态智力与液态智力一生发展趋势

（六）多元智力理论

美国哈佛大学心理学教授加德纳在20世纪80年代提出了多元智力理论，也称为多元智能理论。加德纳在研究脑损伤病人的过程中，发现他们在学习上存在差异，进而提出了该理论。他没有沿用传统的因素分析来确定智力的构成因素，也不用智力测验来鉴定个体智力的优劣，他认为，传统的智力测试通常只涉及语言和数理逻辑方面的内容，这是不恰当的，也是不全面的。加德纳在1983年出版的《智力的结构》一书中首次提出并论述了他的多元智力理论。他认为，人类存在着多个方面的智力。这些智力由以下九个方面的内容组成：

（1）语言智力。主要指有效地运用口头语言和文字的能力，即听说读写方面的能力。这种智力在演说家、作家、诗人、节目主持人、播音员和律师等人身上有较为突出的表现。

（2）数理逻辑智力。主要指逻辑推理、因果关系和科学分析方面的能力，从事与数学相关的工作的人这方面能力表现比较突出，如数学家、会计、工程师、科学家等。

（3）视觉、空间智力。指利用三维空间进行思考的能力，表现为对线条、形状、结构、色彩和空间关系的敏感。如航海家、飞行员、雕塑家、画家和建筑师在这方面的表现较为突出。

（4）身体运动智力。指运用整个身体或身体的一部分解决问题或制造产品的能力，如运动员、舞蹈家、外科医生都是具有高度发达的身体运动智力的人。

（5）音乐智力。主要指个体感知音调、旋律、节奏和音色等方面的能力，这种智力在作曲家、指挥家、歌唱家等人身上表现比较突出。

（6）人际关系智力。指人与人之间相处和交往的能力，表现为觉察、体验他人情绪、情感并做出适宜反应的能力，这是情商的最主要的表现之一。这种智力在推销员、律师、政治家、管理者和公关人员等身上有较为突出的表现。

（7）自我反省智力。指认识洞察和反省自身的能力，这种智力在哲学家、思想家和小说家等人身上有比较突出的表现。

（8）自然观察者智力。指人们认识世界、适应世界的能力，是一种在自然世界里观察和辨别差异的能力，如植物学家、生态学家、园艺师等人都表现出了很高的自然观察水平。

（9）自我存在智力。加德纳把这种智力定义为"一种与最终命运的关系"，这是有关思考生与死的能力，这种智力在哲学家、神学家、牧师等人中表现较为突出。

（七）吉尔福特智力三维结构

美国心理学家吉尔福特利用因素分析的方法，于1967年提出了智力三维结构。他认为，智力结构应该从操作、内容和产物三个维度进行考虑。操作是解决问题的心理过程，包括认知、记忆、发散思维、聚合思维和评价五个方面；产物是处理问题后的结果，包括单元、类别、关系、系统、转换和蕴涵六个方面；内容是智力加工的客观内容，包括图形、符号、语义和行为四个部分。吉尔福特用一个三维模型来描述智力的结构，如图7-3所示①：

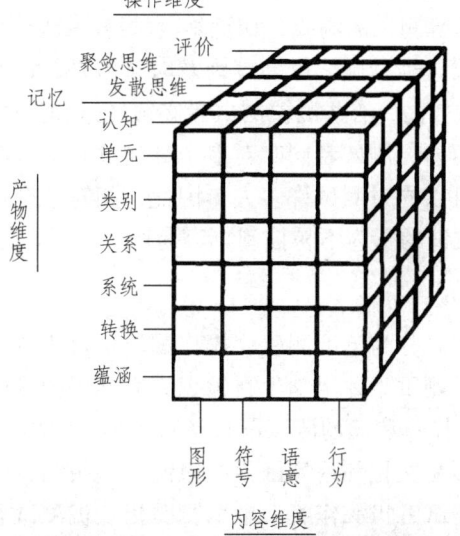

图7-3 吉尔福特智力三维结构模型

---

① 中国就业培训技术指导中心、中国心理卫生协会：《心理咨询师（三级）》，民族出版社2012年版。

第二节 智力测验

一、智力测验含义

智力测验是根据一定的智力理论,在一定的条件下,采用客观的、科学的和标准化智力测试量表,来测试人的智商的高低的手段。我们认为,智力测验应该包括以下几个重要方面:

(1)智力测试的对象是人的行为,从某种角度来说,就是测试个体对测验题目的反应情况。

(2)智力测验的实施需要在一定合理的条件下进行。

(3)需要有标准化的智力测试量表。

(4)对测试结果的解释要客观、科学与公正。

(5)个体在测验中所得到的原始分数并没有任何意义,需要与其他人或者与常模进行比较才有意义。

二、智力测验分类

(一)按测验的内容分

按测验的内容,可以分为能力测验和学绩测验。学绩及经过一定的教学和训练后所学得的东西,是一个比较明确的、范围相对限定的学习的结果,学绩测验即测试学习者知识与技能发展的水平。能力测验,是指对一个人或某一团体的某种能力做出评价,这种评价包括现有的能力和潜在的能力,可以是一般的普通能力,或者是某种特殊的能力,前者如普通智力测验,后者如个体在音乐、美术、体育等方面的特殊才能。

(二)按测验的对象数目分

按测验的对象数目,可以分为个别测验和团体测验。个别测验指的是在某一时间内,测试者只对某一位被测试者进行测试的测验,如比纳-西蒙智力测试和韦氏智力测试等。个体测试的形式多样化,测试结果较为精确,反馈较为及时,但是,该种测验耗费的时间较多,测试程序复杂,对测试者要求较高,有些测验测试者必须经过较为严格和长期的训练才能胜任。团体测验指的是在同一时间内,测试者同时对多个被测试者进行测试的测验。团体测验的题目便于施测和进行计分,可以同时测试许多人,因此,相对于个体测验来说,成本更低,效率更高,但是,该种测验被试的行为不易控制,容易产生测量误差。

(三)按测验呈现的方式分

按测验呈现的方式,可以分为笔纸测验、操作测验、口头测验和电脑测验。笔纸测验是指以书面形式的测验,主要侧重于评定学生在知识方面学习的成就高低或在认知能力方面发展的程度的一种评价方式。操作测验的测试题目是对图片、实物、工具、模型的辨认和操作,无须使用文字作答,所以不受文化和地域因素的限制。口头测试的测验题目为语言方面的材料,测试者口头提问,被测试者口头作答。电脑测验指让被测试者在电脑上进行测试,题目可以是文字题或者图形题。

(四)按测验的目的分

按测验的目的,可以分为描述性测验、诊断性测验、预测性测验。

（五）按测验的时间分

按测验的时间，可以分为速度测验和难度测验。速度测验主要用于测试被试的反应速度，该种测验难度不大，但是数量较多，并且有时间上的限定，几乎每个被试都没法全部做完所有的题目，成绩的高低反映出个体的反应快慢。难度测验包含了各种不同难度的题目，一般由易到难进行排列，对于难度很大的题目，几乎所有被试都无法完成，但测试时间较为充裕，测试的目的是了解被试解题的最高难度水平。

（六）按测验的要求分

按测验要求，可以分为最高作为测验和典型行为测验。最高作为测验测量的是个体的最佳反应或最大成就，如智力测验和成就测验；典型行为测验测量的是个体的典型行为，即个体在正常情况下的一般表现，如人格测验。

（七）按测验材料的严谨程度分

按测验材料的严谨程度，可以分为客观测验和投射测验。客观测验中，给被试所呈现的任务是明确的，测试的材料具有明确的结构和意义，计分方式简单，能够对测试结果进行定量分析。客观测验的题目形式有填空题、选择题和判断是非题等。投射测验中，题目所呈现的内容没有非常明确的意义，让被测试者在没有太多的限制下进行测试，自由地表达自己的想法。投射测试的方法主要有：

（1）联想法，如罗夏墨迹测验。

（2）构造法，如主题统觉测验。

（3）完成法，如句子填充测验。

（4）表露法，如画人测验。

三、智力测验的产生与发展

（一）我国智力测验的发展

1. 我国智力测验萌芽阶段

早在中国古代，人们就开始关注智力问题。两千五百多年前，春秋时期的大政治家、思想家和教育家孔子就有关于智力的论断，孔子在《论语·阳货》里讲道："唯上智与下愚不移"，认为只有上等的智者和下等的愚者不可改变。同时，孔子在《论语·季氏》里讲道："生而知之者上也；学而知之者次也；困而学之，又其次也；困而不学，民斯为下也。"这句话的意思是，生下来就有知识，是上等；经过学习而有知识，是次一等；遇到困难然后学习，再次一等；遇到困难还不学习，这样的人就是下等的了。从孔子这两句话我们不难看出，他认为人的智力天生存在差异。另外，他根据自己的观察来评定学生的个别差异，进而因材施教。孔子把人的智力分为三类，分别是中人以下、中人和中人以上，《论语·雍也》里，孔子是这样说的："中人以上，可以语上也；中人以下，不可以语上也。"这句话的意思是，中等智力以上的人，可以告诉他深奥的道理；中等智力以下的人就很难让他理解深奥的道理了。战国时期的孟子说过："权，然后知轻重；度，然后知长短。物皆然，心为甚。"这句话深刻地说明了心理现象是可以进行测量的。西汉时期的董仲舒就提出了："目不能二视，耳不能二听，手不能二事，一手画方，一手画圆，莫能成。"南北朝时期的刘勰在《新论·专学篇》中提道：

"使左手画方，右手画圆，无一时俱成。由心不两用则手不并运也。"我国的心理学者林传鼎教授认为："这可能就是世界上最早的单项特殊能力测验。"[①]战国时期，我国出现了一种叫作九连环的民间智力玩具，这种玩具以金属丝制成9个圆环，将圆环套装在横板或各式框架上，并贯以环柄。游玩时，按照一定的程序反复操作，可使9个圆环分别解开，或合而为一。南北朝时期，我国江南地区出现"周岁试儿"的测验，这可能是我国最早的婴儿发展测试。清朝后期，我国出现了七巧板玩具，七巧板也称智慧板，由七块不同形状的板块组成，据说可以拼成1600多种不同形状的图形，这也可以认为是最早的创造力测试项目。

2. 我国近现代智力测验发展

1915年，英国人克雷顿使用了翻译成中文的智力测验，对广东500名儿童进行了测验。1921年，著名儿童教育家陈鹤琴和廖世承合著了《智力测验法》一书，详细地介绍了智力测验的性质、功能和用法。1921年，董培杰将比纳-西蒙智力量表翻译成中文，1936年，吴天敏和陆志伟对比纳-西蒙智力量表进行了中国化的修订。"到抗日战争前，我国心理学家自编和修订国外心理测验量表20多种、教育测验量表50多种。这些量表对当时的教学改革和探索我国青少年儿童心理特点发挥了积极作用。抗日战争爆发后，心理测验工作被迫中断，直到20世纪40年代末才逐渐恢复。"[②]1949年以后，一直到1976年，心理测验在我国的发展基本上处于停滞状态。1979年，林传鼎和张厚粲编制了儿童能力测验量表。1982年，吴天敏再次修订比纳-西蒙智力量表，出版了《中国比纳测验》。20世纪90年代以后，我国心理测验得到蓬勃发展，心理测验逐渐渗透进入各个领域，对社会发展产生了积极的影响。

（二）西方智力测验的发展

一般来看，西方智力测验的发展可以分成三个时期：19世纪下半叶到1905年，是智力测验的萌芽时期；1905年到20世纪中期，是智力测验的诞生与发展时期；20世纪中期到现在，是智力测验的成熟与完善时期。

1. 西方智力测验发展萌芽时期

1839年，法国医生艾斯克罗在他的著作中首次论述了智力落后的问题，并提出了用观察个体使用语言的能力来鉴别智力落后和精神病之间的差异。

在西方，英国科学家高尔顿可以说是第一个倡导心理测验的人，他在智力测验的发展过程中发挥着关键的作用。高尔顿认为，人的智力水平是存在个体差异的，并可以通过相应的测试进行测量。受到达尔文的《物种起源》的影响，他把达尔文关于围绕着群的平均值的偶发变异原理应用于人类研究，开创了以个体差异为主题的实验心理学的新领域，并于1869年出版了《遗传的天才》一书。在该书中，高尔顿运用数学统计的方法研究人类的遗传问题，通过研究，他发现名人的后代成为名人的概率要比普通人高出很多，因此，高尔顿得出的结论是人的智力是由遗传所获得，而且智力分布是符合正态分布的。1884年，高尔顿设立了第一个人体测量实验室，通过该实验室，他积累了个体差异的第一批大规模资料，并逐渐设计和完善了生理计量法来测量人的个体差异。高尔顿以人的感觉灵敏度来判断智力的高低，具有代表性的测试有：

（1）高尔顿口笛，用来测量个体能听到的最高音频的声音。

---

① 林传鼎：《开发智力的心理学问题》，知识出版社1985年版。
② 陈强、徐云：《智力测评技术》，科学出版社2011年版。

（2）高尔顿视横木，用以判断线条的长短。
（3）肌肉感觉测量盒，用以测量人的肌肉感觉。
（4）反应时测量盒，用以测量个体反应速度。
（5）嗅觉测量仪，用以测量嗅觉辨别的能力。
（6）光度计，用以测量个体光度感觉能力。

高尔顿为智力测试的科学建立奠定了很好的基础，当然，把智力简单看成感觉的能力，这显然是不科学的。

在智力测验的历史上，另外一个著名的人物是美国心理学家卡特尔，他于1890年在《心理》杂志上使用了"心理检验和心理测量"的概念，这是心理测验第一次出现在心理学文献中。另外，他将刚刚建立的实验心理学和新兴的测验运动结合在一起，探索寻找新的方法来测量人的智力，并为智力测验走出实验室，为社会服务做出了重要贡献。

在这个时期，德国心理学家艾宾浩斯也对智力测验的发展做出了巨大的贡献。艾宾浩斯以用科学的方法研究记忆而闻名，著名的"艾宾浩斯遗忘曲线"便是他的主要成就。19世纪90年代，他发展和完善了句子填充测验，这可以认为是第一个研究高级心理过程的成功测验，这种测试智力的方式普遍被现今许多智力测验所采用。

2. 智力测验的诞生与发展时期

19世纪末期，科学心理学开始独立发展，心理测量特别是智力测量也得到了充分的发展。1905年，法国心理学家比纳和医生西蒙设计了比纳-西蒙智力量表，这是世界上第一个科学的智力测验量表，标志着科学智力测验的诞生。1916年，斯坦福-比纳智力测试量表产生，1939年韦氏智力测试量表产生，这段时期，不仅出现了以上三个著名的智力测试量表及其修订的版本，还产生了诸如智商、智龄、比率智商、离差智商、信度、效度、常模、标准化等概念和智力测评技术。另外，在这个时期，团体测验也得到了充分的发展，可以说，这个时期的智力测试理论和实践都基本成熟。

3. 智力测验的成熟与完善时期

这个时期智力测验理论进一步完善和发展，出现了许多关于智力和智力测试的新理论、新技术和新方法。这一时期，人们对智力的理解更加全面，心理测量技术也得到了较大的发展，可以说，这个时期的智力测验发展呈现了欣欣向荣的局面。

四、常用智力测验量表介绍

（一）比纳-西蒙智力测验量表

比纳-西蒙智力测验量表是世界上第一个系统、规范的智力测试量表。1904年，法国教育部长邀请了一些教育学界、心理学界和医学界的专家组成了一个研究委员会，专门研究学校如何判断智力低下儿童的方法问题。1905年，作为研究委员会的成员之一的心理学家比纳和他的助手医生西蒙共同出版了历史上第一个正式的智力测试量表，即比纳-西蒙智力测验量表。该量表发表在《诊断异常儿童的智力新方法》文中，一共有30道测试题，适用于年龄3~11岁的儿童。这些题目有如下特点：

（1）测试题目涉及内容较为广泛，可以测试智力的不同方面。
（2）测试题目由浅到深进行排列，既有对低级感知觉的测试，也有对判断、推理和理解等方面的测试，可以测试智力水平不同的儿童。1908年，比纳对量表进行了第一次修订，删掉了一些他认为不合适的题目，并增加了一些新的测试题目，他将智力测试结果首次用"智力年龄"来表示，智力年龄简称智龄，用以表示智力达到某一年龄水平。如一个足龄5岁的儿童，在5岁组测验上及格，其智龄便是5岁。如在6岁组测验也能及格，则其智龄便是6岁；如在5岁组测验不及格而在4岁组测验及格，其智龄便是4岁。智龄超出实龄越多，发展水平就越高，反之，智龄不及实龄越多，发展水平就越低。该量表还建立了常模，使题目总数达到了59个，量表适用于年龄介于3~15岁的儿童。1911年，比纳-西蒙智力测验量表进行了第二次修订，这次修订并没有太大的变化，只是修改了一下几种年龄的水平分组，并扩展到了成人组，该智力测试量表适用于3~18岁的儿童。

下面是1911年修订的比纳-西蒙智力测验量表中部分题目：

3岁组的智力测验有如下项目：①指出鼻、眼、口的位置；②列举图画中的物体；③说出自己的姓名；④重复一个由六个音节组成的句子。

6岁组的智力测验有如下项目：①区别早晨和晚上；②通过用途定义一个词（如叉子是用来吃东西的）；③照样子画一个菱形；④数出13便士；⑤在图画中指出画得丑的脸和好看的脸。

12岁组的智力测验有如下项目：①抵抗暗示（让孩子看四对不同长度的线条，然后问每对中哪一根长些；最后一对线条的长度是一样的）；②用3个给定的词汇组成一个句子；③3分钟内说出60个单词；④对3个抽象词进行定义（慈善、公正、善良）；⑤说出一个顺序被打乱的句子的意义。

（二）斯坦福-比纳智力量表

1916年，美国斯坦福大学教授推孟对比纳-西蒙智力测试量表进行了修订，形成斯坦福-比纳智力量表。该智力量表最大的特点是引入了智力商数的概念，即智商，并保留了比纳量表中的51道测试题，修改了部分测试题的年龄水平，另外新编39道测试题，一共90道测试题。该智力测试量表经过了1937年、1960年、1972年和1986年共四次修订，已经被各个国家广泛翻译成为各国文字，并被各国心理学家根据本国的国情和文化背景进行了多次修订，使其适合本国的使用，因此，斯坦福-比纳智力量表成为世界上最有影响力的智力测验之一。在斯坦福-比纳智力量表中，智力水平的高低由智商（IQ）来表示，智商是个体心理年龄（MA）和生理年龄（CA）的比值，因此，该智商也称为比率智商。

$$智商（IQ）=\frac{心理年龄（MA）}{实际年龄（CA）}\times 100（乘以100是为了消除小数点）$$

下面是斯坦福-比纳智力量表6岁组和9岁组部分测试题目：

6岁组的智力测验有如下项目：①词汇：正确解释45个词中的6个；②区分：说出两物的不同点；③图画补缺：指出画中物体缺少的部分；④数概念：从一堆积木中取出需要的块数；⑤类比：类似于"夏天热，冬天……"这样的题目；⑥迷津：用铅笔画出最短通路。备用：看图讲故事。

10岁组的智力测验有如下项目：①词汇：正确解释45个词中的11个；②在一个三维的图中数出立方体的数目；③解释抽象词；④说明理由：说出一种规则和偏好的理由；⑤一分

钟内说出 28 个词；⑥复述 6 位数。备用：指出一段话中的荒谬之处。

斯坦福-比纳智力量表中每个年龄组都涉及 6 道题目，每通过一道题目，代表增加 2 个月的智龄。举例来说，某儿童实足年龄为 4 岁 2 个月，如用月表示年龄，他的实际年龄即为 50 个月，即 CA=50，假设该儿童接受斯坦福-比纳智力量表后的成绩是：通过了 4 岁组 6 道题目，5 岁组 6 道题目，6 岁组 3 道题目，7 岁组 1 道题目，8 岁组一道题目也没有通过。那么他的智力年龄为：5 岁+3×2 个月+1×2 个月=5 岁 8 个月，如用月来表示，他的智力年龄为：5×12+8=68 个月，即 MA = 68。套入智商公式计算，得出其智商为 136。

智商是心理年龄除以实足年龄的得数，所以如果智商为 100 分，其智力为平均水平，属于中等智力。一般来说，智商呈正态分布，即中等水平的居多数，两极端的为少数（见表 7.1）：

表 7.1 斯坦福-比纳智力量表智商分布

智商分数（分）	所处等级	占人群中的百分比（%）
140 以上	非常优秀	1
120～139	优秀	11
110～119	中上	18
90～109	中等	46
80～89	中下	15
70～79	临界智力落后	6
70 以下	智力落后	3

（三）韦克斯勒学龄前儿童智力测试量表

韦克斯勒学龄前儿童智力测试量表又称韦氏学前儿童智力量表（WPPSI），是由美国心理学家韦克斯勒所设计的一款针对四岁至六岁半学前儿童的智力测试量表。韦氏学前儿童智力量表是韦氏智力量表的其中一款，韦氏智力测试共有三套测试题目，包括韦氏成人智力量表（WAIS，适用于 16 岁以上成年人）、韦氏儿童智力量表（WISC，适用于 6～16 岁儿童）和韦氏学前儿童智力量表。韦氏智力量表是继比纳-西蒙智力量表之后，另一个被世界范围广泛使用的智力测试量表。韦氏智力测试量表三个分量表的编制原理和特点基本相同，在这里，我们主要介绍韦氏学前儿童智力量表。该量表主要有以下一些特点：①采用离差智商来计算个体的智力。如果说比纳-西蒙智力量表是用来计算智商的绝对值的话，那么，韦氏测试则是测试智商的相对值，即计算个体在同龄人智力分布中所处的位置。智商和人的身高、体重等指标一样，符合正态分布，韦氏测试即要计算出个体在正态分布曲线中所处的位置。②韦氏学前儿童智力测试内容分为言语测验和操作测验两个部分，言语部分设常识、词汇、算术、类同、理解 5 个分测验和 1 道背诵语句的补充题，操作部分有动物房、图画补缺、迷津、几何图形、积木图案 5 个分测验。③韦氏智力测试将人的智商看成平均数为 100，标准差为 15 的正态分布，表示的是相对于同龄阶段标准化样组的均数之上或之下有多远，因此，称为离差智商。离差智商的公式是：

$$智商（IQ）=100+15Z \text{（其中，} Z=\frac{X-M}{S}\text{）}$$

公式中，Z 表示标准分，X 代表个体韦氏测验得分，M 代表该年龄组的平均得分，S 代团体分数的标准差。

离差智商克服了比率智商的缺点，即由于人的智力年龄和生理年龄发展不同步的矛盾，出现随着年龄越大，而智力年龄发展较为稳定导致智商越来越低的情况，但离差智商并不是智力的绝对水平，只是一个相对的概念，因此，如果一个25岁的年轻人用离差智商公式测得的智商是100，而一个70岁的年长者测出的智商也是100，虽然说同是100，但这两个100并不能说明25岁的青年人和70岁的年长者的智力相同，实际情况应该是25岁的年轻人比70岁的年长者智商要高。

（四）瑞文推理测验

瑞文推理测验是英国心理学家瑞文于1938年创制的一款纯图形、非文字智力测验，主要测试一个人的观察力、推理能力及清晰思维能力。测验在20世纪五六十年代几经修改，目前发展有三种形式：

（1）瑞文标准推理测验（SPM），该测验适用于普通受试者。

（2）瑞文彩色图版推理测验（CPM），该测验适用于幼儿及智力低下者。

（3）瑞文高级推理测验（APM），该测验适用于智力超常者。

由于该测验是纯图形测验，所以适用于不同文化背景、不同种族、不同语言的被试，三套测验题目加在一起，就可以适用年龄范围在5岁以上各种智力发展水平的被试者。瑞文推理测验按照从易到难的顺序，分成5到6组，如标准推理测验（SPM）分为A、B、C、D、E五组，每组都有一定的主题，A组主要测知觉辨别力、图形比较、图形想象力等；B组主要测类同比较、图形组合等方面的能力；C组主要测比较推理和图形组合等方面的能力；D组主要测系列关系、图形套合、比拟等方面的能力；E组主要测互换、交错等抽象推理能力。每一组中包含有12道题目，也按逐渐增加难度的方式排列。每个题目由一幅缺少某个部分的大图案和作为选择的6~8张小的图片组成。测验要求被试根据大图案内图形间的某种关系，看小图片中的哪一张填入大图案中缺少的部分最为合适。

（五）丹佛发育筛查（简称DDST）

DDST是美国丹佛学者弗兰肯堡与多兹编制的一款用于筛查智力落后者的测验，是于20世纪60年代在美国丹佛城对该地区儿童进行了大量的测试后所制订出来的简易测试法。DDST操作简便，容易掌握。通常来说，该测验每次测试时间一般不会超过半个小时。DDST的检查对象为0到6岁的儿童，如果被试不能完成选择好的项目，便认为该儿童可能有问题，需要进一步进行其他的诊断性检查。

该测试由104个项目构成，测试包括个人—社会适应、精细动作、语言和大运动方面的能力。个人—社会适应方面测试的是儿童对周围的应答能力和生活自理的能力；精细动作方面测试的是儿童看的能力和用手取物和画图的能力；语言方面测试的是儿童听觉、发声、理解和运用语言的能力；大运动方面测试的是儿童对头的控制、坐、爬、走路、跳跃、奔跑和身体平衡的能力。

下面是部分丹佛发育筛查项目：

精细动作大动作方面：

1个月：小儿腿、臀双侧动作对称等同；视线能随目标移动90°；俯卧时试举抬头。

4 个月：视线能随目标移动 180°；用摇铃接触小儿手指能握住；抬头时，脸与桌面约成 90°；扶小儿坐时，举头正而稳，不摇动。

7 个月：两只手能同时各握一块积木；只能抓起小丸；会从俯卧转向仰卧或仰卧到俯卧的翻身；能独坐 5 秒或更长时间。

15～18 个月：能叠稳两块方木；会在纸上有目的地画线；经示范能把小瓶（口径 1.5 厘米）内的丸粒倒出；能向后退两步或更多步。

2.5 岁～3 岁：能叠稳 8 块方木而不倒；能模仿成人搭积木"桥"；会骑儿童三轮车；能单足跳过 21 厘米的宽度。

4 岁～5 岁：能画出人体 3 个或更多部位；模仿画出正方形；能脚跟对着脚尖向前走 4 步或更多。

5 岁～6 岁：能画出人体 6 个或更多部位；能单足立 10 秒或更长时间；能抓住蹦跳的球。

丹佛发育筛查结果的判断：

（1）异常：①两个或更多方面有两项或更多项迟缓；②一个方面有两项或更多项迟缓，加上另一个或多个方面有一项迟缓，并且该方面切年龄线的项目均失败者。

（2）可疑：①一个方面有两项或更多项迟缓；②一个或更多方面有一项迟缓，并且该能区切年龄线的项目均失败者。

（3）正常：无上述情况者。

第三节　智力的发展变化

一、智力发展的影响因素

（一）遗传因素与智力发展

谈到遗传与智力的关系时，最具有代表性的观点是遗传决定论。这种理论强调遗传对智力发展的决定性的作用，代表性的研究理论有以下两种：

1. 高尔顿的名人研究

高尔顿是英国著名的人类学家和优生学家，他是达尔文的表弟，受到其表兄达尔文《物种的起源》一书的影响，开始对遗传学产生浓厚的兴趣。高尔顿曾经对英国历史上的法官、政治家、军事家、文学家、科学家、诗人、画家、牧师等类的著名人物的家族进行了系统的考察。例如，他考察了 1660—1868 年 286 名英国法官和他们的亲族情况，经过数学统计，得出的结论是：平均每 100 个英国法官的亲属中就有 38.3 个名人，而全英国平均 4 000 人中才有 1 个名人。用同样的方法，高尔顿又对艺术能力的遗传问题进行了研究，他统计了 30 个父母都具有艺术能力的家庭子女智力发展情况，发现在这样的背景下，64%的子女都具有艺术的能力，而在 150 个父母没有艺术能力的家庭里，他们的子女有艺术能力的只有 21%。通过上述的名人研究，高尔顿认为，在智力的发展中，遗传的决定因素远远大于环境的因素，其中，遗传性 1/2 来自父母，1/4 来自祖父母，1/16 来自曾祖父母。上述理论，高尔顿发表在他于 1869 年出版的《遗传与天才》一书之中。

2. 阿瑟·詹森研究

美国教育心理学家阿瑟·詹森以其对智力的研究而闻名，他于1969年在《哈佛教育评论》上发表了《我们可以把智商和学业成就提高到什么程度》一文，在该文章中，阿瑟·詹森通过比较同卵双生子之间和异卵双生子之间在心理发展特征上的相似程度，提出"人的智商的80%是遗传的，只有20%受到环境影响"。

（二）环境因素与智力发展

1. 华生"环境决定论"

华生是美国著名的心理学家，创立了行为主义心理学流派。1913年，华生在美国《心理学评论》上发表了一篇题为《从一个行为主义者眼光中所看的心理学》，这标志着行为主义诞生了。在华生看来，心理学应该研究可以观察、可以测量的人的行为；任何的行为都是刺激与反应的联结，即 S 与 R 的联结。华生否定了生物遗传因素对个体发展的作用，并提出，人的行为都是在后天环境的塑造下形成的，有什么样的环境，就会有什么样的心理和行为。华生曾经说过："请给我十几个健康而没有缺陷的婴儿，让我在我的特殊世界里教养，那么我可以担保，在这十几个婴儿中，我随便挑出一个，都可以训练他成为任何一种专家——无论他的能力、嗜好、趋向、才能、职业及种族是怎样的，我都能把他训练成为一个医生，或律师，或艺术家，或商界领袖，甚至也可以训练他成为一个乞丐或小偷。"

2. 洛克的"白板说"

洛克是17世纪英国著名的唯物主义哲学家。1690年，洛克在他所著的《人类理智论》中系统地批判了笛卡尔的天赋观念说，提出了著名的"白板说"。"白板说"是洛克唯物主义经验论中的基本观点。洛克主张，人的心灵"是一张白纸，上面没有任何记号，没有任何观念"[1]。只有通过经验的途径，心灵才有了观念，因此，经验是观念的唯一来源渠道。洛克把经验分成两类：一类是由客观外部事物刺激我们的感觉器官所引起的外部经验，即感觉，如关于颜色、声音、形状、味道等；另一类是通过对人的"心灵"的内部活动的体验而得来的内部经验，即反省或内觉，例如知觉、思维、信仰、认识、意欲等。

二、智力发展的基本特点

（一）智力的稳定性和变化性

在很长的一段时间里，心理学家普遍认为，智力是比较稳定的，于是，通过儿童时期经过测试所获得的智力分数就能够预测他成年后的智力发展水平，甚至未来发展的成就。例如，"伯克利指导研究"表明："通过一个人5岁时的智商就可以显著地预测其未来各个年龄时期的智商，甚至到40岁时候的智商，也就是说，5岁时在一组中最为聪明的人，到40岁时也趋向于是同组中最聪明的。"[2]但是，智力并非一成不变，美国俄克拉荷马州立大学罗伯特·斯腾伯格指出，"智商被认为是相对稳定的，而且在小时候就基本定型，这种观念催生了考试产业。但这项研究以一种有说服力的方式证明，智商在青少年时期可能发生巨大变化。因此，思维活跃而敏捷的人很可能会因此受益，而不爱锻炼脑力的人则会付出代价"。2011年10月

---

[1] 北京哲学系外国哲学史教研室：《十六至十八世纪西欧各国哲学》，商务印书馆1975年版。
[2] 克雷奇、克拉奇菲尔德、利维森等：《心理学纲要（上）》，文化教育出版社1980年版。

发表于《自然》的一项关于智力的研究中,英国伦敦大学的苏·拉姆斯登招募了33名12~16岁学生,于2004年测试了他们的智商,又在3~4年后再次对其进行测试并配合脑部磁共振成像分析。结果发现,虽然群体的平均分没有发生什么改变,但个别人的智商发生了最多21分的上下浮动,这是一个具有实际意义的区别,足以决定一个人是"平常"还是"天才"。而且智商变化结果显示,一些本来就强的人变得更强,部分低分者则得分更低。脑成像分析发现,IQ变化者大脑中一些神经细胞的密度发生了改变,这说明改变的确实是心智能力而不是专注度、情绪或积极性。语言智商(包括记忆、表达、计算和常识)发生的改变反映在主导谈话的左皮质区,而非语言智商的变化反映在掌管运动的小脑前叶。苏·拉姆斯登认为,目前发现的或许还只是冰山一角,其他很多脑区可能也发生了变化。从以上研究我们不难看出,实验已经表明,脑子越用越活,智商可以提升。

(二)智力的个别差异

1. 发展水平上的差异

每个人的智力发展是存在差异的。从统计学的角度分析,智力的分布属于正态分布,智力特别高的和智力特别低的在两头,属于较少数,而大部分的人的智力水平处在中等,占绝大多数。智力特别高的或智力超常发展的我们称其为天才,低于一般水平的我们称其为智力落后或智障。

2. 表现有早晚差异

个体智力发展是存在早晚差异的,有的人智力发展较快,在儿童时期就表现出了较为出众的才华和能力,这可以称为早慧;有的人智力发展较慢,甚至到了晚年才有所成就,这可以称为晚成。

(1)早慧。

个体在成长的过程中,某一方面或某些方面表现特别优异的,我们称其为神童或早慧。有些人认为,当儿童智商超过140分的时候,可以称其为早慧儿童。纵观历史,年少早慧的例子可谓数不胜数,我们可以举一些具有代表性的人物来说明。例如,奥地利著名作曲家莫扎特很小就显露出极高的音乐天赋,即兴演奏和作曲表现也非常的出色,他3岁就会弹钢琴,6岁便创作了一首小步舞曲;我国宋朝时期的方仲永,5岁能写诗,人们都感到非常惊奇。

(2)晚成。

晚成指人的岁数比较大了才获得成就,即我们通常所说的大器晚成。如齐白石先生27岁的时候才开始学画画,56岁时开始进行画风上的大胆突破,从此一举成名。丘吉尔66岁才当选英国首相。商朝的姜子牙八十岁才出山,做了丞相。吴承恩72岁的时候,才开始正式写《西游记》。明朝医学家李时珍耗时30多年,在72岁才写成了《本草纲目》。日本科学家小柴昌俊,2002年因其"在天体物理学领域做出的先驱性贡献,其中包括在探测宇宙中微子和发现宇宙X射线源方面的成就"而获得诺贝尔物理学奖。也许没有人会想到,当年读大学时,小柴昌俊曾是名后进生,在校时的物理课理论考试成绩倒数第一。

(3)中年成才。

对于绝大部分人来说,智力成熟于23岁左右,直到45岁以后,智力才开始逐渐下降,因此,有长达20多年的相对稳定和旺盛的时间。该时期人们年富力强、精力旺盛,知识经验迅速积累,智力处于最佳的状态,容易做出一些杰出的贡献。通过对获得诺贝尔奖的人的年龄进行统计,我们不难发现,从时间上看,从 30 多岁到 45 岁,是他们取得成绩的最佳时期。例如,此前,有专家对物理学奖获得者的年龄进行统计分析后发现,他们做出代表性贡献时的平均年龄是 37 岁。当然,因为科学实践证明需要较长的时间,所以,大部分的人获得诺贝尔奖时的年龄会偏大很多。正如 2008 年诺贝尔化学奖获得者钱永健所说:"我的论文发表 15 年后,我便获得了诺贝尔奖,这点和'光纤之父'高锟相比,我是幸运的。"2013 年因"上帝粒子"而获奖的两位科学家,比利时理论物理学家弗朗索瓦·恩格勒和英国理论物理学家彼得·希格斯已年近八旬,他们的理论从提出到被证实,再到获奖,时间跨度也近半个世纪。

3. 男女之间的差异

从平均水平上看,男女之间并没有明显的差异。一般认为,从记忆力上看,男性优于理解记忆及抽象记忆,而女性优于机械记忆及形象记忆;从思维方式上看,男性优于抽象逻辑思维,而女性优于具体形象思维。因此,男性在数理化方面容易获得成就,而女性在文学、语言等方面容易获得成就。

4. 结构上的差异

智力结构由多种成分组成,不同成分组合导致了结构上的差异性。因此,个体智力上的发展是具有差异性的。有些人在数理逻辑方面能力较强,有些人在语言方面发展较好,有些人音乐能力较强,等等。

(三)智力发展的关键期

关键期,指个体在发展过程中,教育和环境影响可以起到最大作用的时期。关键期中,在适宜的教育和环境影响下,行为的学习特别容易,发展特别迅速。研究表明,学前儿童时期智力发展最为迅速。美国心理学家布鲁姆曾收集和整理了 1 000 多个个体的发展追踪数据和测验材料,通过分析表明,从出生到四五岁,个体智力的发展最快,同时,他认为,如果把个体 17 岁时的智力水平定为 100 分的话,那么,长到 4 岁,就会拥有 50%的智力了,到了 8 岁,已经具备了 80%的智力了,剩下的 20%则是在 8~17 岁获得的。

意大利著名儿童教育家蒙台梭利关于儿童学习的关键期的观点已经被心理学者们广泛接受。在《童年的秘密》中,蒙台梭利提出了九个儿童学习的关键期:① 语言敏感期(0~6 岁);② 秩序敏感期(2~4 岁);③ 感官敏感期(0~6 岁);④ 对细微事物感兴趣的敏感期(1.5~4 岁);⑤ 动作敏感期(0~6 岁);⑥ 社会规范敏感期(2.5~6 岁);⑦ 书写敏感期(3.5~4.5 岁);⑧ 阅读敏感期(4.5~5.5 岁);⑨ 文化敏感期(6~9 岁)。

三、智力的发展与变化

(一)智力的生长规律

20 世纪 30 年代,美国心理学家桑代克就曾绘制了智力与年龄之间的关系曲线。他认为,人的智力在 23 岁左右达到了一生中的最高峰,从 23 岁一直到 45 岁,人的智力维持在一个较为稳定的水平状态,但从 45 岁以后,人的智力开始逐渐下降,60 岁以后,人的智力开始急剧下降。"韦克斯勒与塞斯顿等人分别在 1958 年和 1965 年得出下列结论:① 一般人的智力发展自 3 岁至 13 岁呈等速趋势,13 岁后则成负加速前进,即随年龄增加而渐减;② 智力发展速度与停止年龄,虽然有个别差异,但是与人的智力高低有密切的关系,智力低的人发展速度慢，停止年龄较早；反之，智力高的人，其智力发展速度较快，而停止的年龄也较晚；③智力发展大约在25岁达到顶峰。"[①]

（二）皮亚杰的儿童智力发展理论

瑞士著名儿童心理学家皮亚杰根据儿童发展的主要心理特征和发展变化的规律，把儿童的智力发展划分为四个不同的阶段，分别是感知运动阶段、前运算阶段、具体运算阶段和形式运算阶段。与此同时，皮亚杰认为，智力的发展主要由以下四种因素决定：

（1）成熟，即神经系统和内分泌系统的成熟。成熟为儿童的发展提供了可能性和必要的条件。

（2）物理环境，包括物体经验（来自外物）和数理逻辑经验（来自动作）。物体经验，是指个体作用于物体，获得物体的特性；数理逻辑经验，是指个体理解动作与动作之间相互协调的结果。在皮亚杰看来，知识来源于动作（动作起着组织或协调作用），而非来源于物体。

（3）社会环境，包括社会生活、文化教育、语言等。皮亚杰认为，社会经验同样是儿童心理发展的必要条件，却不起决定作用，它只能促进或延缓儿童心理发展而已。

（4）平衡，即心理发展中最重要的因素，起决定作用。平衡是指个体通过自我调节机制使认知发展从一个平衡状态向另外一个较高平衡状态过渡的过程。通过平衡，实现儿童智力的不断发展和变化。

> 拓展阅读

《蒙台梭利早期教育法》阅读思考

玛利亚·蒙台梭利是意大利的一位医生和教育家，她在不断总结卢梭、裴斯泰洛齐、福禄贝尔等大教育家的思想之后形成了自己的一套科学的教育理论——蒙氏教育法。除此之外，她还创立了第一所"儿童之家"，致力弱智儿童的培养，在《蒙台梭利早期教育法》中，她阐述了很多至今来说都有用的观点，对现今的教育仍起着重要作用。在书中，她阐述了教育的任务：激发和促进儿童内在"潜力"的发挥，使其按自身规律获得自然和自由的发展。她认为儿童与生俱来就拥有无限的"潜力"，这种潜力是一种积极、发展的无穷尽的力量，成人掌握好了教育的方法，就会最大限度地发挥孩子的"潜能"。

在这本书中，蒙台梭利的很多教育观点得到了体现，如把孩子玩教具的状态称之为"工作"，以及抓住孩子秩序敏感期对其进行各种培养等。总的来说，这本书对我有以下几个方面的影响。

一、儿童的"工作"

所谓的工作就是劳动者通过劳动（体力劳动和脑力劳动）将生产资料转化为生活资料以满足人们生存和继续社会发展事业的过程。工作是人们获得幸福的源泉，是保持健康和恢复正常的一条重要原则，工作是无可替代的，不论是关爱还是身体的健康都不能代替它。

儿童通过不断地成长，也变成了劳动者，他们虽不能将生产资料转换成生活资料，但是

---

① 刘金花：《儿童发展心理学》，华东师范大学出版社2013年版。

他们通过自己的劳动去认识这个客观的世界，在这个客观世界里生存和发展。因此，蒙台梭利认为儿童操作教具的这个过程就是一种"工作"。儿童的工作由行动和外界环境中实在的物质构成，儿童工作时并没有怀某种目的，当他不断地重复某种练习时不是为达到某种外在的目的，而工作的目的就是工作本身，就是一种活动，一种出自本能的活动。

（一）儿童的工作就是活动

儿童出生时一无所知，是在后天的发展中，通过身体器官的不断发展和完善才能认知这个世界。儿童认知世界的方式是通过不同的感觉器官去感知不同的物体，从而在大脑里构建认知的方式，而感知的获得就是通过触觉、视觉、嗅觉、味觉等不同感觉器官得以实现，并把物体的客观形象传输到大脑里，形成物体的固有形象或建立一定的认知结构，以便以后对物体加以辨识。儿童这一体系的建构需要通过操作一定的物体来完成，在操作的过程中儿童得到经验和认知，这种操作就是儿童的活动。活动就是实践，实践是认识的来源。孩子在实际的活动中通过摆弄物体，不断地重复就会找到事物的一些简单的规律，自身认知也可以得到发展。如在一次区域活动中，我给孩子提供了很多积木，把幼儿分成了不同的小组，并对孩子们说：今天老师的要求是请你们用即将发到手的积木搭建不同的桥。这时孩子就开始骚动了，我看到了很多孩子脸上惊喜的表情，也看到了一些孩子愁眉苦脸的表情，听到了一些孩子在讨论搭什么样的桥，还有一些细小的声音"老师我不会搭"。没有见过桥的孩子，对于桥的概念很模糊，即使见到过，也没有太深的印象，所以对于他们来讲难度太大了。如果想让孩子在自己操作过程中建立对于桥的认知，那是很难的，但是如果只是死板地教授，孩子所掌握的知识就不牢固。在搭建之前我找了几张不同的桥梁的图片播放给孩子们看，并给他们讲授桥的构成部分和搭建的方法，在他们有了一些形象的认识之后，再组织他们搭建。孩子们很快就进入了工作的状态，认真、积极，大家一起合作，很快有的小组就搭建好了平桥。对于能力强的小组，我便增加了他们的难度，让他们将搭建好的平桥推倒再搭建拱桥。能力弱的小组，他们经过几次倒塌再重建，终于把平桥搭建好了。孩子们搭建桥梁的过程就是他们认知的过程，在搭建中他们认识了桥梁的构成部分，知道了一些搭建的方法，如平铺、架空、盖顶等，加强了认识。

（二）儿童的工作需要独立完成

蒙台梭利认为：儿童必须独立完成工作。儿童通过不同的工作获得成长，每一项工作的完成都代表着孩子向成熟又迈进了一步。工作是孩子认识世界的工具，只有其自己完成才有利于自身的成长和发展。孩子能完成的工作，他们不需要也不愿意让成人来帮忙，成人要学会放手让孩子自己去尝试，这是孩子自我发展的需求，也是获得认知的途径。然而在现实生活中，很多成人都在不经意间剥夺了孩子的这种权利，他们总认为孩子还小，不会做或是怕他们惹祸，所以总是自作主张地去帮助孩子完成，但是这时孩子会因为得不到内心的满足而发脾气，会把自己心中的不满发泄出来，成人不理解，还认为孩子在无理取闹。如三岁的孩子用玻璃杯接了一杯水，想端到客厅的桌子上，于是就开始端着杯子走路，这时奶奶看见了，就像如临大敌一样以最快的速度冲过来，一把把杯子从孩子的手里抢了过来，直接就端放在了客厅的桌子上。奶奶这样做，一是怕孩子被水烫着，二是怕孩子端不稳把玻璃杯摔碎了。这时孩子就哇哇地大哭起来，怎么哄都不停止。奶奶不理解了，我帮你还帮错了吗？这件事情是孩子可以自己完成的，他想自己去完成，奶奶剥夺了他的这个权利，所以他不乐意了，就用大哭来宣泄心中的愤怒和不满。孩子可以自己完成时，成人就不应该代替孩子去做，而是应该作为一个旁观者在孩子需要帮助的时候再去帮助，而不是一把就帮孩子做了，这样反而阻碍了他的认知过程。

（三）对儿童的工作予以尊重

在大众的认知里，工作是神圣且值得尊敬的，它能创造财富使我们的生活更加富足，使我们的人生价值得以实现。然而，将孩子的活动称之为一种工作，很多成人不屑一顾，孩子的瞎摆弄怎么就变成了工作呢？因此，对于孩子的工作抱有轻视的态度，对他们工作的过程和成果不尊重。

1. 对于孩子工作过程的不尊重

成人在工作的时候，如果有人冒昧插手就觉得是受到打扰了，引起他人不快的打搅者自会有愧疚感。而孩子呢，在工作的时候，成人说进入就进入，不征求孩子的意见就直接打断，而且还没有任何歉意。如孩子在搭积木的时候，本来孩子很投入也很认真地在搭建，这时父母走上去这里问问，那里摸摸的，有的没有经过孩子的同意就直接帮孩子加了积木上去，导致孩子的思路被打断，这时孩子就会埋怨父母，而有的父母还无所谓地说：我只是加了一点上去，至于这么大惊小怪吗？

成人知道尊重成人的工作，但是就是不知道孩子的工作也需要被尊重。成人不断地打扰孩子，或突然闯进孩子的环境中去，不跟孩子商量就指挥他的生活，这种没有考虑孩子需要的行为，会使孩子认为自己的活动是毫无价值的，长此以往就可能导致孩子产生自卑的心理。

2. 对于孩子工作成果的不尊重

成果是人们经过努力付出而得到的具有价值的结果。如果成人觉得孩子的作品没有价值，那么在态度上也不会特别的尊重。例如，孩子在辛辛苦苦地搭建好一座宫殿之后，认为这是世界上最漂亮的宫殿，在给妈妈展示的时候，不但没有得到表扬，妈妈还不小心把宫殿碰倒了。这时孩子大哭，让妈妈还自己的宫殿，但是妈妈毫不在乎地说："宫殿没了就没了，一会再搭建一个不就得了！"在这一情境中，母亲不但没有给孩子道歉，还不在乎孩子的成果，即使孩子再搭建另一座宫殿也不是刚才的，孩子的内心还是被伤害了。在成人的世界里，如果不小心弄坏了别人的东西，首先我们会给对方道歉，但是到了孩子的世界里怎么就不行了呢？成人给跟孩子道歉怎么就这么难呢？究其原因主要是成人没有意识到自己的行为会给孩子带来伤害，也没有把孩子当作一个完全的"人"来看待，认为他们是"小不懂"。但孩子也是一个有想法、有自尊心的人，如果你真诚地给孩子道歉，他会欣然接受，并且也会原谅你的不小心行为。因此，尊重孩子的工作成果就是尊重孩子。

（四）儿童的工作促进心理的发展

儿童的工作是儿童心理发展的需要，他们需要认识世界，需要建构自己的认知模式，需要成长、需要发展。当孩子的这些需要被满足的时候，他们就会觉得很愉快，但是当这些需要被阻止时，他们就会焦躁不安、暴躁、发脾气以示心中的不满。马斯洛的需要层次理论认为只有低级的需要被满足了，孩子的发展才会往更高的层次进行，当孩子渴望被尊重的这种需要得到满足之后，就会往自我实现的需要方向发展。因此，工作是儿童自我成长的一种需要，成人应该为孩子创设良好的工作环境，为他们提供操作的材料，让孩子在自我操作中得到满足，从而促进孩子形成健康的心理。

二、秩序敏感期

蒙台梭利认为，敏感期是生物在其初期发育阶段所具有的一种特殊敏感性，是一种灵光乍现的禀性，并且只在获得某种特性时才闪现出来，一旦获得这种特性之后，这种敏感性就消失了。如果儿童在其敏感期没有按他的敏感性指令行事，他将永远丧失这种天赋的力量。可见儿童的敏感期有多么的重要。

蒙台梭利认为，在儿童的敏感期应该让儿童按其本能行事，学会自我调节和掌握某种东西，就像一束光能把他的内心照亮，像电池一样能提供能量。如果这种本能遭到破坏，那就意味着儿童将会软弱和缺乏活力。如果在敏感期儿童发脾气，这是他们的需要得不到满足的外在表现，表达了他对某种危险的警觉，或对杂乱无序的反感，只要他们的需要得到满足他们就会平静下来。0~6岁是孩子秩序感的敏感时期，破坏秩序感会使孩子哭闹不止。秩序感是生命的一种需要，当这种需要被满足时，就产生了真正的快乐。

（一）对秩序感的认知

秩序感是生命体对于事物的空间布局、存在形式、归属或事件发生顺序和谐、有序的要求。

孩子的秩序感一旦被破坏，就可能以他特有的方式进行维护，给家长造成困扰。因此，理解孩子对秩序感特有的要求，能更好地解释孩子行为背后的原因，对症下药地解决问题。看了蒙台梭利的这本书之后，我才对秩序感有了深入的了解，回想发生在女儿和一些学生身上的一些特例，我恍然大悟，像找到了答案一样开心。

（二）解读秩序感的一些特定行为

在我女儿两岁，刚开始说话的时候，我们会觉得她的一些行为莫名其妙。例如，有一次准备吃饭时，她爷爷把所有的凳子都搬过来摆好了，但是她突然大哭起来，用稚嫩的话音说"我、我的"，大家都不明白是什么意思，以为是她的凳子也要搬过来，于是把她的凳子也搬了过来，可是她哭得比刚刚还要大声。大家就觉得奇怪了，怎么惹到她了呢？后来她看实在没法表达自己的意思，就把所有的凳子搬回原来的地方，一张一张地按原来的样子把它们摆好。还有一次，她奶奶到家后不加分别就换上了我的拖鞋，她看见之后就大声地叫喊起来"妈妈鞋，奶奶脱"，意思这是妈妈的鞋子，奶奶不能穿，这是一种对事物所有权的极度敏感。

这是在两岁半左右孩子身上体现的秩序感，5~6岁的孩子身上同样也有。如在我任教的大班里，由于班上孩子多，每次绘画的时候，我们都会给每桌的孩子发放三盒水彩笔，在绘画之前我都会强调让孩子们把水彩笔放在桌子的中间，方便所有的孩子都能拿得到。有一次，我看到有一桌的孩子正在安静地绘画，可是一会之后，我就听到了争吵声，一个女孩子说"水彩笔应该放在桌子的中间"，另一个男孩子说"放在边上你也可以拿得到啊"，可是那个女孩子说"不，一定要放在中间，老师说了要放在中间"，说完一把把水彩笔抢过去放在中间，男孩子也不愿意，又抢回去放在边上，可是女孩子就是觉得一定要放回中间，中间才是应该放水彩笔的地方。就在这么来来回回的抢夺中，我介入了，我对那个男孩子说，"放在中间大家都可以拿得到，如果你放在边上，旁边的小朋友需要的时候就拿不到了"，最后他乖乖地把水彩笔放回了桌子的中间。

通过这些例子我们可以了解，孩子在秩序感的作用下，会对物体的归属十分敏感，认为家里的东西、物品是属于谁的，就是谁的，其他人不能动；他们认为事物就应该放在它们应该放的地方，如果放错了地方他们会觉得不舒服，就是破坏了事物存在的秩序，值得他去维护和纠正。

（三）秩序感对儿童成长的作用

1. 秩序感可以给孩子带来安全感

"幼小的孩子在习惯了教养环境中的日常安排后，就会非常期待周围事物的运行都是可以按照期待发生的，这样才可以让她们感觉自己对生活是有掌控能力的。"一切都是按照期待发生的秩序进行可以给孩子安全的感觉，一旦这个秩序被破坏，孩子就会变得非常不安、焦躁，对环境的安全感产生怀疑。对于孩子来说，秩序井然的生活环境是其获得安全感的基础。

2. 有利于孩子养成有条理的生活习惯

孩子在秩序感的作用下，往往会认为世界是按照特定的秩序存在的，如果父母能够尊重孩子的秩序敏感期，在这期间能够因势利导，给孩子制定规律的作息时间表，布置整洁有序的家庭环境、呵护孩子物权意识、尊重孩子对物品的归位行为，孩子则更容易养成有条理的生活习惯。

三、尊重孩子的发展，不要成为孩子成长的障碍

书中蒙台梭利认为成人总是用"最大效率法则"对待儿童，他们总想用最直接的手段、在最短的时间内达到他们的目的。成人会设法用自己的行动节奏来代替孩子的节奏，以此来缓解他们内心的不适，如对于刚会行走不久的孩子，父母总是没有太多的耐心来等待他们，总是以自己走路的节奏来要求孩子，有的父母实在等不及就直接抱起孩子就走，没有给他们锻炼的机会。成人这样做就阻挠了儿童的自由行动，儿童对于这种毫无必要的帮助并不感激，父母的这种代劳行为会给孩子造成压力，这对他们今后的成长会产生一定的不良影响。

父母是孩子成长的第一任老师，在孩子生活中扮演了重要的角色，如果父母能多认识孩子，满足孩子成长的各种需要，就会成为孩子发展的指导者和促进者。作为成人要学会站在孩子的立场，了解孩子，知道孩子的需求，成为孩子信赖的"朋友"，而不是揠苗助长的"农夫"。

——刘廷羽，黔南民族师范学院2017级学前教育专业硕士研究生

第八章 学前儿童情绪和情感的发展

爱是一种两个人之间健康的、亲热的关系，它包括了互相信赖。在这样一种关系中，两个人会抛弃恐惧，不再戒备。当一方害怕他的弱点和短处会被发现时，爱常常就受到伤害了。……爱的需要涉及给予爱和接受爱……我们必须懂得爱，我们必须能教会爱、创造爱、预测爱。否则，整个世界就会陷于敌意和猜忌之中。

——亚伯拉罕·马斯洛

第一节 学前儿童情绪、情感的发生和发展

一、学前儿童几种基本情绪的发生和分化

（一）哭

儿童出生后，最明显的情绪表现就是哭。哭代表不愉快的情绪。

哭最初是生理性的，以后逐渐带有社会性。新生儿的哭主要是生理性的，幼儿的哭，已主要表现为社会性情绪了。

新生儿啼哭的原因主要是饿、冷、痛和想睡觉等，也有由其他刺激引起的，例如，环境变了会哭。新生儿还有一种周期性的哭，许多孩子每天晚上都要哭一阵子，这种哭是新生儿在表达内在的需要，也可以说是他的一种放松途径。刺激太多也容易引起新生儿啼哭。

婴儿啼哭的表情和动作所反映出来的情绪日益分化。随着孩子长大，啼哭的诱因会有所增加。随着年龄的增长，儿童的啼哭次数会减少。一方面，婴儿对外界环境和成人的适应能力逐渐增强，从而减少了婴儿的不愉快情绪。另一方面，儿童逐渐学会了用动作和语言来表示自己的不愉快的情绪和需求，取代了哭的表情。

（二）笑

笑是愉快情绪的表现，儿童的笑比哭发生得晚。主要有以下类型：

1. 自发性的笑

婴儿最初的笑是自发性的，或称内源性的笑，这是一种生理表现，而不是交往的表情手段。

内源性的笑主要发生在婴儿的睡眠中，困倦时也可能出现。这种微笑通常是突然出现的，是低强度的笑。这种笑主要是嘴周围的肌肉活动，不包括眼周围的肌肉活动。这种早期的笑在3个月后逐渐减少。

出生后一个星期左右，新生儿在清醒时间内，吃饱了或听到柔和的声音时，也会本能地嫣然一笑，这种微笑最初也是生理性的，是反射性微笑。

2. 诱发性的笑

诱发性的笑和自发性的笑不同，它是由外界刺激引起的。它可以分为反射性的诱发笑和社会性的诱发笑两大类。

（1）反射性的诱发笑。

婴儿最初的诱发笑发生于睡眠时间。比如，在婴儿睡着时，温柔地碰碰婴儿的脸颊，或者是抚摸婴儿的肚子，都可能使其出现微笑。

新生儿在第三周时，开始出现清醒时间的诱发笑。例如，轻轻触摸或吹其皮肤敏感区 4～5 秒，儿童即可出现微笑。这些诱发性的微笑都是反射性的，而不是社会性微笑。

（2）社会性的诱发笑。

研究发现，从第五周开始，婴儿对社会性物体和非社会性物体的反应不同，人的出现，包括人脸、人声，最容易引起婴儿的笑，即婴儿开始出现"社会性微笑"。

婴儿三四个月前的社会性的诱发笑是无差别的。这种微笑往往不分对象，对所有人的笑都一样。研究发现，3 个月婴儿甚至对正面人的脸，无论其是生气还是微笑，都报以微笑。但如果把正面人的脸变成侧面人脸，或者把脸的大小改变了，婴儿就会停止微笑。

4 个月左右，婴儿出现有差别的微笑。婴儿只对亲近的人笑，他们在面对熟悉的人脸时比面对不熟悉的人脸时笑得更多。有差别的微笑的出现是婴儿最初的有选择的社会性微笑发生的标志。

（三）恐　惧

恐惧的分化也经历了以下几个阶段：

1．本能的恐惧

恐惧是婴儿出生就有的情绪反应，甚至可以说是本能的反应。最初的恐惧不是由视觉刺激引起的，而是由听觉、肤觉、肌体觉刺激引起的，如刺耳的高声等。

2．与知觉和经验相联系的恐惧

婴儿从 4 个月左右开始，开始出现与知觉发展相联系的恐惧。引起过不愉快经验的刺激也会激起恐惧情绪。也是从这个时候开始，视觉对恐惧的产生逐渐起主要作用。

3．怕　生

所谓怕生，可以说是对陌生刺激物的恐惧反应。怕生与依恋情绪同时产生，一般在 6 个月左右出现。伴随婴儿对母亲依恋的形成，怕生情绪也逐渐明显、强烈。研究表明，婴儿在母亲膝上时，怕生情绪较弱；离开母亲，则怕生情绪较强烈。可见，恐惧与缺乏安全感相联系。人际距离的拉近或疏远，影响到儿童安全感的减少与增大。

4．预测性的恐惧

2 岁左右的婴儿，随着想象的发展，出现了预测性恐惧，如怕黑、怕坏人等。这些都是和想象相联系的恐惧情绪，往往是因环境的不良影响而形成。与此同时，由于语言在儿童心理发展中作用增强，也可以通过成人讲解及其肯定、鼓励等方式来帮助儿童克服这一种恐惧。

（四）依　恋

依恋是婴幼儿寻求并企图保持与另一个人亲密的身体联系的一种倾向。这个人主要是母亲，也可以是别的抚养者或与婴幼儿联系密切的人，如家庭其他成员。

1．婴幼儿依恋的特点

有研究认为，婴幼儿依恋突出表现为三个特点：

（1）婴幼儿最愿意同依恋对象在一起，与其在一起时，其能得到最大限度的舒适感、安慰和满足。

（2）在婴幼儿痛苦、不安时，依恋对象比任何他人都更能抚慰他们。

（3）依恋对象使婴幼儿具有安全感。当在依恋对象身边时，他们较少害怕；当其害怕时，最容易出现依恋行为，寻找依恋对象。

2. 婴幼儿依恋的发展

依恋不是突然产生的，而是在婴幼儿同主要照看者在较长时期的相互作用中逐渐建立的。根据鲍尔比（J. Bowlby）和埃斯沃斯（M. Ainsworth）等人的研究，依恋发展可分为四个阶段：

（1）无差别的社会反应阶段（出生～3个月）。

这一时期，婴儿对人的反应最大特点就是不加区别、无差别。婴儿对所有人的反应几乎都一样，喜欢所有的人，喜欢听到所有人的声音，注视所有人的脸，只要看到人的面孔或听到人的声音都会微笑、手舞足蹈、咿呀作语。

（2）有差别的社会反应阶段（3～6个月）。

这一时期，婴儿对人的反应有了区别，对母亲和他所熟悉的人及陌生人的反应是不同的，婴儿对母亲更为偏爱。婴儿在母亲面前表现出更多的微笑、牙牙学语、偎依、接近，而在其他熟悉的人面前这些反应就要相对少一些，对陌生人这些反应更少，但依然会有这些反应。

（3）特殊的情感联结阶段（6个月～2岁）。

这一时期，婴幼儿对母亲的存在特别关切，特别愿意和母亲在一起，当母亲离开时，哭喊着不让其离开，别人不能替代使其快乐。同时，只要母亲在身边，他们便能安心玩耍，探索周围环境，好像母亲是其安全基地。这一时期婴幼儿出现了明显的对母亲的依恋，形成了专门的对母亲的情感联结。与此同时，婴幼儿对陌生人的态度变化很大，面对陌生人时感到紧张、恐惧，甚至哭泣等。

7～8个月时，婴儿形成对父亲的依恋。再以后，与主要抚养者的依恋关系进一步加强，依恋范围进一步扩大。以后，随着其进入集体教养机构，他们还对老师形成依恋情感。

（4）目标调整的伙伴关系阶段（2岁以后）。

2岁以后，幼儿能够认识并理解母亲的情感、需要、愿望，知道她爱自己，不会抛弃自己，这时，幼儿把母亲作为一个交往的伙伴，并知道交往时要考虑到她的需要和兴趣，据此调整自己的情绪和行为反应。这时与母亲的空间上的邻近性就变得不那么重要了。例如，母亲需要干别的事情，要离开一段时间，幼儿会表现出能理解，而不会大声哭闹。

二、情绪分化理论

下面，介绍几种有代表性的有关早期情绪分化的理论。

1. 布里奇斯的情绪分化理论

加拿大心理学家K.M.布里奇斯的情绪分化理论极具代表性。他认为：初生婴儿只有未分化的一般性的激动，表现为皱眉和哭的反应；3个月时分化为快乐、痛苦两种情绪；6个月时，痛苦又进一步分化为愤怒、厌恶、害怕三种情绪；12个月时，快乐情绪又分化出高兴和喜爱；18个月时，分化出喜悦与妒忌。

2. 林传鼎的情绪分化理论

我国心理学家林传鼎认为儿童情绪分化的过程可以分为三个阶段：

（1）泛化阶段（0～1岁）。

这一阶段儿童的情绪反应比较笼统，而且往往是生理需要引起的情绪占优势。0.5～3个月,出现了 6 种情绪,即欲求、喜悦、厌恶、着急、烦闷、惊骇,但这些情绪不是高度分化的,只是在愉快与不愉快的基础上增加了一些面部表情。4~6 个月,开始出现由社会性需要引起的喜欢、着急等情绪。

（2）分化阶段（1~5 岁）。

这一阶段,儿童情绪开始多样化,从 3 岁开始,陆续产生了同情、尊重、爱等 20 多种情感,同时一些高级情感开始萌芽,如道德感、美感。

（3）系统化阶段（5 岁以后）。

这一阶段的基本特征是情绪生活的高度社会化。这个时期道德感、美感、理智感等多种高级情感达到一定的水平,有关世界观形成的情感初步建立。

3. 伊扎德的"情绪动机分化理论"

伊扎德是当代著名的情绪发展研究专家。他关于婴儿情绪发展的研究及据此提出的情绪分化理论对当代情绪研究有很大的影响。

伊扎德认为：婴儿出生时具有五大情绪：惊奇、痛苦、厌恶、最初步的微笑和兴趣；4~6 周时,出现社会性微笑；3~4 个月时,出现愤怒、悲伤；5~7 个月时,出现惧怕；6~8 个月时,出现害羞；6~12 个月,出现依恋、分离伤心、陌生人恐惧；18 个月左右,出现羞愧、自豪、骄傲、操作焦虑、内疚和同情等。

三、学前儿童情绪和情感发展的一般趋势

（一）情绪、情感的社会化

儿童最初出现的情绪是与生理需要相联系的,随着年龄的增长,情绪逐渐与社会性需要相联系。社会化成为儿童情绪、情感发展的一个主要趋势。

【材料分析】

有研究表明,儿童产生愤怒的原因有：第一,生理习惯问题,如不愿吃东西、睡觉、洗脸和上厕所等；第二,与权威矛盾的问题,如被惩罚,受到不公正待遇,被禁止参加某项活动等；第三,与人的关系问题,如不被注意、不被认可、不愿和人分享等。研究结果发现,2 岁以下儿童属于第一种情况最多,3~4 岁儿童属于第二种情况的占 45%,4 岁以上儿童属于第三种情况的最多。

【思考与讨论】

从上述研究中分析引起不同年龄幼儿情绪、情感的原因有什么不同,这说明幼儿情绪、情感呈现怎样的发展趋势？

1. 引起情绪反应的社会性动因不断增加

所谓情绪动因是指引起儿童情绪反应的原因。婴儿的情绪反应,主要是和他的基本生活需要是否得到满足相联系的。在 3 岁前儿童情绪反应动因中,生理需要是否满足是其主要动因。

3~4 岁幼儿,情绪的动因处于从主要为满足生理需要向主要为满足社会性需要的过渡阶段。在中大班幼儿中,社会性需要的作用越来越大。幼儿非常希望被人注意、被人重视、关爱,要求与别人交往。不仅与成人的交往需要及状况是制约幼儿情绪产生的重要社会性动因,而且,同伴交往的状况也日益成为影响幼儿情绪的重要原因。

由此可见,幼儿的情绪和情感与社会性交往、社会性需要的满足密切相关,幼儿的情绪

和情感正日益摆脱同生理需要的联系，而逐渐社会化，其社会性交往、人际关系对儿童情绪和情感的影响很大，是左右其情绪和情感产生的最主要动因。

2．情绪中社会性交往的成分不断增加

学前儿童的情绪活动中，涉及社会性交往的内容，随着年龄的增长而增加。例如，某研究发现，学前儿童交往中的微笑可以分为三类：第一类，儿童自己玩得高兴时的微笑；第二类，对教师的微笑；第三类，对小朋友的微笑。这三类中，第一类不是社会性情感的表现，后两类则是社会性的。该研究所得 18 个月和 3 岁儿童三类微笑的次数比较如表 8.1 所示：

表 8.1　18 个月和 3 岁儿童三类微笑的比较

年龄	自己笑		对教师笑		对小朋友笑		总数	
	次数	百分比（%）	次数	百分比（%）	次数	百分比（%）	次数	百分比（%）
18 个月	67	55.37	47	38.84	7	5.79	121	100
3 岁	117	15.62	334	44.59	298	39.79	749	100

从表 8.1 中可以看出，从 18 个月到 3 岁，儿童非社会性交往微笑的比例下降，社会性微笑的比例不断增加。

3．情绪表达的社会化

表情是情绪的外部表现，有些表情是生物学性质的本能表现。儿童在成长过程中，表情日益社会化。

表情的表达方式包括面部表情、肢体语言和言语表情。

儿童表情社会化的发展主要包括两个方面：一是理解（辨别）面部表情的能力，二是运用社会化表情手段的能力。

研究表明，随着年龄的增长，儿童解释面部表情和运用表情手段的能力都有所提高。一般而言，辨别表情的能力一般高于制造表情的能力。

（二）情绪、情感的丰富和深刻化

从情绪所指向的事物来看，其发展趋势越来越丰富和深刻。

1．丰　富

所谓情绪的日益丰富，可以说包括两种含义。其一，情绪过程越来越分化；其二，情绪所指向的事物不断增加。

（1）情绪过程越来越分化。

这一点在前面的情绪的分化中已经涉及，刚出生的婴儿只有少数的几种情绪，随着年龄的增长不断分化、增加。

（2）情感指向的事物不断增加。

有些先前未引起儿童体验的事物，随着年龄的增长，引起了儿童的情感体验。例如，2~3 岁年幼的儿童，不太在意小朋友是否和他一起玩，而对年龄稍大一点的儿童来说，小朋友孤立、不和他玩，以及成人的忽视，特别是误会、不公正对待、批评等，都会使他们非常伤心。

2．深刻化

所谓情感的深刻化是指指向事物的性质的变化，从指向事物的表面到指向事物更内在的特点。例如，年幼儿童对父母的依恋，主要由于父母是满足他的基本生活需要的来源，而年长儿童的依恋则还包含对父母的尊重和爱戴等内容。

【思考与讨论】

为什么随着年龄的增长,学前儿童情感逐渐深刻化?

（三）情绪、情感的自我调节化

【案例分析】

（1）小班幼儿入园的录像片段。

（2）当妈妈离开时,某 3 岁幼儿哭着要妈妈,这时,阿姨给他一颗糖,孩子拿着糖高兴地笑了。

（3）一个孩子因为某件事高兴地拍起桌子来,周围的孩子也会跟着拍,而且情绪也和第一个拍桌子的孩子一样兴高采烈。一个小朋友喊:"叔叔好""阿姨好",其他小朋友也跟着喊；一个小朋友拉着叔叔的手,亲热地表示要和叔叔一块玩,其他小朋友也会围上来,做出同样的动作。

【思考与讨论】

通过上述几个案例,分析和总结幼儿情绪调节方面具有哪些特点?

1. 情绪的冲动性

幼儿常常处于激动的情绪状态。在日常生活中,婴幼儿往往由于某种外来刺激的出现而非常兴奋,情绪冲动强烈。儿童的情绪冲动性还常常表现在其用过激的动作和行为表现自己的情绪。

随着幼儿脑的发育及语言的发展,情绪的冲动性逐渐减少。幼儿对自己情绪的控制,起初是被动的,即在成人要求下,由于服从成人的指示而控制自己的情绪。到幼儿晚期,对情绪的自我调节能力才逐渐发展。成人经常不断地教育和要求幼儿,以及教师在幼儿参加集体活动和集体生活时对其提出要求,都有利于幼儿逐渐养成控制自己情绪的能力,减少冲动性。

2. 情绪的不稳定性

婴幼儿的情绪是非常不稳定的,短暂的。随着年龄的增长,情绪的稳定性逐渐增强,但是,总的来说,幼儿的情绪仍然是不稳定、易变化的。婴幼儿的情绪不稳定与以下两个因素有关:

情境性。婴幼儿的情绪常常受外界影响,某种情绪往往随着某种情境的出现而产生,又随着情境的变化而消失。

易感性。所谓易感性,是指婴幼儿情绪非常容易受周围人的情绪所影响。

随着年龄的增长,幼儿情绪比较稳定,较少受一般人感染,但仍然容易受亲近的人,如家长和教师的感染。因此,父母和教师在幼儿面前必须注意控制自己的不良情绪。

3. 情绪和情感的外显性

婴儿期和幼儿初期的儿童,不能意识到自己情绪的外部表现。他们的情绪完全表露于外,丝毫不加以控制和掩饰。随着言语和幼儿心理活动有意性地发展,幼儿逐渐能够调节自己的情绪及其外部表现。值得一提的是,儿童调节情绪的外部表现的能力的发展比调节情绪本身的能力发展得早。

由上可知，了解婴幼儿情绪和情感发展的一般趋势，有利于成人及时了解孩子的情绪，给予正确的引导和帮助。同时，由于年龄稍长的幼儿其情绪已经开始具有内隐性，因此，成人需要细心观察和了解其内心的情绪体验。

第二节 学前儿童常见的情绪障碍

一、学前儿童常见的情绪障碍

常见情绪障碍主要有焦虑、恐惧、抑郁、多动、冲动、违拗等，一般来说，女孩的情绪问题明显多于男孩，而男孩的行为问题多于女孩。

学前儿童在心理发育过程中受到各种因素的影响，主要有自身的素质、家庭环境、幼儿园和学校环境、社会环境。学前儿童大脑发育尚不成熟，心理状态很不稳定，很容易受这些因素的影响，出现各种情绪问题。

焦虑是学前儿童情绪障碍的主要表现之一。在年龄较小的幼儿中，常见的是过分担心与最亲近的或是所依恋的人分离，亦称分离性焦虑，如与父母分开时就大哭大闹，不吃不睡，还可能出现恶心、腹痛等躯体症状，或是不现实地担心亲人发生意外等；年龄稍大的孩子可能出现社交性焦虑，与人交往时紧张不安。

恐惧情绪也是学前儿童期常见的一种情绪问题，90%的儿童在发育的某一阶段有过一时性的恐惧反应，一般而言这是正常的现象，不会对生活和学习带来影响，随年龄增长即自行消失，如怕黑暗、怕雷电、怕某种动物等。但如果学前儿童所表现出的恐惧大大超过了实际的危害程度，或者实际上根本没有危险却表现得十分恐惧，而且这种恐惧的情绪持续相当长的时间，由此产生回避、退缩行为，对正常的生活、学习、社交带来严重影响，劝慰无效，那么他的这种恐惧现象就达到了病态程度，应进行治疗，如怕上学并且拒绝去学校，怕见人而不愿外出等。

儿童抑郁是因心理刺激产生的，如与父母分离、家庭不和、受惩罚、考试成绩不好等，婴幼儿和青少年均可能出现，8岁以后儿童多见。不同时期儿童的表现有所不同，一般表现为：情绪低落、哭闹、好发脾气、兴趣减退、自我评价低、不想学习、注意力不集中、成绩下降，甚至有自残、自杀行为等。

儿童在刚换新环境时，如刚入学、升学、转学或换班级、换老师时，常会出现适应性障碍，除了可能表现出以上多种情绪问题外，还有一些退行性行为问题，如早已经不尿床的孩子又尿床了，较大的儿童变得又特别依恋父母，举止幼稚。患有适应性障碍的儿童如果得到及时关心和合理的处理，症状会很快好转。

有些平日认真、谨慎、好强的儿童，在压力过大的时候，会反反复复地想一句话、一件事、一个念头或是重复做一个动作，虽然自己知道没有什么必要，也没有什么意义，但始终不能克服，并给自己带来痛苦，造成学习效率下降，这可能是患了强迫症，应及时就医。

多动性障碍作为一种行为障碍症状出现在6岁以前，主要表现为：多动不安，注意力不集中，易分心，好冲动。多动症儿童的活动过多且是不分场合的，与同龄、同性别儿童相比其显得过分地多动不安，如在室外喜欢奔跑而少走，在教室不能静坐，在座位上不停地扭动。患儿过分喧闹，特别多嘴，在需要保持安静、遵守秩序的场合也不能安静下来。注意障碍是多动性障碍一个核心症状，表现为集中注意的时间很短，不能坚持认真听讲，心不在焉，易受外界的细微干扰而分心，写作业不能全神贯注、粗心大意，做事情有头无尾，常半途而废，常常忘事。另外，患多动症的儿童行为冲动冒失，喜欢打扰别人、恶作剧，显得毛手毛脚，自我控制能力差，组织能力差，丢三落四，自己的东西不能收拾整齐，等等。需要注意的是，儿童是否有多动性障碍应由专业医生判断，而不是随意给一个好动的儿童戴上多动症的帽子，确诊后方可采取相应的治疗，一般需要药物治疗、心理治疗及家庭、学校几个方面的互相配合。

常见到有些孩子挤眉、眨眼、歪嘴、清嗓子或是转头、耸肩，这些动作快速、频繁、无目的、不自主地出现。这些"怪相"也是一种儿童期较常见的行为障碍，被称为"抽动性障碍"，在儿童中的发生率为10%～30%，表现形形色色，可以相互转换。例如，开始一段时间眨眼，过一段时间又出现歪嘴。抽动行为能短暂地受患儿的意志控制，入睡后消失，但因疲劳、精神紧张而加剧。产生抽动的原因有的是由于躯体局部刺激，如因睫毛炎而眨眼、因鼻塞而抽鼻子，但局部的疾病愈后抽动的症状却长期保留下来，有的是由于精神过度紧张引起，还有的与遗传因素有关。大多数孩子症状较轻，不影响学习和生活，几周或几个月后自行消失，少数孩子的症状持续时间较长，达一年以上，经久不愈。极少数严重者可能出现大声地清嗓子、咳嗽、怪叫、骂人和四肢多部位地抽动，甚至不由自主地敲打自己，这种又被称为发声与多种运动联合抽动性障碍。抽动症状较轻的患儿无须特殊治疗，应注意的是不要责备孩子或对孩子的抽动现象表现得十分关注，越是责备他们越是抽动得厉害，造成一种暗示作用。对抽动较严重、影响生活和学习的儿童应进行药物治疗。

总之，家长和教师一旦发现儿童情绪异常，就要重视，并及时求助心理医生。

二、学前儿童积极情绪、情感的培养

（一）创设适宜的环境陶冶儿童情操

学前儿童情绪和情感具有明显的情境性特点，受周围环境刺激影响大。所以，和谐、优美、轻松、愉快的生活环境对儿童具有较强的感染力，能使儿童情绪受到潜移默化的影响，对儿童情绪与情感发展产生很大的作用。儿童的生活环境包括物质环境和精神环境两大类。

物质环境，是指为儿童活动提供的环境设施。一般来说，宽敞的活动空间、优美的环境布置、整洁的活动场地、充满生机的自然环境，会使儿童情绪愉快，开朗活泼；而在狭小的场地，儿童活动空间小，会导致儿童情绪压抑、烦躁不安。这些都说明儿童生活的整体环境对其情绪发展的影响是不容忽视的。至于幼儿园中充满变化、丰富多彩的学习环境也能激发儿童的学习兴趣，使孩子在幼儿园的生活丰富多彩，情绪愉快积极；相反，单调的学习环境会使儿童感到厌烦。

物质环境对儿童情绪影响很大，精神环境的作用更不容忽视。对学前儿童来说，精神环境主要指人际环境，包括家庭和幼儿园的人际环境。愉快和谐的家庭生活、亲情的充分释放对学前儿童情绪发展影响极大。而长期处于家庭关系紧张的氛围中，儿童容易形成恐惧、焦虑、自卑、悲观等不良情绪，甚至会影响孩子的个性发展。进入幼儿园后，如果幼儿觉得教师喜欢他，小朋友喜欢他，他会爱上幼儿园，情绪也会很愉快。反之，如果他认为教师不喜欢他，经常不理睬他或者训斥他，小朋友也不跟他玩，他在幼儿园里会感觉孤独寂寞，心情不好，从而不愿意上幼儿园。

此外，成人的情绪和态度本身作为一种无形的精神环境，也会对儿童心理发展起到"润物细无声"的作用。父母是孩子的第一任教师，父母的情绪在很大程度上影响着儿童早期情绪的形成与发展。父母的情绪表达方式和特点为学前儿童的情绪表达提供了最初的范例。如父母习惯用争吵、打架来表达自己的愤怒会直接导致儿童出现攻击性行为。教师是孩子在幼儿园生活的组织者和领导者，其情绪的变化直接影响着全体儿童。如果教师自己闷闷不乐、郁郁寡欢，儿童也就愉快不起来。儿童长期被这种不愉快的情绪困扰，极易抑郁。因此，成人应该学会自我控制。在儿童面前，尽量克制由于生活中的各种不愉快的事物造成的不良情绪，多向儿童展现积极情绪，促进儿童良好情绪的发展。与此同时，父母的教养态度也会对儿童情绪造成影响。在日常生活中，成人应注意多鼓励、帮助儿童，这样，儿童会感到愉快活泼，形成积极热情、自信心强的良好情绪与情感。如果成人粗暴、冷淡，动辄训斥，会令儿童精神紧张、适应性差。而成人不公正地对待容易引起儿童嫉妒，溺爱则容易导致儿童养成任性激动、易冲动等不良品质。

总之，成人要注意给学前儿童创设宽松的物质环境和精神环境，使其长期处于轻松、活跃、主动的氛围，感受生活中的乐趣，促进其良好情绪和情感的发展。

（二）制定合理的生活制度和丰富的生活内容，能让儿童处于愉快的情绪之中

合理的生活制度不仅有利于学前儿童身体健康和良好行为习惯的养成，也有助于儿童情绪的稳定。很多家长和教师在儿童期就给孩子安排过多的学习任务，这样做不但没有促进儿童的发展，反而可能导致儿童出现紧张、焦虑等消极情绪。为此，家庭、幼儿园都应注意为儿童建立科学合理的生活制度。受学前儿童认识过程的无意性特点的影响，新颖多变的、丰富多彩的活动内容容易调动孩子兴趣，使儿童沉浸在轻松活泼的情绪之中，而单调、枯燥的活动则易使儿童感到疲劳，产生厌倦、不愉快的情绪。因此，在合理安排生活制度的同时，注意不要长时间让儿童从事某一种活动，要充分利用各种教学资源，有目的、有计划、有步骤地开展集体活动和自主活动，为学前儿童安排丰富多彩的活动内容，以激发、培养儿童广泛的兴趣。游戏是学前儿童的主要活动。开展游戏活动对儿童情绪的作用是十分有利的。因为游戏不仅使儿童直接从活动本身获得快乐，还可以满足学前儿童的多种需要，而这些需要的满足就会使儿童获得更大的快乐。适度的教学活动能激发学前儿童的好奇心和求知欲，有利于培养儿童的理智感、美感等高级情感。而在日常生活中，让儿童充分独立自主地活动，积极地与同伴进行交往，这样也有利于满足儿童的多种需要，消除其烦躁等消极情绪，防止自卑消极、冷淡孤僻的性格形成。

（三）通过文学艺术作品培养儿童的高级情感

文学艺术作品是人们对日常生活加以提炼、浓缩的精华，它最富于感染力，也最为孩子所喜爱。如果能够选择符合学前儿童年龄特征的优秀的儿童文学艺术作品，对培养儿童的高级社会情感有独到的作用。例如，雷锋叔叔和其他英雄模范的故事可以让儿童形成初步的道德感，而科学家追求知识、探索真理的文学作品则会让儿童产生强烈的理智感。

（四）培养儿童良好情绪和情感的具体策略

1. 善于发现与辨别孩子的情绪，通过儿童的情感表现来分析儿童的内心世界

人在认识客观现实的过程中，总会伴随着各种情绪表现。学前儿童情绪具有自发性特点，情绪表现十分明显。而学前儿童的情绪具有外露性，他们对自己的情绪从不掩饰。这就为成

人发现与辨别儿童情绪提供了条件。例如，某幼儿吃早餐时还活泼好动，有说有笑，吃饭后妈妈准备带他上幼儿园时突然默不作声，甚至哭闹不止，妈妈就可以分析得出"孩子可能今天不太想去幼儿园"的结论。为什么不想去呢？通过和孩子耐心交流，妈妈知道昨天幼儿园老师批评他了。妈妈就要和老师配合，共同对他进行心理疏导。

由于学前儿童的行为往往反映其内心品质，因此，老师和家长在察觉到孩子有不同情绪后要对其进行正确的分析。对儿童的情绪应以肯定为主，要耐心倾听孩子说话，分析其产生情绪的真正原因，并学会理解和接纳儿童的情绪。当儿童出现良好情绪时，成人要及时表扬并使其保持；当儿童出现不良情绪时，成人则要及时干预，帮助儿童疏导。

2. 注意儿童的个别差异，对不同的孩子采取不同的方法

情绪是先天和后天等多种因素相互作用的结果，所以早在学前儿童身上，情绪就显露出明显的个别差异性。例如，有的孩子比较外向，高兴就笑，不顺心就大吵大闹，但这种情绪往往来得快去得也快。有些孩子则比较内向敏感，往往因为一件小事就躲到一边闷闷不乐，但并不表现出强烈的行为。因此，对待儿童不良情绪的方法应不尽相同。例如，对有的儿童的不良情绪可采取冷处理的方法，即当他情绪冲动时不过分关注他，不火上浇油，等他稍稍平静一些再给他讲道理，帮助他学会自我控制，但也不能简单地将正在暴怒的儿童扔在一边了事。而对有的儿童要多观察、多交流、多关心、多抚慰，让他们感觉到温暖、安全，帮助其消除不良情绪的影响。

3. 正确对待学前儿童的情绪行为，培养积极情绪，减少消极情绪

情绪可以分为积极情绪与消极情绪两大类。学前儿童很早就出现了这两种情绪。儿童情绪不仅具有自发性，而且具有情境性，易受周围环境和刺激的影响，敏感而又脆弱，所以成人要非常留心。成人正确引导能使儿童情绪更多地表现出积极的一面，而不正确的教养态度则容易造成孩子情绪发展不良。所以，在现实生活中，成人要注意正确对待孩子的情绪行为。

对孩子的不良情绪成人也要有正确的认识。要认识到儿童的生活是丰富多彩的，其情感世界也同样会风云变幻。当孩子在生活中遇到挫折时，也会产生消极情绪，如孤独、悲伤、焦虑、愤怒、害怕。要认识到这些消极情绪是不可避免的，也是正常的。成人要接受儿童的适度的消极情绪，因为这也是儿童多彩生活的一部分。

成人观察儿童的具体行为、了解儿童的情绪后，要学会正确运用暗示和强化，增进良好行为发生的次数，减少不良行为的发生以培养孩子的积极情绪。儿童发生积极的情绪体验时，教师应及时地、适度地予以精神的或物质的奖励；而当儿童出现不良的情绪表现时，教师可以不予理会，不一定立刻进行处理，静观其变。但当孩子产生严重的不良情绪时，作为家长和教师，其任务不是要求儿童压抑、隐藏他们的消极情绪，而是要采取切实可行的办法来进行干预。比如，可以教给儿童正确、合适地表达自己的情绪的方法。另外，要为孩子创设发泄情绪的环境和情境，教给孩子多样化的发泄方法，指导其进行自我疏导，不要让儿童幼小的心灵总被消极情绪困扰。当然，也可以通过转移注意力的方法来改变儿童的不良情绪。不过这种方法不要滥用，因为最根本的还是培养儿童对情绪的自我调控能力。

第三节 学前儿童高级情感的发展

人在发展过程中会产生一些与社会需要相联系的高级情感，即道德感、理智感和美感。

这些高级情感的形成和发展对学前儿童个性的形成与发展有重要的意义。

一、道德感

道德感是由自己或别人的行为举止是否符合社会道德标准而引起的情感。道德感从形式上来看，大致有以下三种：

（一）直觉的情感体验

它是由于对某种情境的感知而引起的，其产生往往极其迅速、突然。比如，人由于突然的不安感而制止了不道德的要求，由于突如其来的自尊心而激起了大胆果断的行为。这种道德体验表面上看来是无源之水，实际上是个体长时间形成的道德认识、道德行为在特殊情境下的集中反映，对指导个体在紧急情况下迅速做出正确的行为选择有重要的作用。

（二）与具体的道德形象相联系的道德情感

当儿童听了一个报告、看了一本小说，或看了一部电影或电视剧后，一些栩栩如生的人物形象和他们的高尚的情操及思想往往会激起儿童情感上强烈的共鸣，有的形象令其永世难忘，只要一想到这样的形象儿童就会按照他们身上的某种品质或行为来要求自己，激励自己。

（三）意识到道德伦理的情感体验

这是一种自觉的、有意识的、概括性的道德情感，如爱祖国、爱学校、爱集体、爱家乡等。由于幼儿对道德伦理的认识极为简单，因而与之相联系的道德伦理情感体验也是十分粗浅的，直到青年期这种情感体验才开始占重要地位。

儿童在家庭、学校、社会的影响下，渐渐地掌握了一定的社会规范、道德标准，并把遵守社会规范、道德标准转化为自己的需要。当儿童自己或别人的行为、言论、思想符合他所掌握的社会标准时，儿童就会产生高兴、满足、自豪的体验；当儿童自己或别人的行为、言论、思想不符合他所掌握的社会标准时就会产生懊丧、羞耻、愤怒等体验。这种与一定的社会道德标准或社会评价相联系而产生的内心体验就是道德感。道德感主要包括集体主义感、义务感、责任感和爱国主义感。

儿童形成道德感是比较复杂的过程。3岁前只有某些道德感的萌芽。1岁的婴儿可以发生一种简单的同情感。婴儿看到别的孩子哭泣，他也会跟着哭泣；看到别的孩子笑，他也会跟着笑。心理学上把这种现象叫作情感共鸣，这是高级情感产生的基础。这种"情感共鸣"将有助于儿童形成亲社会行为。

2~3岁幼儿产生了简单的道德感。幼儿在做这件事或那件事时，总是伴随着成人这样、那样的评价以及肯定或否定的情绪表现。他们听到成人的表扬会感到满意，听到批评就会不高兴或难为情。如某小朋友把自己的新玩具借给别人玩，得到老师表扬后他会很高兴，可能比自己玩玩具还要高兴；幼儿看到别的孩子在玩新玩具，他想拿过来自己玩，成人会生气马上制止他这个行为，并告诉他"好孩子不拿别人的东西"，他便会不高兴。在成人的教育下，2~3岁的幼儿已经出现了最初的爱与憎，看到小人书上的大灰狼会用拳头去打它，或用手指去戳它；看到小朋友跌倒了会叫老师来扶他；愿意把玩具让给别的小朋友玩，把食物分给成人或别的小朋友吃。这时的儿童虽然还不了解这件事不能做、那件事应该做，但是成人的评价与情绪表现已使他产生了相应的情感。成人责备他，他就变得不高兴；成人表扬他，他就变得高兴。这时的道德感表现取决于成人的表情、动作和声调。

3岁后，特别是在幼儿园的集体生活中，随着儿童掌握了各种行为规范，其道德感有了进一步发展。小班幼儿，由于刚入园，对一些必须遵守的行为准则还不了解、不熟悉，他的道德感主要指向个别行为，往往是由成人的直接评价而引起。中班幼儿比较明显地掌握了一些概括化的道德标准，他们可以因为自己在行动中遵守了老师的要求而产生快感。中班幼儿不但关心自己的行为是否符合道德标准，而且开始关心别人的行为是否符合道德标准，由此产生相应的情感。例如，他们看见小朋友违反规则，会产生极大的不满。中班幼儿常常"告状"，这种"告状"行为就是由道德感激发起来的。大班幼儿的道德感进一步发展和复杂化。他们对好与坏、好人与坏人，有鲜明的不同感情。随着自我意识与人际关系的发展，儿童的自豪感、羞愧感、委屈感、友谊感、同情感以及妒忌的情绪也都发展起来。儿童会对自己的正确举动感到自豪，对自己出现的错误行为感到羞愧。这些都对儿童道德行为的发展具有十分重要的意义。而爱朋友、爱集体等有一定的稳定性的情感也渐渐发展起来。

培养学前儿童道德感要注意以下几点：

（1）为儿童树立切实可行、生动形象的榜样。

（2）在进行道德教育时要"晓之以理，动之以情"，引起儿童的情绪共鸣，使他们从小能对符合社会道德规范的行为产生愉快、自豪、羡慕、向往的情绪体验，对违反社会道德规范的行为表示厌恶、蔑视。要形成一种正确的集体舆论，及时表扬做好事的儿童，批评出现不良行为的儿童，使其形成正确的道德感。

（3）随着儿童认识的发展，成人要阐明道德理论、道德标准，使儿童的道德体验不断概括化、深化。

二、美 感

美感是人们进行审美后所得到的一种愉悦的体验。美感是人对事物审美的体验，它是根据一定的美的评价而产生的。大自然的景色，绘画作品中的山水花鸟，优美的音乐旋律，电影、小说中的艺术形象以及现实生活中的具有美好心灵的人都能拨动人的心弦，使人产生种种美的感受。

美感与儿童知觉、思维的发展有密切联系。婴儿还不会分辨艺术作品中的形象与真实的对象，往往把二者混为一谈。幼儿开始能把二者区分开来，以后还会把它们加以比较，做出评价。儿童的美的体验也有一个逐步发展的过程。婴儿从小喜好鲜艳悦目的东西，以及整齐清洁的环境。有的研究表明，新生儿已经倾向于注视端正的人脸，而不喜欢五官零乱颠倒的人脸；他们喜欢有图案的纸板多于纯灰色的纸板。幼儿初期仍然主要是对颜色鲜明的东西、新的衣服鞋袜等产生美感。他们自发地喜欢长得好看的小朋友，而不喜欢形状丑陋的任何事物；过年时穿上漂亮的衣服，他们会感到非常高兴；而强制他们穿上他们认为不好看的衣服，他们会噘着嘴难受很长一段时间，甚至会假装无意地破坏这件衣服，然后以此为借口换下来。在环境和教育的影响下，幼儿逐渐形成审美的标准。比如，对流着长鼻涕的样子感到厌恶，对于衣物玩具摆放整齐产生快感。同时，他们也能够从音乐、绘画等艺术作品中，从自己从事的美术活动、歌舞、朗诵等艺术表演中体验到美，并且能体验到自然景色的美。幼儿晚期对美的标准的理解和美的体验有了进一步的发展。比如，不满足于颜色鲜艳，还要求颜色搭配协调。

学龄初期儿童对美的评价标准日渐提高，从而促进了美感的较快发展。学龄初期儿童对事物美的评价有两个特点：一是仍受事物外部特征的吸引，如色彩鲜艳、新奇性等；二是真实性。凡是与事物十分相像的作品形象就是好的，不相像的就是不好的。对美的体验仅与事物的具体形象相联系，还不会欣赏抽象的、概括化的艺术作品。

学前儿童的美感教育有多种途径，主要应通过音乐、体育、美术和语文等学科教学进行，除此之外，还可通过课外文艺活动培养学前儿童的美感。利用节假日、春游秋游等机会让儿童投入大自然的怀抱里，享受大自然的美，激发他们热爱祖国、热爱家乡的情感也是学前儿童培养美感的良好途径。社会是个广阔的天地，也是进行美感教育的重要场所。如参观展览会、博物馆，游览名胜古迹；利用社会上涌现出来的先进人物、先进事迹对学前儿童进行道德风尚美、心灵美的教育是美感教育中重要的内容。

三、理智感

理智感是人在认识客观事物的过程中所产生的体验。理智感是与人的求知欲、认识兴趣、解决问题的需要等满足与否相联系的，是人类所特有的高级情感。

人在认识和改造世界的过程中，总渴望探求新的事物，企求有新的发现、新的创造。若在认识过程中遇到矛盾或挫折，就会产生惊讶或疑惑，在做出判断而又感论据不足时会感到不安，一旦有所发现或有所进展就会欣喜、快乐，这些与认识需要满足与否相联系而产生的体验就是理智感。

儿童理智感的发生，在很大程度上取决于环境的影响和成人的培养。适时地向婴幼儿提供恰当的知识，发展他们的智力；鼓励和引导他们提问等教育手段，有利于促进儿童理智感的发展。布鲁纳认为婴儿生来具有一种好奇的内驱力。巴甫洛夫认为儿童生来就有一种不学而能的探究力。儿童一出世就积极地向周围世界探索，他们用手摸衣被，用眼追寻视野中的物体；哭叫着的婴儿听到音乐或别的声音会自然止住哭叫，看到熟悉的人和不熟悉的人就会用眼睛加以辨别；将三四个月的婴儿放在视野悬崖一边其心率会降低；七八个月的婴儿看见彩色的玩具会设法用手去抓；刚学会走路的婴儿，总想挣脱母亲的手自己走路；婴儿手里拿到东西就喜欢东敲西敲发出声音……这些都是婴儿与认识事物相联系的情绪反映，即好奇感。2~3岁的儿童喜欢问"这是什么""那是什么"，这是理智感萌芽的表现。

随着儿童年龄的增长，活动能力的增强，认识范围的扩大，儿童会越来越多地感受到认识的喜悦。当3~4岁的幼儿在成人的指导下用积木搭出一个小房子时，会高兴得拍起手来。儿童理智感的发展，突出表现在他们开始对周围事物感到好奇，他们很喜欢提问题，并由于提问和得到满意回答而感到愉快。日常生活中，在成人看来十分平常的事情，在儿童看来都很新奇。5岁左右，理智感明显发展。他们不但问"是什么"，更喜欢打破砂锅问到底，想弄清"怎么样""为什么"，他们提的问题包罗万象，上至天文，下至地理，这突出反映了他们对所处世界的好奇和兴趣。如果他们的问题得到解决，他们会感到极大的愉快和满足。否则，会感到失落、不高兴。同时，他们开始自主探索世界，以自己的行动来改变相应环境而获得心理满足。这些活动既能满足他们的求知欲和好奇心，又有助于促进理智感的发展。5~6岁的儿童开始迷恋创造性游戏，如用积木、泥沙或水等工具创造出自己心目中的事物。6岁的儿童还喜欢进行各种智力游戏，如下棋、猜谜语，或者其他需要动脑筋解决问题的活动。这些活动不但使儿童产生满意、愉快、自豪等积极体验，还会推动他们完成新的、更为复杂的认识活动。值得注意的是，儿童理智感的另一种表现形式就是与动作相联系的"破坏"行为，如把玩具分拆以弄清事物的"本质"。

培养学前儿童的理智感应注意以下两点：

（1）鼓励儿童多提问、多思索、多探究，并创造条件让儿童有机会去探索、去创造。

（2）当儿童在游戏和学业上取得成功时要及时给予表扬，尽量避免让儿童体验过多、过强的失败情绪，任务与要求要切合儿童实际，要善于发现儿童认识活动中的优势领域和兴趣。成功和兴趣是推动儿童理智感发展的重要保证。

不过，总的来说，儿童的道德感、美感、理智感的发展水平还是比较低的。

拓展阅读

教师的脾气

2008年年底，学校对教师的年终考核进行改革，在考核时加上了"学生评估教师"这一项目。成绩一出来，我竟是全校最低分。我非常愤怒地对学生一顿痛骂，学生都低着头，满脸的恐惧。第三天，我在改作业时，忽然看到一张小纸条，纸条上写着："老师，请你别再生我们的气了，我们不是说你课上得不好，而是因为你动不动就对我们发脾气，有时为一点小事大发雷霆甚至不上课，说真的，听你的课我们总有一种压抑感，生怕一不小心被你骂。老师，真没想到给你造成这么大的伤害，请原谅我们吧！"下面是10个学生的署名。（来源于网络）

教学无小事，教师无小节。也许就是你的某一句话或是某一个不经意的动作，在学生心中留下了不好的影响，从而影响了你最终的成绩。我们在埋怨学生不通人情时，是否反思一下自己是否不通人情?我们在埋怨学生素质低时，我们为什么不想一想自身的问题？再说，老师的职责是教书育人，学生在学校里每天都要和多门学科的任课教师接触，他们对这些教师的了解程度及所获得的信息量比学校领导和其他教师要多得多，每一位教师在向他们"传道，授业，解惑"的过程中也展示了自己，所以，教师应放下架子，善待每一位学生，认真对待每一位学生的评价。

第九章 学前儿童个性的发展

要想有教养,就要去了解全世界都在谈论和思索的最美好的东西。

——马·阿诺德

习气那个怪物,虽然是魔鬼,会吞掉一切的羞耻心,也会做天使,把日积月累的美德善行熏陶成自然而然而令人安然若素的家常便饭。

——莎士比亚

显而易见,骄傲与谦卑是恰恰相反的,可是它们有同一个对象,这个对象就是自我。

——休谟

第一节 学前儿童个性发展的概述

学前儿童个性发展包括气质、性格、能力、自我意识等方面的内容。虽然学前儿童的个性还没有形成,但是他们的行为已经表现出明显的倾向性。了解学前儿童个性心理发展特点对指导儿童教育工作是有益的。

我们应该如何认识个性呢？我国老一辈心理学家车文博先生说,每一个人都是自然属性和社会属性的完整统一体。其中,个体代表自然属性的内容,个性代表社会属性的内容（车文博,1985）。明确阐释个性这一概念并不是一件很容易的事,因为个性与许多心理学概念相联系,如人格、性格和气质。20世纪90年代,我国学者宋维真等编制了"中国人个性测量表",他们把中国人的个性分为可靠性、中国人的传统性格、领导性和独立性四个维度（宋维真、张建新、张建平、张妙清、梁觉,1993）。从这个意义上讲,个性包含了性格因素。我们可以从两个层面来认识个性概念。第一,个性是一个人的心理面貌,它既包含与其他人不同的独特成分,又包含与众人一致的心理因素。换句话说,个性不仅仅指独特性,还包含共同性。第二,个性是一个人经常表现出来的行为特征,是心理结构中相对稳定的心理因素的总和（陈宝翠,1987）。从这个意义上讲,个性与性格又极为相似。也有研究者认为个性就是人格,他们用内向—外向这一维度来描述一个人的个性特征（吴德、唐久来,2002）。当代心理学观点认为,个性心理包括两个部分——个性心理倾向性和个性心理特征（彭聘玲,2004）。需要、动机、兴趣、理想、信念和世界观是个性中的动力因素,表现为个性倾向性;能力、气质和性格则是个性心理中相对稳定的因素,表现为个性心理特征。

一直以来,教育学都在沿用心理学中的个性概念,作为学前教育学专业教材,这里有必要考查一下教育学领域中的个性概念。教育提倡因材施教,培养德、智、体、美、劳全面发展的社会主义建设者和接班人。这就说明,中国教育的个性,除了心理倾向性和心理特征之外,还包括一个人在身心、才智、品性、技能等方面区别于他人的特性总和（龚晓会,2005）。教育领域的个性培养应更加重视个体思想道德素质、健康素质和科学文化素质的协调发展,实现个性化与社会化的有机融合。

学前儿童个性是由哪些成分构成的呢？我国学者杨丽珠教授多年来一直从事"儿童个性和社会性发展与教育"研究。她认为，幼儿的个性由六个因素组成：自我意识、态度倾向、情绪特征、智力特征、意志特征和活动性（刘雯、杨丽珠，1999）。后来，她们使用开放式问卷收集幼儿的个性特征和行为表现，并对此进行编码归类，归纳出我国3~6岁学前儿童个性的六个维度：自我意识、智力特征、意志特征、情绪性、亲社会性和活动性。教师对幼儿个性的评价具有较高的可信度，基于教师评价的幼儿个性结构具有较高的信度和效度。我国研究者张野和杨丽珠等人采用自编的幼儿个性发展教师评定问卷，经过探索性因素分析，得到我国幼儿个性结构四个维度，分别是智力特征、认真自控、情绪性和亲社会性（杨丽珠、张野、刘文，2004；张野，2005）。概括来讲，个性系统是由心理过程、心理状态和心理特征构成的多维度、多层次的统一整体。

根据幼儿在智力特征、认真自控、情绪性和亲社会性四个维度上的表现，可以把学前儿童的个性分为以下四种类型：认可型、矛盾型、拒绝型和中间型（张野，2004）。

认可型的学前儿童的智力特征、认真自控、情绪性和亲社会性四个维度的得分都很高，他们聪明灵活，独立性强，有责任心，做事踏实认真，与同伴关系融洽，具有合作意识，能够主动帮助他人；他们还表现出较好的自控能力，听从老师和家长的管教，性格开朗活泼。认可型在学前儿童群体中比较常见，约占总数的30%。

矛盾型的学前儿童在个性的各个维度上得分低于总体平均水平。具体来讲，他们的智力特征与亲社会性得分显著低于认可型和中间型的孩子，而自控能力得分高于总体平均分，做事情的时候能够专心致志。矛盾型个性的幼儿经常出现情绪化反应，容易表现出爱哭、焦虑和急躁等消极情绪。这类孩子的智力水平稍差，不喜欢动脑筋思考问题，缺乏独立性和进取意识。他们的同伴关系淡漠，表现出明显的以自我为中心倾向，也很少主动关心和帮助其他人。总体来说，这类孩子一方面具有较好的自控力，另一方面又时常出现焦虑和急躁情绪，因此表现出矛盾的个性品质。矛盾性的儿童大约占学前儿童总数的27%。

拒绝型的学前儿童在智力特征、认真自控、情绪性和亲社会性四个维度得分均处于最低水平。这类孩子智力水平不高，缺乏自我约束力，由于缺少同情心和助人意识，这类孩子在同伴交往过程中经常出现困难，很难与同伴建立良好关系；并且，他们比同龄孩子更容易表现出焦虑、急躁等负面情绪。概括来讲，拒绝型是一种消极的个性品质，拒绝型的学前儿童大约占学前儿童总数的10%。

中间型的学前儿童在四种个性类型中比例最大，约占总数的33%。他们在四个维度上的得分均处于中等水平，智力水平不算突出，在个性表现方面处于一般水平。

学前儿童个性发展具有阶段特征。学前期是个性发展的关键时期，在这段时期里，孩子的智力水平、自控能力，以及情绪理解和表达的能力都有明显的发展。学前早期，孩子离开父母，开始集体生活，新的环境会让他们感到约束的力量。他们可能会难以适应陌生的环境和同伴，并遭遇许多规则与限制。他们逐渐摆脱过去的行为模式，逐渐适应一个新的环境。学前早期也是幼儿独立意识和合作意识发展的关键期。随着年龄的增长，孩子的智力水平、责任意识、自我约束能力，以及与同伴的交往程度都会有进一步的提高。在此过程中，他们的情绪性也会得到发展，学会控制自己的负面情绪。

第二节　个性形成的生物学因素

个性是一个人稳定的行为模式，这种行为模式是在生物学因素、社会文化等因素共同作用的基础上逐渐形成的。生物学因素在学前儿童个性形成过程中扮演着重要的角色，影响他们个性形成的生物因素包括遗传因素和生理成熟。

遗传因素是幼儿个性发展的基础。人类通过遗传把基因传递给下一代，使他们具有生物性动力。新生的有机体也存储着潜在的动作图式，积蓄着对外界信息加工的潜能。遗传基因变异可能导致个体异常。遗传学研究发现，染色体结构异常能够导致个体智力落后和行为异常。例如，21-三体综合征个体比正常孩子多了一条21号染色体，他们的智商大多在25～45。国外研究还发现，在收容机构疗养的病人当中，超雄综合征患者（他们比正常男性多了一条Y染色体）表现出更多的侵犯性行为。由此，他们推断，在不良环境的诱发作用下，染色体变异的个体表现出反社会行为的可能性更大。另外，遗传学研究表明，精神病患者的后代罹患精神病的概率比正常人高。

遗传基因决定身体形态和大脑皮层结构，甚至神经元之间的连接、细胞生物化学机能和神经活性物质的合成与分泌等过程。这些不但会影响到幼儿智力的发展，也可能引起个体气质和性格的差异。例如，右脑发达的人擅长形象思维，左脑发达的人擅长逻辑思维。我国学者研究发现，同卵双生子在思维敏捷性、灵活性、深刻性等方面的相关程度要显著高于异卵双生子（傅一笑等，2009）。

遗传因素为个性多样化提供了生物学基础，主要表现在个体的感受性、耐受能力、活动性、反应性和持续性、反应灵活性等方面，这也是学前儿童气质、性格形成的生物基础。例如，耐受性强的人容易集中注意力，而耐受性差的人意志力薄弱，注意力容易分散。高感受性寻求的个体喜欢在刺激丰富的环境中活动，而低感受性寻求的个体则喜欢在安静的环境中活动。

生理成熟是指个体生长发育的水平，它依赖于个体种族遗传的成长程序。个性品质的形成存在特定的关键期。在此时期，幼儿的生理结构和机能达到一定成熟水平，当周围环境提供学习条件，幼儿的个性品质就会形成。一般来说，3～4岁是幼儿气质发展的关键时期。我国学者研究发现，幼儿在个性关键期阶段，他们的神经兴奋—抑制平衡能力有很大发展，个体对外界信息加工的能力、反应强度、自我调节水平及复杂的整合作用也有明显提高。可见，生理成熟也只是影响学前儿童个性形成与发展的因素之一。

学前儿童个性的健康发展需要生物和环境因素的双向调节。生物因素为个性发展提供了必要条件，学前儿童个性是否能够健康发展还依赖于环境因素的性质与水平。一般来说，生物因素通过调节个体与环境之间的对象化作用来制约个性的发展。从某种意义上讲，环境意义依赖于个体的气质，不同气质的个体对相同的环境会产生不同的反应。例如，相同程度的惩罚，敏感的孩子感受到惩罚很严重，而低敏感的孩子感受到的惩罚较弱。这就导致相同的教育方式在不同孩子身上起到不同的教育效果。幼儿的气质也会影响到父母的教养方式，脾气暴躁、爱哭爱闹的孩子容易引起父母的烦恼与怒斥，父母的反应可能会进一步加剧孩子急躁的性格；性情温和、安静爱笑的孩子容易引起父母的关心与爱护，父母的这种反应会进一步强化幼儿的行为表现，使其形成温和的性格特征。

第三节 个性发展的社会化动因

学龄前阶段是个性形成的关键时期。家庭是个性发展的社会化场所，它为幼儿个性形成提供了最初的社会环境。家庭环境、家庭氛围、家庭成员之间的关系、教养方式，以及家庭的经济社会地位等，对孩子的个性发展有很大影响。学前儿童的生活条件开始有了变化，生活中的目的性和独立意识增强，能够逐步按照父母的要求调节自己的行为，并能够按一定的标准评价自己和他人的行为。

父母的行为反应为儿童提供了榜样。观察学习理论认为，儿童通过观察生活中重要人物的行为习得了社会行为。人的个性是在观察学习过程中获得的，父母的意识形态、价值取向、生活作风、兴趣爱好、言谈举止、气质风度等，会对儿童产生潜移默化的影响。如果母亲经常表现出低落情绪，或担心、犹豫不决、缺乏自信，以及经常感受到压力过大，那么，孩子出现孤独、不友好、适应困难等个性特点的可能性也随之加大。父母是孩子第一任教师，家长要时刻注意自己的表率作用，既要懂得爱护孩子，也要学会严格教育孩子，做到宽容而不放任，让孩子在体验到父母关爱的同时，提高自身的适应能力，增强责任意识，使身心获得健康发展。

父母的教养方式与儿童个性品质养成有很大关系。国外研究发现，民主型父母、专制型父母和放任型父母培养出的孩子个性明显不同。经常被父母打骂和体罚的孩子容易表现出焦虑和担忧、情绪反应激烈、行为不理智等个性特征。国外研究发现，具有抑郁症和反社会人格的母亲抚养的儿童罹患精神障碍的概率较高；神经质的母亲抚养的孩子比正常母亲抚养的孩子适应环境的能力差，他们更加容易紧张和焦虑。长期跟踪研究发现，缺乏感情的严厉惩罚等消极的教养方式可能导致子女反社会、偏执、分裂性人格障碍的发生。可见，积极健康的家庭对塑造儿童健康良好的个性品质是非常重要的。

学前儿童个性形成的环境因素还包括学校教育环境，简单地说，就是幼儿园。幼儿园是影响学前儿童个性发展的另一个社会环境。幼儿园教育在学前儿童个性发展过程中起导向作用。幼儿教师按照教学计划，依据幼儿身心发展特点，有计划有目的地对学前儿童进行系统的影响，使之在个性品质方面发生长时期的改变。教师是幼儿效仿的对象，教师的性格、认知水平、价值观等因素直接影响孩子的个性成长。

值得一提的是，教师的态度是儿童个性开始形成的重要原因。学前教育阶段的孩子比较惧怕老师，没有勇气在老师或者同学面前表达自己的想法。很多情况下，教师态度严厉，会使孩子的表达受阻，孩子会因为害怕老师的批评缄口不语。如果这种情况得不到及时的纠正，久而久之，这些孩子很可能形成没有主见、自我意识缺失的个性特征。学前教育阶段，教师需要了解孩子的内心世界，鼓励他们讲出自己的想法。教师在教育孩子过程中出现错误，要有勇气向孩子道歉。教师开放平等的教育态度有利于促进儿童自我意识的发展。

学前儿童喜欢游戏活动，在游戏活动中，学前儿童扮演各种社会角色，学习社会规范和行为准则（方明，1988），承担角色任务，并将在游戏中获得的信息转化为主体意识，通过游戏活动表现出来。学前儿童的个性也在主体意识的内化—外化过程中逐渐形成。例如，在"过家家"的游戏中，老师与孩子一起布置心中的家，不同的家庭成员之间可以串门，角色扮演让孩子们体验到责任感。在"大带小"的游戏中，有哥哥姐姐带着弟弟妹妹玩游戏的，有结伴跳舞唱歌的，还有哥哥姐姐安慰哭泣的弟弟妹妹的……这种宽松愉快的氛围有效地调动了学前儿童参与活动的主动性和积极性，并且能够培养孩子的交往能力。

　　中班的明明小朋友自制能力很差，不遵守课堂纪律，老师批评他也不起作用。在游戏过程中，他常常跑到别的区域去捣乱，其他小朋友都很讨厌明明，不愿意和他玩。为了帮助明明提高自制力，老师成了明明的游戏伙伴，跟他玩区域游戏，指导他熟悉游戏情景。当明明想要离开自己的区域，到别的小朋友的区域时，老师就和他扮演成客人，以此控制他捣乱，并指导明明如何做一名有礼貌的客人，正确地与小朋友交往。做客结束后，老师以"要上班了"提醒明明回到自己的游戏岗位上。通过一段时间的游戏训练，明明小朋友的自控能力有了明显提高，他还学会了和同伴们一起做游戏，在与同伴的交往中树立了自信心。

　　——摘自陆晶晶：《幼儿的个性发展该如何培养》，《学子：教育新理念》，2014（3）。

　　通过游戏，家长和老师能够发现孩子的内心世界，儿童心理研究中的沙盘游戏，就是通过游戏的方式来映射被研究孩子的心理状况。另外，游戏活动能够帮助学前儿童释放现实生活中压抑的不良情绪，在一定程度上具有保持心理健康、促进个性健康发展的作用。

　　学前儿童的同伴交往大多是在游戏活动中完成的，同伴是儿童效仿的榜样和自我评价的参照标准之一。同伴交往活动中，儿童会表达自己的需要，并希望其他同伴能够满足自己的需要，因此会出现冲突、协商、交换和协作等行为。同伴交往让孩子领会社会规范，有利于他们社会情感、利他行为以及社会交往能力的发展。学前儿童能够把成长经历中获得的知识与积累的有关自我评价的信息结合起来，形成确切的自我意识。学前儿童在同伴交往中容易产生矛盾，经常"告状"。教师在孩子发生矛盾时应充当"观察者"的角色，观察孩子如何解决矛盾，之后再帮助孩子明辨是非。教师通过矛盾冲突教育孩子，也是培养其个性品质的有效途径。

第四节　自我意识的发展

　　自我意识是个体对自身的认识，幼儿自我意识表现为能够恰当地评价和支配自己的认识活动、情感态度和行为，并逐渐形成自我满足、自尊心、自信心等性格特征。自我意识是个性中的重要成分。刚出生的婴儿是没有自我意识的，他们意识不到自己的存在，不能把自己与周围的环境区分开来。1~6个月的婴儿仍旧分不清自己与他人，甚至还不知道手和脚是自己身体的一部分，他们会咬自己的手指，咬疼了之后会哭，之后还会继续，乐此不疲。半岁左右的婴儿开始有了自我意识的萌芽，认知能力的发展帮助他们形成自我意象，知道了自己的身体、动作和名字等。他们能够听懂别人在叫他的名字，逐渐明白镜子里的自己和现实中的自己是同一个人。随着自身表象越来越清晰，婴儿开始体验到存在感，他们开始把自己当作一个主体的人来认识。当他们意识到自己是心理和行为活动的主体时，也就形成了自我意识。

　　幼儿的活动范围不断扩大，自我意识也有明显的发展。1岁左右的婴儿通过偶然性的动作，逐渐把自己和环境区分开，体会到自己的动作和客体的关系。这个时候的孩子开始拒绝大人帮助，并尝试自己完成活动。这种独立的自我意识在两三岁的孩子身上表现得更加突出，比如，父母喂他吃药，他会推三阻四，但如果让他们自己吃，他很快就把药吃下去了。三岁左右的孩子学会把自我意识与社会规范结合起来，开始意识到"愿意"和"应该"的区别，开始懂得意愿有时要服从规范。

三岁以后的学前儿童自我意识发展更加全面，包括自我评价、自我控制和自我体验等几个方面（江霖，1992）。三岁半左右的孩子常常把成人的评价作为自我评价的依据。例如，当问到他们为什么认为自己是个好孩子时，他们回答"因为老师说我是个好孩子"。有些孩子在学校听老师的话，经常受到老师的表扬，这些孩子的自我评价也会比较积极。相反，那些经常调皮捣蛋的孩子常常受到老师和家长的批评，有时还会被其他小朋友取笑挖苦，得不到周围人的肯定和赞扬，这样的孩子容易自卑，缺乏存在感和价值感，不利于个性的健康发展。图 9-1 反映了学前儿童自我意识发展趋势。

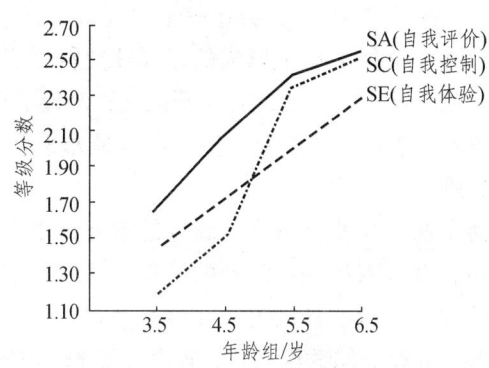

图 9-1　学前儿童自我意识发展趋势

自我控制是指个体对自己的心理与行为的掌控，它是自我意识能动性的集中体现（李虎君，1999），表现为在没有外部限制的情况下排除干扰、克服困难、实现目标的过程。我国学者提出，学前儿童的自我控制特点主要表现在自制力和坚韧性方面。自制力表现为抑制冲动，抵抗诱惑。坚韧性表现为个体在困难情境中，为了实现目标而坚持不懈地克服困难，表现出一种稳定持久的行为倾向。儿童心理学研究中经常使用延迟满足实验来衡量个体的自制力。实验任务是要求孩子克制眼前的诱惑，为了得到更大的收益而等待。例如，研究者要求孩子不去打开装在盒子里的小礼物，而要等到游戏结束之后再把它拿出来。研究发现，3~4 岁孩子的自制力还很差，3 岁的儿童延迟时间为 4 分钟，并且使用的延迟满足的策略水平也不高（杨丽珠、王江洋、刘文等，2005）。

自我体验是在自我认识和自我评价的基础上形成的，例如，自信与自卑、成功感和失败感都是自我体验的内容。自我体验带有意识倾向性，是个性的重要组成部分。自信的人在生活中会积极进取，不甘人后，而一个自卑的人会经常怀疑自己的能力，遇事畏缩，不敢承当责任。一般来说，3~4 岁儿童的积极体验要多于消极体验，并且，他们的自我体验容易受到成人的暗示。随着学前儿童社会交往范围的扩大，4~5 岁的孩子逐渐形成了社会性的情感体验，如自尊、羞愧和委屈等。5 岁以后的孩子自我体验继续发展，受暗示性的现象逐渐减少。在延迟实验任务中，5 岁孩子的延迟时间能达到 11 分钟，显著高于 3~4 岁的儿童，并且，5 岁的孩子能够采取更有效的策略保持持久的坚韧性。

如何培养学前儿童良好的自我意识呢？

第一，鼓励他们多与同龄伙伴交往。同伴交往过程中，孩子逐步放弃以自我为中心的倾向，学会站在他人角度思考问题，关心理解他人的需要；他们还要学会自我控制、宽容和忍让，学会重新认识和评价自己，调整自己的言行，否则，他们很难处理好同伴关系。学前儿童就是在一次次的误会、争吵、和好、共享的过程中不断学习提高的。同伴交往和游戏活动是儿童的天性，不愿参加同伴活动的孩子可能是因为害羞，或者是在逃避同伴交往中遇到的困难。4～5岁的儿童正处于社会交往技巧形成的关键期，这一年龄阶段儿童的同伴交往质量也会影响他们自我控制能力的形成与发展。

第二，引导学前儿童进行积极的自我评价，提高认识自我的能力。儿童的自我评价很大程度上来源于他人，父母的评价尤为重要。家长对孩子的评价要有分寸，尽量不用贬低的字眼，以免孩子产生自卑心理；表扬和批评孩子的时候要针对具体的事情，这样有助于孩子通过反思加以改进。经常指责孩子"笨"，只会让孩子感到自卑，形成消极的自我意识。

学前儿童的自我评价是在交往活动中形成的，同伴交往是自我评价产生和发展的基础。幼儿园教师要鼓励孩子参加活动，家长要改善孩子的交往环境，经常带他们到亲戚朋友家去，增加他们与社会接触的频率，积累交往经验，使之理解是非善恶，养成团结合作、热心助人、有责任心等优良的个性品质。

第三，自我控制能力是衡量自我意识水平高低的重要标准。学前教育阶段，教师需要有意识地帮助孩子调整情绪，合理安排一项活动的进程，并有意识地对活动结果的错误进行自我矫正，等等。游戏能够训练儿童的自制力。在游戏过程中，老师制定游戏规则，遵守游戏规则的小朋友会受到表扬，游戏能够继续进行；如果小朋友不遵守游戏规则，游戏就会中断，直到老师重申游戏规则，并且在大家都不违反的情况下，游戏才能继续进行。

延迟满足训练可以增强学前儿童的自制力。缺乏自制力的孩子迫不及待地想要得到自己想要的东西。为了增加儿童延迟满足的时间，可以有意转移他们的注意力，或者把诱人的东西想象成不能吃也不好玩的东西。例如，把棉花糖想象成棉花等。家长和老师对孩子在延迟满足中表现出的进步要给予及时的肯定和表扬，或者给孩子更大更多的奖励，从而增强孩子自我控制的信心。父母要有意识地为孩子树立良好的榜样，与孩子一起完成某项延迟任务，并在完成任务的过程中互相监督。

对于学前儿童来说，自我控制需要适度。自我控制力过低的儿童很容易分心，自发情绪反应较多，易冲动，在同伴交往中喜欢攻击别的小朋友。自我控制过强的孩子表现出很强的抑制性，这样也会导致孩子的兴趣狭隘，自主意识差，不善于表达自己的需要等问题。也就是说，学前儿童要保持一种弹性的自我控制能力，即在需要控制的时候管住自己，在不需要控制的时候能够令自己放松。

拓展阅读

有这样一位妈妈

有这样一位妈妈，第一次参加家长会，幼儿园的老师说："你的儿子有多动症，在板凳上连三分钟都坐不了，你最好带他去医院看一看。"

回家的路上，儿子问她老师都说了些什么，她鼻子一酸，差点流下泪来。因为全班30位小朋友，唯有他表现最差；唯有对他，老师表现出不屑。然而，她还是告诉儿子："老师表扬你了,说宝宝原来在板凳上坐不了一分钟,现在能坐三分钟。其他妈妈都非常羡慕妈妈,因为全班只有宝宝进步了。"那天晚上,孩子破天荒吃了两碗米饭,并且没让她喂。

儿子上小学了。家长会上,老师说:"这次数学考试,全班50名同学,你儿子排第40名,我们怀疑他智力上有些障碍,您最好能带他去医院查一查。"回去的路上,她流下了泪。然而,当她回到家里,却对坐在桌前的儿子说:"老师对你充满信心。他说了,你并不是个笨孩子,只要能细心些,会超过你的同桌,这次你的同桌排在第21名。"说这话时,她发现儿子黯淡的眼神一下子充满了光,沮丧的脸也一下子舒展开来。她甚至发现,儿子温顺得让她吃惊,好像长大了许多。第二天上学,去得比平时都要早。

孩子上了初中,又一次家长会。她坐在儿子的座位上,等着老师点她儿子的名字,因为每次家长会,她儿子的名字在后进生的行列中总是被点到。然而,这次却出乎她的预料——直到结束,都没有听到。她有些不习惯,临别去问老师,老师告诉她:"按你儿子现在的成绩,考重点高中有点危险。"她怀着惊喜的心情走出校门,此时她发现儿子在等她。路上她扶着儿子的肩膀,心里有一种说不出的甜蜜,她告诉儿子:"班主任对你非常满意,他说了,只要你努力,很有希望考上重点高中。"

高中毕业了。第一批大学录取通知书下达时,学校打电话让她儿子到学校去一趟。她有一种预感,儿子被录取了,因为在报考时,她给儿子说过,她相信他能考取这所大学。儿子从学校回来,把一封印有某大学招生办公室的特快专递交到她的手里,突然转身跑到自己的房间里大哭起来,边哭边说:"妈妈,我知道我不是个聪明的孩子,可是,这个世界上只有你能欣赏我……"这时,她悲喜交加,再也按捺不住十几年来凝聚在心中的泪水,任它落在手中的信封上……(来源于网络)

第十章 学前儿童性别角色的社会化

知人者智，自知者明。胜人者有力，自胜者强。

——老子

有勇气做真正的自己，单独屹立，不要想做别人。

——林语堂

构成我们学习最大障碍的是已知的东西，而不是未知的东西。

——贝尔纳

第一节 学前儿童性别发展的过程

一、与儿童性别发展有关的几个概念

（一）性别、性别度及性别的自我概念

1. 性别

当婴儿出生时，所有人都会问一个关键问题："是男孩还是女孩？"随着儿童的成长，父母和他人对待他们的方式也会受到性别的影响。成长中的儿童有关自己及其所在外部环境的看法越来越取决于他是男还是女。例如，大多数 2 岁儿童都能准确地为自己和他人贴上男或女的标签。事实上，9~12 个月大的婴儿就会对陌生男性和女性的照片做出不同的反应。到 3 岁左右时，大多儿童都更喜欢和同性儿童玩耍。

因此，性别是带有心理学意义和文化意义的概念，是一种社会标签，用来说明文化赋予每一性别的特征和个体给自己安排的与性别有关的特质。人的性别，由于受心理学和社会因素的影响，可以分为公民性别：户口本上、护照上标定的性别；抚养性别：父母或抚养人按什么性别来培养；自认性别：成长到一定阶段，个体自身对自己性别的认识。性是生物学术语，指的是按照基因和性器官的不同将有机体分为雄性和雌性，或特指性的行为。在不同的上下文中，可用性来表述个体的染色体组成，及通常与染色体差异相关联的生殖器官和次性征等。

2. 性别度

性别度，是指依据体质、性格、行为表现和能力来区分男女。

3. 性别的自我概念

性别的自我概念，是个体形成的关于自己的比较稳定的看法，也就是对自己的知觉与认识。

（二）性别角色

角色是社会心理学的一个重要概念。角色是一系列的责任、权利、义务以及在一定的社会结构内，社会对某个位置上的人们期望的行为。角色的内涵取决于社会对他的期待。所谓

性别角色，是社会对不同性别的人所产生的行为期望。性别角色与性别有关，但并不是性别之间的所有性别行为差异都是性别角色的一部分，由生物性差异造成的行为差异不属于性别角色的内容，只有由社会期望所决定的性别行为，才是性别角色的内容。随着儿童的成长，他们逐渐地学习到社会期望对男性和女性的行为要求，并利用这些信息指导和控制自己的行为，适应社会交往。

性别角色，是被社会认可的男性和女性在社会上的一种地位，也是社会对男性和女性在行为方式和态度上期望的总称。

性别角色的社会化，是个体逐渐形成社会对不同性别的期望、规范和与之相符的行为的过程。

（三）性别刻板印象

性别刻板印象，是人们对男性或女性角色特征的固有印象，它表明了人们对性别角色的期望和看法，在对人的知觉中，人们必须找到一个不同的角色的共同特点以方便认识判断。

常言道，时代不同了，男女都一样。但事实上，人们对男性和女性有什么心理差异、男性和女性各自拥有哪些能力、男性和女性各自适合哪些工作的看法，具有明显的近似刻板的印象。如人们总是认为男性具有积极、爱冒险、有抱负、有竞争性、有支配性、独立、自信、粗鲁等特征，心理能力具有明显的工具性，擅长解决问题；而女性则具有重感情、体贴、情绪化、温柔、优雅、被动、喜欢孩子、善解人意等特征，心理能力具有明显的表达性，擅长交流。

这一性别刻板印象也同样表现在儿童早期的心理之中。大约两岁，儿童开始标示自己及他人的性别。以后，他们便将服饰、玩具、颜色、游戏、家务活、生活用品等与性别联系起来。儿童在游戏中对于活动的性质和玩具的选择具有高度的性别一致性。社会环境中的性别刻板印象与婴儿自身认知上缺乏可逆性，导致他们对性别的信息难以整合，对于有冲突的信息更是不可能整合，因而，年幼儿童的性别刻板印象仿佛变成了一项判断事物的规则。例如，讲到男孩喜欢的玩具，他们一定是说汽车、火车、枪；而讲到女孩喜欢的玩具，他们一定是说洋娃娃、发卡。5岁幼儿对活动和职业的性别刻板现象已很牢固地建立起来。随着年龄的增长，从幼儿园到小学阶段，这种有关男性、女性能力和特点的认识变得较为灵活，标志着儿童认知能力的深化。

（四）性别认同

伊根与佩里指出，性别认同不仅是指意识到某人是男性或女性，更具体地讲，性别认同还包括认识到自己属于某种性别的典型成员、对自己生物学性别的满意感，以及为了使自己符合性别角色刻板印象而体验到来自父母和同伴的压力感。

性别认同的概念主要有三类：第一类是指个体对自己的生理性别的心理认同，如科尔伯格认为性别认同是指个体对自己性别状态的认识、理解或自我意识。Schaffer（1996）认为，性别角色认同指对自己和他人性别的正确的标定。第二类则从男性和女性在社会文化的影响下形成的社会性别对性别认同进行界定。比如Sherif（1982）认为应当把性别作为社会范畴下的概念进行考虑；海登（1987）认为，性别认同是一种心理结构，是指个人认同自己所在性别群体的理想，逐渐形成适合其性别的态度及情感及行为；林崇德（2002）认为，性别认同指个体获得真正的性别角色,即根据社会文化对男性、女性的不同要求而形成相应的动机、态度、价值观和行为,并发展为性格方面的男女特征(男子气或男性气质,Masculinity;女子气或女性气质,Femininity)。第三类是上述两类概念的综合,认为性别认同包括内在性和外在性。内在性是个体对自己是男是女的感知;外在性,即个体对性别行为归属的认同,个体的行为暴露了其内在的本质,根据这些本质,人就拥有了不同的身份。

整体而言,性别认同,也称性别角色认同(Gender Identity 或 Gender Role Identity),是指个体认同特定社会文化对男性、女性的不同要求,而形成相应的动机、情感、态度和行为,并发展相适应的性别特征。也就是说个体要想获得社会认可,就要把社会文化对男性和女性不同的要求内化形成与性别相称的行为、态度、特征及价值观。

二、性别角色发展理论

(一)心理动力学理论

弗洛伊德认为,"解剖学结构即命运"。他宣称男孩会形成恋母情结(或俄狄浦斯情结),他们对自己的母亲怀有欲望,同时对父亲怀有强烈的恐惧。部分恐惧的产生是因为男孩认为父亲会阉割他们。恋母情结通过对父亲的认同来缓解。根据弗洛伊德的观点,认同在性别角色行为发展中具有重要作用。弗洛伊德(Freud,1933)认为,女孩"通过与男孩所享有的极优越的资质的比较而受到伤害",为此她们责怪自己的母亲。女孩会形成恋父情结,她们对自己的父亲怀有欲望并视自己的母亲为情敌。女孩形成性别角色行为是因为得到父亲的奖励,她们把自己的父亲视为自己情感的寄托。

霍多洛夫(Chodorow,1978)提出另一种心理动力学理论,根据该理论,大多数年幼儿童都会形成与母亲的亲密关系。然而这种关系会影响未来关系的模式。女孩基于与其他女性(母亲)的亲密关系而形成性别认同感,并将女性气质与亲密感相联系。相反,男孩则必须从与母亲的亲密关系中脱离才能形成性别认同,这使他们认为男性气质和亲密感是分离的。

支持心理动力学的研究显示,父亲往往在男孩性别角色行为的发展中起着重要的作用。据称,在恋母情结形成时(5岁左右),丧父的男孩会比父亲一直健在的男孩表现出较少的性别角色行为(Stevenson & Black,1988)。弗洛伊德关于性别认同发展的心理动力学理论在所有其他方面几乎都是不正确的。没有确凿证据表明男孩惧怕被阉割或女孩遗憾未长阴茎。弗洛伊德认为认同过程取决于对父亲的恐惧,因此,可以预期如果父亲是一个令人害怕的人,那么男孩对父亲的认同会更强烈。事实上,男孩更认同亲切、随和的父亲,而不是专横凶残的父亲(Mussen & Rutherford,1963)。

弗洛伊德的有关儿童性别角色行为发展的理论存在颇多矛盾之处,如忽视了认知因素在性别角色行为发展中的重要性;重视同性别父母对儿童性别发展的影响,但却忽视了异性父母、其他家庭成员和其他儿童对儿童性别发展的影响作用。但是,性别发展的心理动力学理论是确定理解性别发展阶段的首次系统性尝试,对我们理解儿童性别角色行为的发展仍然具有深远的影响。

(二)社会学习理论

社会学习理论(Bandura,1977)指出,性别发展是儿童经验的结果。一般来说,儿童会按照被奖赏和避免受到惩罚的方式行事。由于社会对男孩和女孩的行为具有某些期望,因此,运用社会给予的奖赏和惩罚会产生性别角色行为。

班杜拉认为，儿童通过观察各种同性别榜样的行为可以学会性别角色行为，这些榜样包括其他儿童、父母和教师。这被称为观察学习（Observational Learning）。通常认为儿童的很多性别角色行为的观察学习都依赖于媒介，尤其是电视。

性别角色行为在某种程度上是通过直接教导学会的。伐戈特与莱恩巴赫（Fagot & Leinbach, 1989）对儿童进行了一项长期研究。甚至在 2 岁前，父母就鼓励儿童的性别角色行为而阻止他们不适当的性别行为。例如，女孩玩布娃娃会受到奖赏，爬树则会被阻止。那些使用大量直接教导的父母的孩子倾向于以最符合性别角色的方式行事。但是这些发现并不具有代表性。有研究者梳理了大量有关父母教养孩子的研究（Lytton & Rommey, 1991; Golombok & Hines, 2002），他们认为，对父母来说，鼓励性别相符行为和阻止性别不符行为之间只有中等程度的倾向，并且难以解释这种差异。出现这种差异可能是因为父母想促进相别角色刻板印象；另外，也可能是因为他们的儿子具有与女儿不同的行为方式的预先倾向，父母只是简单对事态做出反应。

尽管社会学习理论强调奖赏或强化在儿童性别角色社会化过程中的重要作用，但是奖赏或强化可能并不像社会学习理论家所预期的那样有效。例如，伐戈特（Fagot, 1985）研究了 21～25 个月儿童的行为。当男孩受到其他男孩称赞和强化时，其行为就会受到影响，但是在受到教师或女孩的称赞时其行为却很少受到影响。尤其值得注意的是，教师通常会强化儿童的安静行为，并表扬安静听话的儿童，但这并不影响男孩参加打闹游戏或玩玩具卡车的倾向。而女孩的行为会受到教师和其他女孩的影响，但是只是中等程度地受到男孩的影响。

社会学习理论强调出现性别发展的社会背景。正如社会学习理论家所宣称的那样，一些性别角色行为的发生是因为受到奖赏，而避免不适当的性别行为则是因为受到阻止或惩罚。观察学习可能在性别角色行为的发展中具有重要作用，但是直接教导和观察学习对性别角色行为的影响是相当有限的。社会学习理论家把年幼儿童看作是被动的个体，认为可以通过奖赏或惩罚来教会他们如何行事。实际上，儿童对自己的自我发展做出了积极的贡献。社会学习理论家错误地假设学习过程在每个年龄阶段都很相似，但事实可能并非如此。社会学习理论关注具体行为方式的学习，但是儿童也会进行大量的一般性学习。例如，儿童似乎获得了性别图式（有关性别的结构化信念），社会学习理论很难对此进行解释。

（三）认知发展理论

科尔伯格（Lawrence Kohlberg, 1996）提出认知发展理论来解释性别角色行为。该取向的本质可以通过与社会学习理论的比较得以彰显。科尔伯格认为："儿童性别角色的概念是自我体验积极建构的结果，而不是社会训练的消极产物。"更具体地讲，科尔伯格假设性别发展与儿童基本的认知发展紧密相关。

科尔伯格的理论与社会学习理论之间存在一些重要的区别。根据社会学习理论，儿童发展性别认同是注意同性榜样的结果。根据科尔伯格的理论，这种因果关系以相反的方向进行：儿童关注同性榜样是因为他们已形成一致的性别认同。更具体地讲：儿童发现符合一致性性别认同的行为会得到奖赏："我是男孩，因此我想做男孩的事情；因此有机会做男孩的事情时……会得到奖赏。"相反，社会学习理论家认为，受奖赏的行为是他人认为适当的行为。

性别认同这一概念在科尔伯格的认知发展理论中至关重要，其将性别发展分为三个阶段：

性别认同（2~3.5岁）。男孩知道自己是男孩，女孩知道自己是女孩，但他们认为改变性别是可能的。

性别稳定（3.5~4.5岁）。认识到性别在时间上是稳定的（例如，男孩长大后会成为男人），但未能认识到性别在不同的情景中仍然是稳定的（例如，穿异性衣服时）。该阶段的儿童会根据衣着来决定其他儿童的性别。

性别一致性（4.5~7岁）。这一阶段的儿童认识到性别在不同时间和情境中仍然保持不变。性别一致性的获得与皮亚杰关于该年龄阶段儿童获得身体特征守恒的观念具有明显的相似性。

儿童似乎都经历了科尔伯格提出的三个阶段。在一项跨文化研究中，芒罗等人发现，四种文化中的儿童在达成全面性别认同的过程中经历了相同的阶段顺序。科尔伯格理论的一个预测是：那些达到性别一致性阶段的儿童比处于性别发展早期阶段的儿童更注意同性榜样的行为。斯莱比和弗雷对这一预测进行了验证。他们对2~5岁儿童的性别稳定性进行了评价：把儿童区分为性别稳定性水平高和低两个组，然后向他们呈现一部男女完成各种活动的电影，结果发现性别稳定性水平高的儿童比性别稳定性低的儿童更倾向于同性榜样。

科尔伯格提出了性别认同发展的三个阶段，性别认同的完全获得增加了性别角色行为，对于我们理解和研究儿童性别角色行为的发展具有深远的意义。然而，也有研究者认为其理论存在较多不合理的地方，指出在儿童性别认同或性别稳定性之前几个月时就发现了行为的性别差异（详细资料可以参考休斯顿等人的研究）。甚至有研究者指出，很多儿童在出生后第一年就能区分男性和女性面孔，辨别男性和女性声音，并可觉察男女面孔与性别相关物体间的相互关系（Martin, 2002）。科尔伯格可能夸大了认知因素在引发性别角色行为中的重要性。科尔伯格认为："形成恒定的性别认同的过程是……概念发展一般过程中的一部分。"这一点通常忽略了决定某些早期性别角色行为的外部因素。具体而言，就是科尔伯格过于强调儿童个体，而不够关注影响性别发展的社会背景。

（四）性别图式理论

马丁与霍尔沃森（Maetin & Halverson, 1987）提出了一种迥然不同的认知发展理论，称为性别图式理论。他们认为，已获得性别认同的2岁或3岁儿童会开始形成性别图式，性别图式（Gender Schemas）由有关性别的结构化信念构成。第一个形成的图式是内群体/外群体图式，由哪些玩具适合男孩、哪些玩具适合女孩的结构化信息构成。另一个早期的图式是自我性别图式，包含如何以性别角色的方式行事的信息。性别图式的最初发展所涉及的一些过程可能包括社会学习理论家所强调的内容。

性别图式理论的一个关键方面是，儿童不仅仅是被动地对周围世界做出反应这一观点。相反，儿童所拥有的性别图式有助于他们决定该关注什么、怎样解释周围世界，以及回忆哪些经验。因此，"性别图式通过为加工社会信息提供结构组织来'建构'经验"（Shaffer, 1993）。依据性别图式理论，儿童会利用性别图式来组织和理解他们的经验。如果他们接触到与性别图式不一致的信息，他们就会歪曲信息以适应图式。

性别图式理论有助于解释为什么儿童的性别角色信念和态度在童年中期以后通常极少变化。性别图式之所以能够保持是因为与图式一致的信息受到了注意，并被记忆。该理论强调儿童会根据自己现有的知识主动解释世界，但该理论夸大了儿童个体在性别发展中的作用，不够重视社会因素的重要性。

（五）生物学理论

男孩和女孩之间存在许多明显的生物学差异。这些生物学差异在发展的早期阶段会产生不同性别之间的荷尔蒙差异。例如，从 6 周左右开始，男性胎儿比女性胎儿具有更多的雄性荷尔蒙——睾丸激素，而雌性激素的情况则正好相反。曾有人认为基本的生物因素和激素因素在性别发展中是很重要的，但是，维勒曼（Willerman, 1979）指出："不应该对男女之间的遗传差异期望太多，因为两性之间有 45/46 的染色体是相同的，不同的一条染色体只包含极少量的遗传物质。"检验性别发展生物学理论的理想方法是研究在性别身份（Sexual Identity）和他们受到社会对待方式之间具有明显区别的个体。例如，如果个体出生时是男孩但被当作女孩对待，那么，在他们性别发展过程中是生物因素更重要还是社会因素更重要呢？

莫尼与厄哈特（Money & Ehrardt, 1972）讨论了女性在出生前解除雄性荷尔蒙的案例。发现即使她们的父母把她们当作女孩对待，她们也倾向于做假小子，表现出具有男性刻板印象的行为。莫尼与厄哈特还提出了社会因素可能优于生物因素的证据。她们研究了男性同卵双生子，其中一人的阴茎在切除包皮手术时受到严重损伤，于是他在 21 个月时做了变性手术，父母将他当女孩对待，这影响了他的行为。生活中他比他的哥哥表现出更多女性性别角色行为。无论是社会因素还是生物因素在儿童性别角色行为的发展过程中的重要作用，都有研究支持。毫无疑问，生物因素在性别发展中具有一定的作用。可以说，生物因素提供了个体性别发展的可能性或前提条件。过多的雄性激素可能使儿童身体更活跃，更具有攻击性。然而，生物学理论并不能解释最近几十年在西方社会中出现的性别角色的大量变化。生物学理论预测男女角色和地位在不同文化中应该是相对稳定的，但是实际上存在大量的跨文化差异（Wood & Eagly, 2002）。

虽然大多数性别发展理论存在差异，但这种差异在逐渐减少。正如马丁等人所指出的："众所周知，不论哪一种理论取向，认知因素、环境因素和生物因素都很重要。"

三、儿童性别定型化的发展过程

（一）性别恒常性的发展

据研究，人们一般认为性别恒常性的发展要经历三个阶段：① 性别认同（2~3.5 岁）；② 性别稳定（3.5~4.5 岁），即知道人的性别不会随年龄变化而变化；③ 性别一致性（4.5~7 岁），即懂得人的性别不会随服饰、形象或活动的改变而转变。

伊顿等人的研究发现，儿童的性别恒常性沿着先认识自己的性别恒常性，然后认识与其同性的儿童的性别恒常性，最后认识异性儿童的性别恒常性的线路发展。

皮姆设计了这样一个实验来研究性别同一的发展。他首先给 3~5 岁的幼儿看一张幼男和幼女的照片，了解幼儿对性器官的认识情况；而后，给幼儿看刚才照片上的幼男和幼女穿了衣服的照片，有的照片上的幼儿穿了与性别相符的衣服，有的则是穿了相反性别的衣服。他发现，在看过前后两种照片的孩子中有的幼儿能正确辨认出穿上男孩裤子的女孩或穿上女孩裙子的男孩照片；在能认识性器官差异的幼儿中有 60%能正确回答这个问题，而在无法认识性器官差异的幼儿中仅 10%能正确回答。这个研究表明，认识性器官有助于性别认同的稳定性。

（二）对性别期待的认识

3岁儿童不仅能分辨自己和别人是男的还是女的，还懂得不少有关性别角色应有的活动和兴趣。如知道男孩该玩汽车、枪，女孩该玩娃娃、烹饪游戏，但他们的这种认识十分刻板。

5岁左右，儿童开始认识一些与性别有关的心理成分，如男孩胆子要大，不能哭；女孩要文静，不能粗野。

儿童中期的学生对社会性别角色的认识不断深化。原有的刻板的性别思考减少了，认识到人们可以把女子气和男子气结合起来，能较好地接受与规定的性别角色不同的行为。

有研究者向 7~11 岁的女孩提出各种活动、职业和品质问题，问女孩这些活动、职业和品质是否比较适合男孩或女孩，或两者皆可。结果表明，年龄小的儿童性别认同十分刻板；随着年龄的增长，到了儿童中期，儿童一方面对文化规定的性别概念有了更多的理解，另一方面则对性别概念的理解变得更加灵活。他们认识到，一个人的性别并不会因从事违背性别规范的活动、职业或品质而有所改变，并开始对自己的角色定型加以反省和修改。

（三）性别偏爱

儿童虽然常常偏爱与自己性别相同成员的活动和角色，但并不总是如此。不少研究指出，男孩更加喜欢男子气的活动并对这类活动感兴趣，但女孩不一定喜欢或对所谓女子气的活动感兴趣。女孩往往转向偏爱男子气的活动，接受男子气的个性特征。这个发现并不是 20 世纪 70 年代社会变化的结果，而是在 20 世纪 20 年代、50 年代、60 年代就有这种倾向，有人认为这可能与社会上男子更受尊重有关。不少女孩子把自己看成是顽皮的女孩，喜欢男子的游戏和活动，在小学期间尤其如此。

人们常用 IT 量表测定儿童性别角色的偏爱。IT 量表是由 36 张卡片组成的投射测验，其中一张卡片表示"IT"，这是一个未确定性别的模糊形象，其他一些卡片是描绘具有男子气或女子气含义的物体、人物和活动。让儿童看看"IT"图像，然后要求他们从各对玩具（卡车和娃娃）、衣服（裤子和上装）以及活动（运动和玩娃娃）中加以挑选，并问"IT"喜欢哪一种。假设儿童为"IT"所做的选择就是代表自己的选择。根据"ITSC"所测的结果，美国女孩对女子气的偏爱在 3~4 岁有一个迅速增长期，可是从 4~10 岁转向偏爱男子气，直到 10 岁才又突然向女子气偏爱发展。通过对日本儿童的测定发现，日本男孩与女孩在 3~5 岁时就有选择同性对象的显著倾向，基本上与美国的男孩变化相似，大多数美国男孩在学前期已偏爱男子角色。

从儿童游戏的模式中也可看出类似的倾向。学前和初级小学的女孩跟男孩相比，并不是十分严格地遵循适合自己性别的行为，女孩玩卡车的要比男孩玩娃娃的人数多一些。

（四）性别角色行为的选择

儿童的行为很早就显示出性别类型。学前儿童已开始选择同性别伙伴一起玩游戏，经常可以看到男孩一组、女孩一组各玩各的适合他们性别的活动或游戏。有人研究了学前儿童以成人标准划分的男性的、中性的、女性的玩具的选择行为，研究发现，即使是 2 岁的孩子也喜欢同性玩具。到了小学，这种性别分割的情况更加突出。

尽管儿童很早就在活动、兴趣和选择同伴方面显示出性别差异，但在个性和社会行为方面并未显示出性别差异。

第二节 儿童性别差异产生的原因

一、性别差异的表现

（一）身体和动作方面

1. 身体发育方面

学前期的男孩在身体发育上比女孩占有更多的优势。他们的个头比较大，肺活量比女孩大，内脏器官（心、肺）也有比例地较女孩大。

在日常生活中，男孩对卡路里的摄入量超过女孩，基础代谢始终比女孩快，体内脂肪比女孩少，肌肉却比女孩多。

此外，由于男孩手臂比女孩略长，在敲击和投掷活动中男孩的力量和速度优于女孩。这一切都说明，男孩为什么有精力旺盛的行为，并愿意参加体力消耗过多的活动。

2. 动作行为方面

男孩比女孩具有更强的身体活动能力，并发生较多的身体攻击性行为，而且也容易被引出攻击性行为。

与女孩相比，男孩不善于用相当成熟的思考来替代冲动行为；在幼儿园里，有可能通过练习改善女孩的表现，而男孩则不容易改变，在行为的自我控制能力上，男孩远比女孩差。

3. 活动倾向方面

英国心理学家调查了200多所幼儿园的儿童后发现，从3～4岁起，男女儿童的活动倾向已有差别：男孩活动多定向于物，活动量大，喜欢探究；女孩活动多定向于人，喜欢交往，富于感情，但对新奇事物不够敏感。在一项有关男女儿童课外活动倾向的研究中发现，72%的男孩喜欢户外追逐活动，而女孩有这种偏好的只有34%。

（二）认知方面

1. 男女性别差异的年龄倾向和具体表现

学龄前的差异不明显。从学龄期起，智力在不同性别上的差异表现逐渐明显，女性智力优于男性。但是，这种优势到了青春发育期就开始不再明显。当男性青春高峰期到来时，男性的智力开始逐渐优于女性，并且随年龄的增长，这种优势更加明显。直到青春发育期结束，这种优势才逐渐减弱。

在智力发展分布上，男性智愚两端的人数都比女性多，而女性的智力发展较为均衡。

2. 男女智力有不同的优势领域

语言。女孩掌握语言比男孩早，在语言流畅性方面，以及在读、写和拼写方面均占优势。但是她们在言语理解、言语推理甚至在词汇方面比男孩差。

感知。男性的视敏度优于女性，至少从青春期起是这样，但女性有较好的听觉定位和分辨力。

记忆。男性的理解记忆和抽象记忆较强，而女性的机械记忆和形象记忆较强。

思维。以思维类型划分，男性偏于逻辑思维，女性偏于形象思维。

3. 社交和情绪发展方面

女孩参加社交方面的活动比男孩多，男孩对物更感兴趣，而女孩似乎对人更感兴趣。女孩在一起从事合作性的活动多于男孩。

二、影响儿童性别差异的因素

（一）遗传生理因素

1. 男女两性大脑的结构不同

女性的大脑左半球早期优势化且有所偏侧，随之发展的右半球则不占优势；相反，男性大脑右半球的优势比女性强。

2. 男女两性的生理机能不同

男女进入青春发育期后会在体征上表现出基本的差异。女性生理发育比男性早，速度也快，因而成熟较早。

3. 男女两性神经机能活动特性不同

两性神经活动特性不同，男性反应快些，综合能力强；女性的反应慢一些，对事物的细节迅速辨别的能力较强。

（二）环境和教育的影响

1. 家庭

在社会系统中，家庭是儿童社会化的第一场所，也是无可比拟的第一社会环境。家庭为儿童提供了第一次人际交往、第一种人际关系、第一项社会规范、第一个社会角色。从儿童学步时，父母就采用性别分化的方式对待子女。随着孩子不断长大，他们开始对孩子进行性别角色的指导。儿童正是从父母对他们的态度和行为要求中获得性别认同进而达到性别角色分化的。

2. 社会与学校

在社会环境里，社会对适当的性别角色的需求是通过广泛的各种信息渠道来传播的。

学校教育是有计划、有目的、有系统地进行的，对儿童的影响也是持续、系统、有意识的过程。由于学校教育具有权威性，随着个体受教育年限的增加，学校教育对儿童发展的主导作用会逐渐显现出来。

（1）教师的性别角色认知对儿童性别角色发展的影响。

教师的性别角色认知无疑是在学校教育中对儿童的发展起着较大影响的因素，无论对低年级学生还是高年级学生而言，教师本身的态度会潜移默化地影响学生，在儿童性别角色发展过程中也不例外。受社会传统性别角色认识的影响，教师更多地鼓励男孩培养探索、勇敢、坚强的精神，而更多地培养女孩乖巧、温和、文静的性格。例如，面对智力水平相同的不同性别的儿童，一些教师往往把男孩想象成未来的科学家、企业家等具有高素质、挑战性强的形象，在教育中也是按照这类人物形象严格要求男孩，而男孩受到这样的角色期望后也容易将自己的人生目标定得更高；而一些教师对女孩的态度则相反，有可能导致女孩对自己的定位也会随之降低。又如同样是哭鼻子，教师看到女孩哭就会表露出同情、温柔的一面，但看到男孩哭时就表现得很严厉，呵斥他们不像男子汉，由此无形中阻碍了男孩细腻情感的流露，可能会使男孩形成缺乏同情心、粗心等不良的心理品质。教师就是这样在无意的教育中扩大了男女儿童本已存在的心理差异。

（2）学校教材中人物角色对儿童性别角色发展的影响。

儿童性别角色发展过程是在特定的文化背景下进行的。文字是人类文化的载体，儿童在学习教材文本的同时，会"自觉"地接受其感染和暗示，并进行模仿，从而内化形成自我对事物的认知水平。现行的教材中，人物形象的塑造实际上为儿童提供了一种现成的社会化模式，对儿童性别角色发展起着不可估量的作用。这可能会使儿童"对号入座"，教师要正确认识，及时引导儿童学习主人公身上的优点，从而减少教材文本中人物角色对儿童性别角色发展的不良影响。

（3）学校的精神环境对儿童性别角色发展的影响。

现实中精神环境对儿童性别角色教育的作用也是有偏差的。例如，在校园的宣传栏和教室里的名言墙上张贴的名言警句大部分出自男性，这些看似平常的现象在不经意间已经对儿童的认知产生了影响，他们可能会逐渐形成男性化话语霸权心理，进而影响其自身性别角色塑造。因此，学校精神环境对儿童性别角色发展具有不可忽视的影响，精神文化的传达应考虑儿童对女性角色的认知，学校应积极采用一些成功女性的典范，以此体现校园精神环境对儿童性别角色发展的平衡作用。此外，良好的校风、班风，融洽的师生关系、同学关系也会感染学生，引起情感共鸣，使儿童产生积极体验，有助于其形成健康、积极的性别观念。

三、双性化与无性教育

双性化是希腊语词根，意思是男性化和女性化混合和平衡。这是一个很老的概念，有其在古典方法论、文学和宗教中的根源。双性化是一个有意义的人格指标，是心理健康化的标准。其教育意义是：着力培养男女学生人格双性化，形成理想的性别角色，消灭性别图式，防止传统的性别图式的影响。

研究者认为，在教育幼儿时，过于严格、绝对的性别定型（即男孩只培养其粗犷、刚强等男性气质，女孩只培养其温柔、细致等女性特点）只会限制他们智力、个性健康全面地发展，进而可能令男孩过于粗犷、勇猛而缺少平和、细腻的气质，无法学会关心体贴他人及拥有细腻的情感世界；令女孩过于柔弱、内敛而缺少勇气、自立的精神，缺乏竞争心及刚强的心理素质，最终在社会适应、情绪调控、压力化解以及处理包括家庭在内的各种人际关系上，都劣于那些"双性化"的女孩。女孩可能因此缺乏独立性和上进心，放弃对事业的追求和对自己的严格要求，最终难以成材；男孩可能变得刚愎自用、难解人意、冷酷冷漠，或干脆成为工作狂，不仅在事业上难有竞争优势，在社交圈中也不受欢迎。

不论是男孩还是女孩，都应该在发挥自己"性别"优势的同时，主动向异性学习，克服自己性别上天然的弱项，促进身心的全面发展和人格的完善。如：男孩多多学习女孩细心、善于表达和善解人意的品质，女孩则多多学习男孩刚毅、坚定和开朗的品质。

不少性格或行为特征（如热情活泼、独立自主、坚忍不拔、富有责任心、善解人意、无私善良等）应是男女两性共同具备的，不宜被视为某种性别专有，家长在培养孩子时不宜区分过清，而应兼收并蓄——这正是"双性化教育"内涵的重要组成部分。

鼓励孩子向异性学习也要有"分寸"。要是男孩学过了头，就会显得"娘娘腔"；女孩学过了头，就会成为"假小子"——这自然就不是"双性化教育"的初衷了。在鼓励孩子向异性学习时，必须顺其自然，应通过自然而然地接触，为他们提供共同交流、一起玩耍的机会。切忌威逼强迫，不然会适得其反。

"双性化"并不等同于"男女无别",双性化教育应该是顺着孩子先天的性别倾向来引导,让男孩和女孩首先认同自己的典型性别倾向,乐于做一个男孩或女孩,然后再从学习异性特质中受益。

从双性化理论的起源来看,它是一个与性别刻板印象(性别歧视)相反的理论。根据本姆的双性化理论,一个人的性别倾向可以分为四种:男性化、女性化、双性化和中性化。双性化理论认为双性化是一种最为理想的性别模式,它集合了男性和女性的性别优点,双性化个体在各种条件下比性别典型者(男性化、女性化)做得更好,在心理健康、自尊、自我评价、受同伴欢迎、适应能力等方面都优于单性化者。本姆认为:"中性化"可以说是"无性化",是社会性别最不突出的一类群体,它没有显著的男性气质和女性气质。因此,本来是个很好的理念——男女相互学习,有助于男女两性摆脱传统文化对性别的束缚,但某些人却将"双性化"误读为"中性化","双性化"的意思被扭曲了,结果适得其反。

拓展阅读

一个人值不值得交往,看他疲惫时的模样

一次,我和朋友去爬泰山,深刻地体会到"年龄和意志力成反比"这句话的意思。爬到一半的时候,我就觉得腿已经不是自己的。朋友们起初还会互相帮衬,到了后半程,往往谁也顾不上谁了。有个朋友曾经跟我说,爬山的乐趣从来不在风景,光是那些形形色色的路人就足够他写本书了。以前,我不相信,可这次却深深地体会了一次。

我们一路上和一群春游的大学生同行,像是一个社团在组织活动。刚上山的时候,每个人都充满活力,有说有笑。其中,一个热情活泼的男孩引起了我的注意,他背着一个双肩包,手上还提了一个塑料袋,里面装满了食物,看上去很沉。可他还是一路招呼着落后的同学,帮他们拿东西,不时询问大家要不要休息,俨然是个大家长的模样。朋友在一旁赞赏,看看现在的"90后",哪像传说中的那么自私自利。反倒是我们这些自诩老友的人,自顾自地爬山。想想有点惭愧,困境中见人心,爬山时更是明显。每个人的体力和意志力都相差甚远,想要一起到达终点并不是件容易的事,我想如果有这么个热心肠的人在身旁,爬山应该会变得容易一些。可是,我错了。

从中段开始,剧情就出现了反转。每个人都像霜打了的茄子一样,一个个垂头丧气,步履艰难地前行,话都不想说一句。这时,那个热情的男孩脸突然变得很臭,谁和他说话都是一副爱答不理的样子,一边走一边埋怨身旁的女同学为什么要带那么多东西。满满的好意最终变成了沉重的包袱。扔下觉得丢脸,不扔又觉得疲惫,所以只好愤怒。这时,一直默默无闻的一个男孩却突然走了过来,笑着给他递上一瓶可乐,接过他的背包,拍着他的肩膀说"快了快了"。看着他大汗淋漓的样子,我忍不住感叹,一个人的修养,要看他疲惫时的模样。舒服的时候,大部分人都乐善好施,唯有身心疲惫时,还能体谅别人的苦,才是深到骨子里的善良。有些人,只要一累,眼里、心里就只剩下自己,不仅不能指望他给你加油打气,还得忙着安抚他。而另一些人,无论多疲惫,都懂得体谅你的不容易,即使不能帮你分担,至少不给你添麻烦。

日常生活里,这样的人也不少见。逛街、吃饭、开车,总能看见吵架的人,而且越忙碌

的地方，吵架的人越多。那些平时谈吐不凡的高端人士，一旦疲惫就暴露了本质。几乎每次坐长途飞机，我都能遇上对空姐不依不饶的乘客，他们明知道空姐有很多无法逾越的权限，有很多无可奈何的难处，却还是不加收敛地把怨气都发泄在她们身上。而让他们理直气壮的唯一理由就是：我累了。这不是幼稚的巨婴心态，说到底还是修养不够好。神清气爽的时候，每个人都愿意出手相助，唯有筋疲力尽时，才能看出一个人的修养。修养越好的人，自控力越强。所谓自控力，无非就是不要用你的遭遇惩罚别人而已。

我们老板就有一条金科玉律：不要在深夜发邮件，不要在睡不好觉的时候见客户。所以，每次客户不必要的加班要求，他都会推掉。然后，早早地把我们轰回家睡觉。他总说，睡不好觉的时候，三观容易扭曲。我想，他大概知道，疲惫的时候，容易暴露人性。而人性大多不太好看。这几年在职场，我知道不少血淋淋的教训：合作多年的商业伙伴因为一点蝇头小利谁也不肯退让一步；相识已久的老同事因为一点意见分歧就脏话连篇；不少人勤勤恳恳工作了许多年，最终败给了一个没睡觉的夜晚。而这其中大部分的悲剧都是在人最疲惫的那一刻发生的。一位老同事有一次悄悄地跟我说，要想知道一个人适不适合组队，周五晚上见。为此，我真的仔细观察过周五晚上加班同志们的表现，果然是洋相百出。有人在电话里歇斯底里地和家人吼叫，有人因为菜品不对和外卖小哥没完没了地吵架，甚至还有人埋怨同事笨手笨脚害他大周末的还要加班。可这些人白天明明就是一些不计较得失、不冲动行事的精英，想想令人唏嘘。可也有些人明明已经熬了好几天，还能笑着走到你身边来问，需不需要帮忙，这样的人真是难能可贵。

我经常问办公室里的一个同事，如果我真的累到忍不住发飙，怎么办？他只说了四个字：自己待着。当然，修养好的人不是神，他们也会疲惫，也需要安慰。可是，他们懂得在疲惫的时候，先处理自己的伤口，而不是随便把自己的坏情绪丢给别人。很多人说，筋疲力尽的时候，人的行为举止是不受大脑支配的，情绪、心境，乃至看待世界的角度都会变得消极暗淡。这一点，我深有体会。如果连续几天熬夜加班，我一整天都会很暴躁，商品断货、送餐超时、交通拥堵、行人乱闯，平时那些绝不会放在心上的事，突然变得很困扰，然后开始忍不住对无辜的人发脾气。但正是这种艰难的时刻拉开了人与人之间的段位。就像爬山，前半程每个人都意气风发，唯有力竭时，才能看出差距。而这种差距不仅仅是你能以多快的速度攀上顶峰，更重要的是，你以什么样的姿态到达终点，因为这个姿态，就是一个人深到骨子里的修养，而这样的人，才真正值得交往。（来源于网络）

第十一章 学前儿童交往的发展

师生（幼）关系是支撑教育大厦的基石，是"学校系统内部的主要动因之一"。

——S. Rasskh & G. Vaideanu

不是因为年轻而游戏，而是因为游戏而年轻。

——格罗斯

儿童游戏中常寓有深刻的思想。

——席勒

第一节 依恋与独立性的发展

一、学前儿童的依恋

依恋是由英国心理学家鲍尔比（J. Bowlby）最先提出的一个心理概念，是指婴儿与母亲（或能够代理母亲的人）之间所形成的由爱连接起来的永久性心理联系。有关的研究认为，依恋突出表现为三个特点：一是依恋对象比任何别的人更能抚慰婴儿。二是婴儿更多趋向依恋目标。三是当依恋对象在旁时，婴儿较少害怕。当婴儿害怕时，更容易出现依恋行为，他寻找依恋对象，以获得安全感。

（一）依恋的发展阶段

依恋不是突然发生的，依恋的性质也是有所不同的。根据心理学家，特别是鲍尔比（J. Bowlby）、艾斯沃斯（M. Ainsworth）等人的研究，依恋是婴儿在同母亲较长期的相互作用中逐渐建立的，其发展过程可分为以下四个阶段：

1．无差别的社会反应阶段（出生～3个月）

这个时期的婴儿对人反应的最大特点是不加区分、无差别的反应。婴儿对所有人的反应几乎都是一样的，喜欢所有的人，喜欢听到所有人的声音，喜欢注视所有人的脸，看到人的脸或听到人的声音都会微笑，手舞足蹈。同时，所有的人对婴儿的影响也是一样的，他们与婴儿的接触，如抱他、对他说话，都能引起他高兴、兴奋，都能使他感到愉快、满足。此时的婴儿还未有对任何人（包括母亲）的偏爱。

2．有差别的社会反应阶段（3～6个月）

这时婴儿对人的反应有了区别，对人的反应有所选择，偏爱母亲，对母亲和他所熟悉的人及陌生人的反应是不同的。这时的婴儿在母亲面前表现出更多的微笑、牙牙学语、依偎、接近；而在其他熟悉的人，如其他家庭成员面前这些反应则要相对少一些；对陌生人这些反应就更少，但是此时依然有这些反应。

3．特殊的情感联结阶段（6个月～2岁）

从6～7个月开始，婴儿对母亲的存在更加关切，特别愿意与母亲在一起，与她在一起时特别高兴,而当她离开时则哭喊,不让她离开,别人还不能替代母亲使婴儿快乐。当母亲回来时,婴儿马上显得十分高兴。同时,只要母亲在他身边,婴儿就能安心地玩、探索周围环境,好像母亲是其安全的基地。这一切显示婴儿出现了明显的对母亲的依恋,形成了专门的对母亲的情感联结。与此同时,婴儿对陌生人的态度变化很大,见到陌生人,大多不再微笑、牙牙学语,而是紧张、恐惧甚至哭泣、大喊大叫,怯生感产生。

4. 目标调整的伙伴关系阶段(2岁以后)

2岁后,幼儿逐渐认识并理解母亲的情感、需要和愿望,知道她爱自己,不会抛弃自己,并知道交往时应该考虑她的需要和兴趣,据此调整自己的情绪和行为反应。此时与母亲的空间上的临近性逐渐变得不那么重要。比如,当母亲需要干别的事情,要离开一段时间,幼儿会表现出能理解,而不是大声哭闹,他可以自己较快乐地在那儿玩或通过言语、目光与母亲交谈,相信一会儿母亲肯定会回来。

(二)依恋的类型

在对母子依恋的研究中,艾斯沃斯等人的实验研究最有影响力。艾斯沃斯等利用实际情境中婴儿对陌生情境的反应,把依恋分为三种类型:

1. 安全型依恋

这类婴儿与母亲有着安全的情感联系。当与母亲在一起时,能安逸地操作玩具,并不总是依偎在母亲身旁,只是偶尔靠近或接触母亲,更多的是用眼睛看母亲、对母亲微笑或与母亲有距离地交谈。母亲在场使婴儿感到足够的安全,能在陌生的环境中进行积极的探索和操作,对陌生人的反应也比较积极。当母亲离开时,婴儿的操作、探索行为会受到影响,婴儿明显表现出苦恼、不安,想寻回母亲。当母亲回来时,婴儿会立即寻找与母亲的接触,并且很容易平静下来,继续做游戏。这类婴儿占65%~70%。

2. 回避型依恋

这类婴儿对母亲在不在场都无所谓。母亲离开时,他们并不表示反抗,很少有紧张、不安的表现;当母亲回来时,也往往不予理会,表示忽略而不是高兴,自己玩自己的。有时也会欢迎母亲回来,但时间非常短。实际上,这类婴儿对母亲并未形成特别密切的感情联结,所以,有人把这类婴儿称为无依恋婴儿。这类婴儿约占20%。

3. 反抗型依恋

这类婴儿在母亲要离开前就显得很警惕,当母亲离开时表现得非常苦恼、极度反抗,任何一次短暂的分离都会引起大喊大叫。但是当母亲回来时,其对母亲的态度又是矛盾的,既寻求与母亲的接触,但同时又反抗与母亲的接触,当母亲亲近他,比如抱他时,他会生气地拒绝、推开,但是要他重新回去做游戏似乎又不太容易,不时地朝母亲处看。所以这种类型的依恋又常被称为矛盾型依恋。这类婴儿占10%~15%。

在这三类依恋中,安全型依恋是积极依恋,回避型依恋和反抗型依恋均属于消极的不安全型依恋。

(三)不同依恋类型婴儿的母亲的特点

安全型婴儿的母亲的特点:

(1)对婴儿发出的各种信号、需要非常敏感,并给予迅速的反应。

(2)主动调节自己的行为以适应婴儿。

（3）充满感情地、积极地表达情绪，与婴儿的接触总是充满爱意。

（4）积极鼓励婴儿探索周围环境和事物，并在他们需要的时候对他们提供帮助和保护。

（5）喜欢与婴儿进行密切的身体接触，如搂、抱、亲吻婴儿，并从中感到快乐和喜悦。

回避型婴儿的母亲的特点：

（1）对婴儿所发出的各种信号及需要不敏感，常不能及时意识到或忽视，更谈不上做出迅速的反应。

（2）与婴儿的密切身体接触很少，对孩子没有兴趣，不喜欢与婴儿的密切身体接触。

（3）对婴儿常常不是充满感情的，而是怒气冲冲，经常以生气、发火的方式对待孩子。

反抗型婴儿的母亲的特点：

（1）好像对婴儿感兴趣，也愿意接触婴儿甚至进行密切的身体接触。

（2）对婴儿的信号、需要常常错误理解，或捉摸不定，无法做出及时、恰当的反应。

（3）对待婴儿的行为、态度多变，不稳定，对婴儿的态度与方式依赖于自己的心境、情绪。

二、学前儿童的亲子关系

亲子关系，也叫作亲子交往，是指父母与子女的关系，也可以包含隔代亲人的关系。狭义的亲子关系是指幼儿早期与父母的情感联系，即依恋。它是儿童早期生活中最主要的社会关系，对于儿童个性的发展具有不可替代的作用。其中，影响儿童个性形成和发展的直接因素就是父母的教养方式。

针对父母的教养方式，美国心理学家戴安娜·鲍姆林德（Diana Baumrind）提出了两个维度，即要求和反应性。"要求"是父母对子女的期望，即父母是否对孩子的行为建立适当的标准，并坚持要求孩子去达到这些标准。"反应性"是父母对儿童行为的反馈，即父母对孩子接受的程度及对孩子需求的敏感程度。

根据这两个维度，鲍姆林德把父母的教养方式分为三类：

（一）权威型

这是一种理性且民主的教养方式。权威型的父母认为自己在孩子心目中应该有权威。但这种权威来自父母对孩子的理解与尊重，来自他们与孩子的经常交流及对子女的帮助。父母以积极肯定的态度对待儿童，及时热情地对儿童的需要、行为做出反应，尊重并鼓励儿童表达自己的意见和观点。同时，他们对儿童有较高的要求，对儿童不同的行为表现奖惩分明。

这种高控制且在情感上偏于接纳和温暖的教育方式，对儿童的心理发展有许多积极的影响。这种教养方式下的儿童独立性强，善于自我控制和解决问题，自尊感和自信心较强，喜欢与人交往，对人友好。

（二）专制型

专制型父母则要求孩子绝对地服从自己，希望子女按照他们设计的发展蓝图成长，希望对孩子的所有行为都加以保护监督。这一类也属于高控制型教养方式，但在情感方面与权威型父母有显著的差异。这类父母常以冷漠、忽视的态度对待儿童，他们很少考虑儿童自身的要求与意愿。对儿童违反规则的行为表示愤怒，甚至采用严厉的惩罚措施。

这种教养方式下的儿童大多缺乏主动性，容易胆小、怯懦、畏缩、抑郁，自尊感与自信心较弱，不善于与人交往。

（三）放任型

这类父母和权威型父母一样对儿童报以积极肯定的情感，但缺乏控制。父母放任儿童自己做决定，即使他们还不具有这种能力，例如，任由儿童自己安排饮食起居，纵容儿童贪玩、看电视。父母很少向孩子提出要求，如既不要求他们做家务事，也不要求他们学习良好的行为举止；对儿童违反规则的行为采取忽视或接受的态度，很少发怒或者训斥儿童。

这种教养方式下的儿童大多不成熟，自我控制能力差，往往具有较强的冲动性和攻击性，而且缺乏责任感，合作性差，很少为别人考虑，自信心不足。

三、学前儿童的师幼交往

师幼关系是指教师在教育教学和儿童交往的过程中形成的比较稳定的人际关系。与亲子关系、同伴关系等幼儿的其他社会关系相比，师幼关系的特殊之处在于它蕴含着教学的因素，具有"教学关系"这一侧面。然而，师幼关系从根本上来说仍是一种人与人之间的具有情感色彩的人际关系。

（一）教师在师幼交往中的地位

幼儿进入幼儿园后，活动重心就从家庭转移到了幼儿园，教师就成为幼儿在家庭以外接触最多的成年人，这时，师幼关系便开始建立。

教师在幼儿心目中具有很高的威望，教师自身的言行、对幼儿的态度、工作能力和教学内容，都对幼儿心理产生了重大的影响。

因此，为了促进幼儿社会性的发展，教师要尽可能多地与幼儿交往，了解他们的性格特征、行为特点和家庭状况，帮助他们克服交往上的障碍，培养他们对集体活动的兴趣和遵守规则的习惯。

（二）良好师幼关系的特征

1. 平等性

师幼主体间的交往应是完整意义上的个体（真正意义上的"人"）之间彼此尊重、彼此倾听、彼此信任、相互理解、相互启迪、共同分享的平等交往。

2. 发展性

师幼主体间的交往应不断形成新的"视界"，不断达到"视界融合"，促进师幼双方特别是幼儿的认知、社会性及个性各方面的发展。

哲学上的"视界"，是指一个人从立足点出发所能看到的一切。由于"视界"的不断运动，当"视界"与其他"视界"相遇、交融时，就形成新的理解，即"视界融合"。

3. 交互性

在教育活动中，师幼主体间的交往中每一方都作为整体性的存在而离不开对方，双方在这种全方位的交往中相互作用、相互交流、相互理解，不断重构原有的知识结构和认知水平。

4. 共享性

"共享"指教师和幼儿作为独立的主体相遇、相知，互相理解，并且共同在教学中摄取双方创造的经验和智慧。

（三）建立良好师幼关系的策略

1. 尊重幼儿作为一个"人"的完整人格和权利

幼儿是发展中的个体，教师要了解他们身心发展的规律，尊重他们的能力和个性，尊重幼儿作为一个独立的社会成员的尊严和权利，创设一个平等、民主、宽松的教育环境。

2. 关心爱护幼儿，悉心呵护幼儿

关爱幼儿是对幼儿教师的基本要求，也只有在关爱幼儿的基础上才有可能与幼儿建立良好的关系。

3. 经常与幼儿交谈，建立平等"对话"关系

教师应在日常生活中就幼儿感兴趣的事物、话题与幼儿平等、真诚地交谈。

4. 适时参与幼儿的活动，营造民主气氛

师幼关系是以教师与幼儿之间一定的互动或交往活动为基础的。教师应该积极参与到幼儿自主的活动中。在幼儿自主的活动中教师不仅是一个指导者、顾问，也是一个玩伴，体现着民主、平等的人与人之间的关系。

5. 与幼儿建立良好的个人关系

教师与个别幼儿的关系，尤其是与班级里较为典型、特殊的幼儿的关系，常常会影响着教师与其他幼儿之间的关系，教师应该设法与个别幼儿建立良好的个人关系，并以个人关系影响与其他幼儿的关系。

6. 积极回应幼儿的社会性行为

教师认真观察幼儿的行为、倾听幼儿的心声并及时给予积极回应，是建构积极、良好的师幼关系的基础。

第二节 同伴关系的发展

同伴关系是儿童在早期生活中，除亲子关系、师幼关系之外的又一重要的社会关系。同伴关系是儿童在交往过程中建立和发展起来的一种儿童间特别是同龄人间的人际关系，它存在于整个人类社会。区别于亲子关系、师幼关系，同伴关系体现平等的交往。

一、同伴交往的作用

许多心理学家都曾指出，儿童之间的交往是促进儿童发展的有利因素，同伴关系对于健康的认知和社会性发展非常重要。大量研究表明，同伴关系有利于儿童社会价值的获得、社会能力的培养以及认知和健康人格的发展。

（一）同伴交往有利于儿童形成积极的情感

马斯洛认为，归属和爱以及尊重的需要是人类的基本需要。儿童除了在亲子关系中能够获得这种需要的满足之外，还可以从一般的同伴集体中获得。学前儿童在与同伴交往时，经常表现出更多的、更明显的愉快、兴奋和无拘无束的交谈，并且能够更轻松、更自主地投入各种活动。同时，良好的同伴关系也能成为儿童的一种情感依赖，对学前儿童具有重要的情感支持作用。实验研究表明，当儿童面临陌生或恐怖情境时，同伴（一个好朋友）在场可以

起到与父母同样的作用,消除紧张和压抑。

(二)同伴交往有利于儿童认知能力的发展

同伴交往为儿童提供了大量彼此协商、相互讨论的机会,有助于儿童拓展知识,丰富知识储备,发展思考、操作和解决问题的能力。儿童在与同伴的交往中,逐渐学会了与同伴相处,认识别人,了解别人,理解别人,约束自己,改变自己不合理的想法和行为模式,克服认知上的自我中心状态。这些都能促进儿童认知能力的发展。

(三)同伴交往有利于儿童自我评价和自我调控系统的发展

同伴交往为儿童的自我认知和自我评价提供了有效途径。学前儿童对自己的认识一方面来源于自己,一方面来源于他人,同伴既可以给儿童提供关于自我的信息,又可以作为儿童与他人比较的对象,儿童在将自己与同伴比较的过程中形成对自我的评价。这是儿童最初的社会性比较,它为儿童形成积极的自我概念打下了最初的基础。

同伴交往为儿童对行为的自我调控提供了丰富的信息和参照标准。儿童在交往中的不同行为往往会招致同伴的不同反应,如打人或抢别人的玩具常常招来同伴的拒绝或逃避,而善意和分享玩具则换回的是友好和合作。从同伴不同的反应,儿童既可以了解自己行为的结果与性质,又可以了解是否自己为他人所接受,并认识到调整自己行为的必要性与必须调节、控制哪些行为,从而进一步调控自己的有关行为。

(四)同伴交往有利于儿童社会性的发展

与亲子关系不同,在同伴关系中,交往双方处于平等地位,需要儿童特别关注对方的反应和态度,并增强自己行为的表现性和反应灵活性,以保证顺利实现双方的信息交流,完成交往活动。因此,在同伴交往中,一方面,儿童做出社交行为,如微笑、请求等,从而尝试、练习自己已经学会的社交技能和社交策略,并根据对方的反应做出相应的调整,不断熟练、巩固和积极参与;另一方面,儿童在交往中通过观察对方的社交行为而学习、尝试新的社交手段,从而丰富自身的社交行为,使之在数量和质量上都得到更进一步的发展。另外,同伴交往中同伴的反馈更真实、自然和及时。

二、同伴关系的类型

(一)社会测量法:同伴关系测量的重要手段

研究幼儿同伴关系可以运用社会测量法。社会测量法是美国社会学家、心理学家莫里诺(J. L. Moreno)提出的。莫里诺在分析人际关系时所使用的社交测量法至今仍影响现代社会网络定量分析的发展。

社会测量法是测量幼儿在团体中地位与影响力的一种方法,通过该方法可以了解幼儿的社会交往能力与同伴关系。社会测量法主要有三种。

1. 同伴提名法

同伴提名法是其中最基本、最主要的一种,其基本实施方法是:让被试根据某种心理品质或行为特征的描述,从同伴团体中找出最符合这些描述特征的人来。比如,研究者以"喜欢"或"不喜欢"为标准,让幼儿说出班上他最喜欢或最不喜欢的三个小朋友的名字,然后对研究结果进行一定的技术处理,并做出解释。

提名法测量的基本原理是：儿童同伴之间的相互选择，反映着他们之间心理上的联系。肯定的选择意味着接纳，否定的选择意味着排斥。同伴之间在一定标准上所进行的肯定性或否定性选择，实际上反映着同伴之间的人际关系状况。这样，通过分析同伴的选择结果，就可以定量地测量儿童同伴间的关系。

2. 同伴行为描述法

它实际上是一种结构化的提名程序。"班级戏剧"是其中的重要方法：幼儿假想自己是戏剧导演，将同伴"对号入座"地分派一系列积极或消极角色，如可以问儿童："如果要演一个领导能力强的角色，你认为在你们班上谁最合适？"

3. 同伴评定法

它要求每个儿童根据具体化的量表对同伴群体内其他所有成员进行评定，如让儿童回答："你在多大程度上喜欢和这位同学（同班）一起学习（或一起玩）？"并且给出一个"喜欢—不喜欢"的评定量表。

（二）同伴交往的类型

庞丽娟（1991）采用"提名法"，对4～6岁儿童同伴交往的类型进行研究，得出了4种类型，即受欢迎型、被忽视型、被拒绝型和一般型。

1. 受欢迎型

该类型儿童大多外向，是天生的领导，喜欢与人交往，在交往中积极主动，且常常表现出友好、积极的交往行为，因而受到大多数人的接纳和喜爱，在同伴中享有较高的地位，具有较强的影响力。

2. 被忽视型

该类型儿童在社交上总是懒惰的，常常独处或一人活动，在交往中表现得退缩或畏惧；多为较安静、内向、守规矩者。他们既很少对同伴表现出友好合作的行为，也很少表现出攻击性行为，因此，既没有同伴主动喜欢他们，也没有同伴主动排斥他们，他们不会，也不敢为自己争取表现的机会，以至于被同伴甚至教师忽视，几乎忘了他们的存在。

3. 被拒绝型

该类型儿童在交往中活跃、主动，但常常采取不友好的交往方式，如抢夺玩具、推打小朋友、大声叫喊、强行加入其他小朋友的活动等，攻击性行为较多，友好行为较少，因而常常被多数幼儿所排斥、拒绝，在同伴中地位低，与同伴关系紧张。这类型幼儿也是最容易受伤和伤到别人的。

4. 一般型

该类型儿童在同伴交往中表现一般，有的同伴喜欢他们，有的不喜欢他们，他们既非为同伴特别地喜爱、接纳，也非为同伴特别地忽视拒绝，在同伴心目中的地位一般。

上述四种基本类型，根据庞丽娟的研究，被拒绝型幼儿约占14.31%，被忽视型幼儿约占19.41%，受欢迎型幼儿约占13.33%，一般型幼儿约占52.95%。前两类属于不受欢迎型，而这两类儿童之间也是有区别：被拒绝的儿童是很不受欢迎的，而被忽视的儿童可能不被欢迎，但未必不受喜欢。

从发展的角度看，在4～6岁范围内，随着儿童年龄的增长，受欢迎的儿童人数增加，而被忽视儿童和被拒绝儿童的人数减少。在性别维度上，受欢迎的儿童，女孩人数明显比男孩多;被拒绝的儿童,男孩人数明显比女孩多;被忽视的儿童,女孩人数又比男孩多,但男孩也占有一定比例。

三、教师指导幼儿改善同伴关系的方法

针对同伴关系中处于被忽视和被拒绝地位的幼儿,教师要掌握适当的指导方法,改善其同伴关系。需要注意的是,一些幼儿之所以被忽视,与教师不适宜的教育行为有很大关系。有些教师眼里只有"优秀"幼儿,很少关注发展较慢的幼儿,导致发展较慢幼儿被忽视。

1. 被忽视者

对这类幼儿,教师不仅不能忽视他们,而且还要以多种方式来帮助他们。例如:

(1)鼓励其勇敢地表达自己的意见或参与同伴的讨论和游戏。

(2)给其表现的机会,如帮老师做事(分发美工纸、蜡笔等),或在午餐时帮助教师分发碗筷。

(3)引导较活泼的同伴带领这类幼儿一起活动。

(4)主动关心或给予特别的注意,发掘其才能,让其展现或耐心等待其表现的意愿,引起同伴的注意。

(5)以游戏的方式鼓励其参与活动。

(6)与家长联系以了解幼儿的家庭状况与其在家的表现。

教师要做到经常注意被忽视幼儿,肯定其能力及聪明才智,并给予口头表扬,使其增强自信心,重新认识自己,改变同伴对他们的看法。同时,被忽视幼儿也需要学习适宜的社会技巧,如主动提供帮助、表现友善的微笑、主动接近兴趣相同的同伴等,这些技巧都可以通过教师的指导、演练而获得。此外,教师还要帮助幼儿懂得不是每个人都一定会在任何时间、地点被任何人所接受,偶尔被拒绝并没有关系,还有其他的选择或可以再继续努力。如果是来自家庭的问题,就需要教师与家长共同解决。

2. 被拒绝者

对这类幼儿,因其特质较多样化,教师辅导的方式也因幼儿的个别差异而有所不同。例如:

(1)建议幼儿保持整洁的外表。

(2)个别谈话,分析其受排斥的原因,提醒其自我约束,并指导与人相处的技巧。

(3)赞美其优点,加强其自信心。

(4)安排被拒绝者与受欢迎者一起玩游戏,以起到潜移默化的作用。

(5)给予他们为班级服务的机会,并当众夸赞其良好行为,帮助其获得同伴的认同,被同伴接纳。

(6)以角色扮演、小团体活动方式让幼儿有机会表达自己及倾听他人不同的想法或感受,进而学习同理心及角色取代的概念。

(7)请家长配合改善。

四、同伴关系的发展

(一)早期同伴关系的发展

婴儿在第一年的社会能力的发展超乎我们的想象。例如,到 2 个月时,同伴的出现会引

起婴儿的注意，并且相互注视。6个月前，婴儿对同伴的反应还不具有真正的社会性质，他们可能只是将同伴当作物体或活的玩具来看待，如他们经常会不顾对方疼痛抓对方的头发、脸等。到6~9个月时，婴儿就会发声说话，对着其他婴儿微笑。到第一年末，婴儿会偶尔以微笑、出声的笑和模仿彼此的动作来进行双向交流。一岁半之后，婴儿之间相互影响的持续时间更长，其内容和形式也更为复杂，合作游戏、互补和互惠的行为在婴儿间也出现了。到第二年末，许多儿童喜欢与同伴一起游戏，花在单独游戏上的时间越来越少。这一时期，在母亲和同伴都在场的情境条件下，儿童更喜欢与同伴玩，与同伴游戏的次数明显多于与母亲游戏的次数。

大量的观察和研究表明，婴儿从出生后的后半年起即开始出现真正意义上的同伴社交行为。婴儿早期同伴交往经历了三个阶段：

1. 客体中心阶段

该阶段婴儿的交往更多地集中在玩具或物品上，而不是婴儿本身。刘易斯、罗森伯勒姆（Lewis & Rosenblum，1975）和李（Lee，1973）等人发现，在出生后的第一年内，婴儿大部分社交行为是单方面发起的，一个婴儿的社交行为往往不能引起另一个婴儿的反应。然而，单方面的社交是社交的第一步，当一个婴儿的社交行为成功地引起另一个婴儿的反应时，就产生了婴儿之间的简单的相互影响。

2. 简单相互作用阶段

此阶段的婴儿已经能够对同伴的行为做出反应，经常企图去控制另一个婴儿的行为，出现社交指向行为。所谓社交指向行为是指婴儿意在指向同伴的各种具体行为，婴儿在发出这种行为时，总是伴随着对同伴的注意，也总能得到同伴的回应。具体有微笑和大笑、发声和说话、给或拿玩具、身体接触（如抚摸、轻拍同伴的身体、推、拉等）以及较大的运动（如走到同伴旁边，开始跑开）、玩与同伴相同或相似的玩具等。这些行为的目的都在引起同伴的注意，与同伴取得联系，这一阶段的婴儿就是通过这种行为来积极地寻找自己的同伴，同时，对同伴的行为做出反应，相互影响。

3. 互补的相互作用阶段

在这一阶段，婴儿同伴间的行为趋于互补，出现了更多更复杂的社交行为，相互间模仿已较普遍，婴儿不仅能较好地控制自己的行动，而且还可以与同伴开展需要合作的游戏。比如，你需要同伴时，我和你一起玩，你藏我找，你跑我追，或两人在一起共搭一个东西。此阶段婴儿交往最主要的特点是同伴之间的社会性游戏的数量有了明显的增长。

（二）幼儿期同伴关系的发展

幼儿期同伴间的交往在数量和质量上都发生了很大的变化，儿童合作—互动的游戏量随年龄的增长而增加。

米尔德雷德·帕腾（Mildred Parten）研究指出，幼儿同伴关系的发展经历了三个阶段：

1. 非社会活动阶段

无参与者或旁观者的行为或独自游戏。

2. 平行游戏阶段

共同分享相似玩具但无交流。

3. 社会交往阶段

包括两种真正意义上的社会交往行为，即联合游戏和合作游戏。

儿童的社会交往虽然具有阶段性，但这并不意味着儿童在进行下一个阶段的游戏中就不再出现上一阶段的游戏，它们往往是混杂在一起的。

进入幼儿园后，儿童与同伴的接触时间增加，他们不再把成人作为唯一的依靠对象，他们开始主动寻求同伴，喜欢和同伴共同参与一些活动，与同伴的交往比以前密切、频繁和持久。幼儿期同伴交往主要是与同性别的儿童交往。

第三节　游戏与交往技能的发展

一、游戏理论

自19世纪下半叶至今一百多年的历史上，国外有许多的心理学家研究儿童游戏。由于各研究者指导思想及方法论的不同，所采用的心理学理论不同，以及研究的角度及实验的对象不同，同时也由于所处的时代及心理学发展水平不同，因而形成了各种不同的游戏理论。按照产生的时间，游戏理论可以被分成早期的游戏理论和现代的游戏理论。

（一）早期的游戏理论

1. 精力过剩论（剩余精力说）

剩余精力说代表人物是德国思想家席勒（F. Schiller）和英国社会学家、心理学家斯宾塞（H. Spencer）。他们认为游戏是由于机体内剩余的精力需要发泄而产生的。生物有维护自己生存的能力，身体健康的儿童除了维持正常生活外，还有剩余的精力。过剩的精力必须寻找方法消耗它，而游戏是释放剩余精力的最好形式。剩余精力愈多，游戏就愈多。低等动物用于维持生命的精力较多，剩余精力较少，所以没有游戏或很少游戏。高等动物用于维持生命的精力相对少，剩余的精力多，就有游戏的需要。因此，他们把人类的活动分成两种：一种是有目的的活动，被称为工作；一种是无目的的活动，被称为游戏，即精力发泄。

2. 娱乐论（松弛说）

此理论的代表人物是德国哲学家、心理学家拉扎鲁斯（Lazarus）。他认为游戏不是发泄精力，而是松弛、恢复精力的一种方式。艰苦的脑力劳动使人身心疲劳，这种疲劳需要一定的休息和睡眠才能消除，然而只有当人解除紧张状态时，才可能得到充分的休息和睡眠。游戏和娱乐活动可使机体解除紧张状态，恢复精力，增进健康，所以人需要游戏。

3. 复演论（种族复演说）

复演论的代表人物是美国心理学家霍尔。他认为游戏是远古时代人类祖先的生活特征在儿童身上的复演，不同年龄的儿童以不同形式重演祖先的本能活动。如8~9岁是女孩复演母性的本能时期，她们爱玩洋娃娃；6~9岁是男孩狩猎本能复演期。他肯定了人类的文化发展阶段与儿童游戏的发展阶段具有对应的关系：动物阶段反映在儿童的爬行和蹒跚行走期；野蛮阶段反映在儿童玩投掷、追逐、捉迷藏等活动中；农业和家长式阶段表现为儿童使用玩具的活动和沙滩挖掘的活动；部落阶段则表现为儿童的小组竞赛活动。

霍尔在假定游戏的发展过程同种族的演化过程相吻合的基础上，指出了游戏的意义或目的。儿童通过游戏重演史前的人类祖先到现代进化的各个发展阶段，在游戏中根除史前状态的动物残余，让个体摆脱原始的、不必要的本能动作，从而为复杂的当代活动做准备。

4. 生活预备说

德国哲学家格罗斯（Gross）从"本能论"的观点出发，提出了儿童游戏是对未来生活的无意识准备，是为成熟做预备性练习的"生活预备说"或"练习说"。他认为游戏的功能是帮助个体练习维持生存的基本技巧，以便为将来的生活做准备。

早期的游戏理论基本上肯定了游戏是儿童的一种重要活动，是儿童心理发展的重要力量。这对于改变人们长期形成的轻视游戏的传统观念和习惯是具有重要意义的，而且理论本身从不同的侧面对游戏产生的原因与意义进行解释，为后来的研究奠定了基础。但这四种理论仍有其局限性，如较多地受生物进化论的影响，基本上都是从本能、欲望，从生物学的角度来解释和分析游戏，具有片面性，缺乏科学的实验基础。

（二）现代的游戏理论

1. 精神分析学派的游戏理论

精神分析学派的游戏理论，又称发泄论或补偿论。在现代西方心理学的理论流派中，精神分析学派是最重视游戏的一个派别。精神分析学派的创始人弗洛伊德以及后来的追随者们，或多或少地都论述了儿童的游戏问题。精神分析学派之所以重视游戏，和这个学派的基本理论有关。

精神分析学派认为，一切生物生存的基础是一些与生俱来的原始冲动和欲望，这些冲动和欲望在动物界可以以赤裸裸的形式直接表现出来，如可以随意争抢，甚至可以随意发生性行为。但在人类社会，由于受到社会道德规范的约束，不允许这些潜意识里的冲动和欲望直接表现出来。当这些被压抑在潜意识里的冲动和欲望累积起来时，将会不自觉地寻找出路，以做梦、幻想、口误等潜意识表现加以发泄。儿童天生也有种种内在的需要和欲望需要得到满足、表现和发泄，但由于生存的客观环境所限，儿童不能为所欲为，以至于他们的内在需要不能完全满足，从而内心产生压抑或抑郁，这样一来，儿童容易出现爱捣乱、发脾气等各种不良行为。而游戏就是表现这些原始的、受压抑的冲动和欲望的隐晦曲折的最好的一种方式。游戏是可供个人支配的自由天地与领域。因此，儿童可以在游戏中发泄情感，减少忧虑，发展自我能力，以应付现实环境，补偿现实生活中不能满足的欲望和需要，从而使身心全面、健康发展。

精神分析学派强调早期经验对健康的成年生活的重要性，强调游戏对于人格发展、心理健康的价值，对于人们重视早期的发展与教育，重视游戏在儿童发展中的作用做出了重要的贡献。但该理论仍有其局限性：第一，具有明显的临床诊断色彩。其来源于对于个别儿童的研究，研究结论不具有普遍性。第二，具有明显的主观臆测倾向，不具有科学性。

2. 皮亚杰认知发展的游戏理论

认知发展学派的代表人物是瑞士著名心理学家皮亚杰。他的认知发展理论近几十年来对学前教育影响非常大。皮亚杰试图在儿童认知发展的总框架中来考察儿童的游戏，认为许多游戏理论之所以不能正确解释游戏这种儿童早期所有的现象，主要原因是这些理论都把游戏看作是一种孤立的机能或活动。在皮亚杰看来，游戏是一种在已有经验范围里的活动，是对原有知识技能的练习和巩固，是智力活动的一个方面，是智力发展的一种手段。儿童游戏的动力基础在于智慧的发展形式，即用认知发展的术语来解释，游戏是同化超过了顺应。

皮亚杰认为游戏的发展受儿童认知水平的制约，并与儿童认知发展阶段相适应。在感知运动阶段，儿童的游戏表现为不断重复习得的动作或活动，被称为练习性游戏阶段。到了前运算阶段，儿童的游戏超出了当前的范围，突破了时空的限制，表现为一种象征性游戏，成为幼儿阶段最为典型的游戏。它通过同化作用来改变现实，以满足自我在情感方面的需要。到了具体运算阶段，规则游戏开始发展。

皮亚杰的游戏理论开拓了从儿童认知发展的角度考察儿童游戏的新的途径，成为20世纪60年代以后游戏与儿童认知发展关系研究的直接催化剂。皮亚杰研究的终点成为人们进一步研究游戏与儿童认知发展关系的起点，由此引发出一系列游戏与儿童认知发展的实证研究，极大地丰富了人们对于儿童游戏的认知发展价值的认识。皮亚杰非常重视游戏的情感发展价值，认为游戏是儿童解决情感冲突的一种手段。皮亚杰研究儿童游戏，只是试图从游戏这一侧面说明儿童认知发展的特征。这一思想出发点导致他认为游戏只是认知活动的衍生物，否认游戏是独立的活动形式，只强调认知发展对游戏的制约作用，忽视游戏对认知发展的促进作用。

3. 社会文化历史学派的游戏理论

社会文化历史学派是苏联的心理学派，也称维列鲁学派，代表人物有维果斯基、列昂节夫、鲁利亚、艾里康宁等，他们在阐述自己的心理学思想时都或多或少地涉及儿童游戏的问题，以辩证唯物主义和历史唯物主义为基础，创造了从根本上区别于西方心理学的游戏理论。

对于儿童的游戏，社会文化历史学派有这样几个基本观点：

（1）活动在儿童心理发展中起主导作用。

（2）游戏是学前期的主导活动。

（3）强调游戏的社会性本质，反对本能论。这种理论认为："儿童的游戏，无论就其内容还是结构来说，根本不同于幼小动物的游戏，它具有社会历史的起源，而不是生物学的起源。社会形成和推行游戏的目的，是教育和培养儿童参加未来的劳动活动。"

（4）强调成人的教育影响。游戏作为学前儿童的主导活动，本身也是在儿童与成人的交往中、在成人的教育与影响下、在与成人的关系发生改变的情况下逐渐发生、发展的。

社会文化历史学派的游戏理论很有特色。它不满足仅在理论上的探讨和描述儿童游戏发生发展的现象和规律，而是注重于将理论上的研究成果广泛运用到指导儿童身心发展的游戏实际活动中，指导教师组织儿童开展游戏。当然，这一理论也不是没有缺点，如关于游戏的社会起源的解释，以及儿童必须在成人的示范、指导下才能改变物体的名称，才能用角色称呼自己等观点过于偏激。儿童的游戏，虽然不能脱离社会生活环境，不能缺少成人的影响，但是，这是否会削弱儿童的自主性，值得怀疑。

二、游戏对学前儿童发展的作用

德国文学家、哲学家席勒曾说过："只有当人成为完全的人时，他才游戏；也只有当人游戏的时候，他才完全是人。"游戏是幼儿的基本活动形式，是幼儿的"第二生命"，幼儿的游戏是对已有经验的重复练习与在已有知识基础上的挑战，对幼儿的身心发展具有重要的作用。

（一）游戏促进幼儿身心愉悦

娱乐功能是游戏的原生功能，在游戏中，幼儿是活泼愉快的。从游戏的过程来看，游戏充满着轻松和自在，幼儿全身心地投入游戏中，没有来自外在的束缚和压力，并保持着兴奋、觉醒的状态；从游戏的内容来看，它本身充满着怪异与诙谐，游戏的内容是对现实的模仿和创造，幼儿在平凡的生活行为中加入刺激、新鲜的因子，让游戏内容更为丰富。从游戏的结果来看，它没有任何外在的目的，只是一种获得愉快的手段，而不是达到某种目标的努力。

（二）游戏促进幼儿身体发展

游戏有助于促进幼儿生长发育。通过游戏，儿童可以增强体质、恢复精力，幼儿在游戏中开心地跳跃，锻炼着肌体的各种器官，促进身体血液循环、高级神经活动的发展。如"跳房子""跳皮筋""走平衡桩"等游戏，既能增强幼儿的弹跳能力，又能训练幼儿的平衡能力。

（三）游戏促进幼儿认知发展

儿童通过游戏可以获得知识经验、巩固技能技巧、促进思维发展、提高智力水平、优化认知结构，同时获得有效的学习方法和策略，并有利于良好的学习动机和学习态度的形成和发展。皮亚杰认为，儿童游戏的发展依赖于认知水平的提高，游戏水平的提高又反过来促进了认知的发展与完善。儿童在游戏过程中遇到困难时，会认真分析当前的困境，尝试运用各种办法解决难题，从而培养幼儿分析问题和解决问题的能力；幼儿通过对游戏进行改编和创新，以满足自己更高的追求，在此过程中，幼儿的思维、想象力都会得到相应的发展。例如，幼儿在玩棋类游戏、搭积木、堆沙土、剪纸等过程中，自身的观察力、智慧、动作、策略等都会得到综合运用和发展。

（四）游戏促进幼儿语言发展

游戏不仅使语言理解深刻化，而且使语言的交际功能和调节功能获得发展。在幼儿与同伴交流、协商的过程中，幼儿的倾听能力、独白语言能力、自我调节的能力会在无形中初步形成并逐步发展。游戏中幼儿需要与他人交流思想，共同协商解决问题的办法，因此，幼儿必须能理解他人观点，恰当表达自己的想法。例如，在"上课游戏"中，儿童模仿老师与学生对话，不但把自己假想成教师，并且言语行为都要符合他心目中老师的角色，语音、语调与平时完全不同，促使儿童语言快速发展。

（五）游戏促进幼儿社会化

游戏可以促进幼儿与同伴相互交流与理解、相互学习与提高，可以推动社会信息传播和文化传递，从而最终实现儿童自我的社会化。游戏使儿童了解自己和他人的愿望、思想、感情等，相互交流经验，体验角色责任，增强了幼儿的自我意识。游戏使儿童扮演各种不同的社会角色，促进幼儿理解人们之间平等友好的关系，开始学会通过分享、协商、谦让和互助等行为方式，逐步建立良好的同伴关系。游戏的社会化功能主要表现在以下三个方面：

（1）游戏促进幼儿性别角色社会化。一方面，游戏可以促进儿童性别认同，使其获得性别同一性；另一方面，游戏可以帮助儿童认识性别角色，逐渐习得社会期望对男性和女性的行为要求，并利用这些信息指导和控制自身的行为，适应社会交往。

（2）游戏促进幼儿情感社会化。儿童情感社会化包括两个方面：一是情绪社会化，即情绪中社会性交往成分增加，情绪的社会动因增加，表情的自我控制与调节的社会性加强；二是人际感情的发展，即依恋的发展。

（3）游戏促进道德社会化。游戏能够促使儿童掌握社会道德规范，提高道德认识，内化社会规范。在规则游戏中，儿童不仅可以学习特殊的游戏规则，还可以了解一般的社会规则。如"丢手绢"游戏使儿童懂得顺序、轮换和合作等。

三、学前儿童游戏的分类

关于学前儿童游戏的种类长期以来都未形成定论。由于研究者们各自不同的研究目的和他们所依据的不同理论，他们在对游戏进行分类时都侧重某一个角度，因而出现了各种各样的游戏分类。

（一）按儿童游戏的认知特点分类

1. 感觉运动游戏

感觉运动游戏又称为练习性游戏。它是儿童最早出现的一种游戏形式，一般适合0~2岁儿童。儿童主要是通过感知和动作来认识环境、与人交往的，他们的游戏最初是通过将自己的身体作为游戏的中心，逐渐地摆弄与操作具体物体，并不断反复练习已有动作，在简单的、重复的练习中，尝试发现、探索新的动作，从而使自身获得发展。婴幼儿在反复地、成功地摆弄和练习中，获得愉快的体验。游戏的驱动力就是获得"机能性的快乐"，"动"即快乐。该游戏的主要表现形式为徒手游戏或重复地操作物体的游戏。

2. 象征性游戏

象征性游戏是2~7岁儿童最典型的游戏形式。象征即用具体的事物表现某种特殊意义，游戏中出现了象征物或替代物，儿童把一种东西当作另一种东西来使用，即"以物代物"，把自己假装成另一个人，即"以人代人"，是象征的表现形式。象征性游戏的主要特征是模仿和想象，角色游戏是其主要的表现形式。最常见的"过家家""医院""商店""公共汽车"等游戏，都借助了一些替代物品，通过扮演角色并反映种种社会生活、场景和人物。通过象征性游戏，儿童可以脱离当前对实物的知觉，以象征代替实物并学会用语言符号进行思维，体现着儿童认知发展的水平。

3. 结构性游戏

结构性游戏又称建构游戏或造型游戏，它是儿童利用各种不同的结构材料来建构、反映现实生活中的物体的活动。这类游戏有三个基本特点：

（1）以造型为基本活动，往往以搭建某一建筑物或物品为动因，如搭一座公园的大门、建一个汽车的模型等。

（2）活动成果是具体的造型物品，如飞机、坦克、高楼、卡通形象等。

（3）它与角色游戏存在着相互转化的密切关系。

4. 规则性游戏

规则性游戏是一种由两人以上参加的，以游戏规则裁判胜负的，具有竞赛性质的游戏，它包括智力性质的竞赛、动作技巧方面的竞赛、运动能力一类的竞赛等。这类游戏是儿童四五岁以后才开始接触的。研究表明，幼儿中期的儿童能按一定的规则进行游戏，但是也常常会出现因为自己的兴趣或好恶而忘记或破坏规则的现象。年龄大一点的儿童，不仅能较好地开展这类游戏，还能较好地理解并坚持游戏的规则，并运用规则约束参加游戏的所有成员。由于规则本身具有不同的复杂程度，动作技能的要求不同，这类游戏可以从幼儿一直延续到成人。

（二）按儿童游戏的社会性特点分类

1. 独自游戏

独自游戏又称单独的游戏。儿童独自一个人玩玩具，所使用的玩具与周围其他儿童的不同。他只专注于自己的活动，不管别人在做什么，也没有做出接近其他儿童的尝试。彼此间没有联系，各玩各的。

2. 平行游戏

儿童仍然是独自玩玩具，但他所玩的玩具同周围儿童所玩的玩具是类似的，他在同伴旁边玩，而不是与同伴一起玩。他们能意识到别人的存在，相互之间有目光接触，也会看到别人怎么操作，甚至模仿别人，但彼此都无意影响或参与到对方的活动之中，既没有合作的行为，也没有共同的目的。

3. 联合游戏

儿童仍以自己的兴趣为中心，但开始有较大的兴趣与其他儿童一起玩，同处于一个集体之中开展游戏，时常发生许多如借还玩具、短暂交谈的行为，但还没有建立共同目标。儿童仍做自己愿做的事情。

4. 合作游戏

儿童以集体共同目标为中心，在游戏中相互合作并努力达到目的。游戏中有明确的分工、合作及规则意识，有一到两个游戏的领导者。例如，在"小医院"游戏中，有人当医生，有人当护士，还有人扮演病人，角色相对稳定，且能相互协调。

在学前儿童的游戏活动中，平行游戏和联合游戏较多，到学前晚期，才开始出现有组织的合作游戏。游戏水平的提高反映了儿童社会性交往能力的发展。

（三）按游戏的教育作用分类

1. 创造性游戏

创造性游戏是以幼儿自由创造为主的游戏，游戏中幼儿完全可以按照自己的需要、兴趣和意愿进行活动，不受外显规则的约束，具体包括角色游戏、结构游戏和表演游戏。

2. 规则性游戏

规则性游戏是指以教师组织和创编为主的游戏，游戏中幼儿的行为必须受到规则的限制，即游戏有明确的规则，幼儿必须服从规则所要求的步骤、玩法进行活动，不得违反规则，游戏的结果是幼儿在游戏中要努力达到的目的。此类游戏常常是为教学服务的，包括体育游戏、音乐游戏和智力游戏等。

四、在游戏中培养幼儿的交往技能

社会交往技能是人的社会性当中最重要的内容之一，它指的是人在与别人进行交往时所表现出来的运用口头语言、身体语言、情绪和认识等方面的技能。《3—6岁儿童学习与发展指南》明确提出："人际交往和社会适应是幼儿社会性发展的基本途径。幼儿的社会性主要是在日常生活和游戏中通过观察和模仿潜移默化地发展起来的。"幼儿期是儿童社会性发展的关键时期，游戏作为该阶段儿童的主导活动形式，能够促进儿童社会交往技能的发展。通过游戏活动，让幼儿模仿现实生活，再现社会中的人际交往，练习社会交往的技能，在不知不觉中提升幼儿的交往能力。

(一)通过游戏培养幼儿交往的意识

采用游戏的形式,有目的、有计划地向幼儿介绍有关交往的知识,指导幼儿进行交往,使幼儿建立交往的意识,形成积极的交往态度。比如刚入园的幼儿,面对陌生的环境,容易哭闹,而他们又比较喜欢玩积木等游戏,因此,幼儿园给孩子准备的玩具较多,孩子们大多都是自己玩自己的、互不联系。经过一两个月后,为了促进孩子之间的交往,可以让孩子们分组游戏,一组玩一种玩具,这就需要孩子们合作,共同使用一种玩具,学会分工、协作,共同完成游戏。在游戏过程中,要有意识地鼓励幼儿多交往,让他们自己找伙伴,相互合作,让他们在游戏中感受到交往的重要性。

(二)通过游戏培养幼儿交往的兴趣与能力

游戏是幼儿最喜欢的活动,也是相互交往的好方式。游戏中,幼儿以愉快的心情再现着现实生活,对老师的启发、诱导容易接受。角色游戏具有群体性,是幼儿对社会生活的一种再现,幼儿通过自己的或与同伴的共同活动,把最感兴趣的事情反映出来,从中学会共处,学会合作。可以让幼儿分别扮演不同的角色,在特定的情境中去体验他人的感受。比如:教师在带孩子参观医院、超市、银行、菜市场后,可以在活动室设立"娃娃家""医院""菜市场"等模拟区域,扩大幼儿的活动空间。通过师生、生生、幼儿与区域环境的互动,让幼儿逐步了解和掌握社会行为规范,摆脱"以自我为中心"的意识,同时,学习掌握不同角色之间的交往方式。如"娃娃"与"长辈"的交往、"医生"与"病人"的交往、"营业员"与"顾客"的交往等,孩子们在你来我往中保持愉快的心情,能激发幼儿的交往兴趣,从而提高交往的技能。此外,幼儿在游戏中扮演各种角色,可逐步了解角色的特点与职责,知道社会交往的行为准则,进而增强同情心和责任感,养成乐于助人的良好品德。例如:"公共汽车"的"售票员"会把"爷爷""奶奶"扶下车。

(三)通过游戏让幼儿学说、敢说、乐于说,从而促进幼儿之间的交往

游戏是通过角色扮演让幼儿根据自己生活的经验和意愿,模仿成人劳动和交往的一种创造性活动,它是幼儿自己教育自己,自己培养自己,承担社会角色责任和遵守社会角色规范的一种自我教育活动。游戏可使幼儿在人际交往实践中获得更多的语言表达机会,有助于幼儿逐步积累交往的技能和经验,体会交往的乐趣。例如,对刚入园的幼儿来说,"家"是他们最熟悉的地方,也是幼儿觉得最安全的地方。在玩游戏"到娃娃家做客"时,让幼儿模仿"家"中的角色,在活动中与人交往,让一名幼儿以客人的身份开始游戏。例如,先轻轻地敲门问:"家里有人吗?我是谁谁谁",再向主人问好,而主人要热情招呼客人,说"请进、请喝水"等。通过游戏,激发幼儿的兴趣,让幼儿乐于说,在他们一问一答的过程中,幼儿的社会交往能力也得到了提高。另外,教师还可以适时增加游戏内容,不断扩大幼儿的交往范围。

(四)解决游戏中的冲突,增强交往能力,帮助幼儿学习交往的语言

现在的孩子大多数是独生子女,长辈对其疼爱有加,唯我独尊,不知怎么和同伴交往。而幼儿在与同伴游戏活动中,不可避免地会与同伴之间产生矛盾和冲突,如有的幼儿在活动中撞倒了对方或踩痛了对方,连一句"对不起"都不说,缺乏起码的礼貌,这样怎么能交到朋友呢?所以,基本的同伴交往要学会礼貌用语,在游戏过程中,引导幼儿用合适的语言表达自己的想法,学习用语言与同伴沟通的技能。有的幼儿较胆怯,羞于交往,害怕对方拒绝

自己，但其内心是渴望与同伴一起说笑、游戏的。这时教师可以请几个能力强的幼儿主动邀请胆小的幼儿参加游戏，还可以带着胆小的孩子参与到同伴中，慢慢地幼儿的胆子大起来，不再害怕交往。有些幼儿占有欲很强，什么东西都爱放到自己前面，不会谦让。对此，教师可以教幼儿一些协调同伴关系的方法，如协商、合作等。

总之，在游戏中培养幼儿的交往能力，不是一朝一夕的事。在生活中，教师要做个有心人，时时处处为幼儿创设各种交往的机会，鼓励他们自主选择、自由结伴开展活动，体验与人交往的快乐。教师还可以结合具体情境，指导幼儿学习交往的基本规则和技能。例如，当幼儿不知怎样加入同伴游戏时，或提出请求不被接受时，建议他拿出玩具邀请大家一起玩。

拓展阅读

好好说话

一位当老师的朋友跟我讲了这么一件事：她带初一，班上有个男生，门门课成绩名列前茅不说，还打得一手好篮球，那孩子少言寡语，也并不是那种仗着自己有点小聪明就任性调皮捉弄人的人，这样的孩子，本应该是炙手可热的小明星，可他人缘却奇差，同学们不喜欢他，就连其他的任课老师，提起这个孩子也常摇头叹气。

这男孩不说话时还算聪明讨喜，一开口却是生冷硬倔，分分钟就让人没法儿接。想让同桌让一让的时候，他总是冷着脸让对方"起来"，平时同学聊天不小心冒出一两个口误，他也会严肃地去纠正和争辩，就连英语老师在课堂上讲错了一个语法，他都会毫不留情地质疑："老师，你昨天没备课吗？"常常弄得别人下不来台。

她眼睁睁地看着，他的生活像是陷入了一个向下的螺旋，因为总是得罪人，所以大家都不愿意跟他说话。同班同学在不远处的篮球架下玩得热火朝天时，他一个人孤零零的在一个角落里练习投篮；他试图跟同桌搭话时，对方却装着没听见似的把脸转向一边；就连某几个被他当众怼过的老师，也时常不给他好脸色看。她看在眼里急在心里，抽了个空就去男生家里家访，对男孩的成绩予以极大肯定的同时，挑了几件无伤大雅的小事，委婉地提出，孩子如果可以更友善温和一些，会获得更好的成长。话音还未落，男孩的父亲瞬间就收起了一脸笑容，将男孩连推带搡地从书房拉出来，劈头盖脸一顿骂：你觉得自己很了不起是不是？平时都跟老师同学怎么说话的，赶快给老师赔礼道歉。她连忙摆手解释，而他还是喋喋不休地训斥着儿子，直到孩子低头认错才罢休。还没等她松一口气，夫妻俩一言不合就开始争执，一个埋怨老婆天天加班没时间教育孩子，一个指责老公太大男子主义，没给孩子做好榜样。她手足无措地看着夫妻俩吵架，而就在这尴尬的瞬间，她看见那个男孩站在沙发旁边的样子：没有怒火，没有不满，没有恐惧，甚至没有因为父母当着外人争吵而生出的一丝嫌弃或羞耻。他就只是站在那儿，不看她，也不看自己的父母，面无表情，眼神空洞，好像只是在耐心地等待这一场争吵结束。无动于衷，习以为常。

我想象着这个小孩的样子，忽然有点心疼。他大概没见过平心静气有商有量的沟通是什么样吧；他大概不知道带着笑容伸出触角也不会受伤吧；他大概从没有体验过被人理解的滋味吧。

一个人在早期生活中养成的沟通模式和说话方式，会渗透进他生活的方方面面，除非有强大的外力来影响或改变，这样的习惯将会伴随他的一生。我们或许已经无法左右父母的习惯，但却可以从这一天起调整自己的态度。

好好说话，认真倾听，冷静但不冷漠，温和但不懦弱，坚定但不强硬。那才是你能够给孩子创造的，最好的风范。（来源于网络）

思考练习题

1. 简述学前儿童依恋的类型。
2. 建立良好师幼关系的策略有哪些？
3. 同伴交往对学前儿童心理发展有什么重要意义？请结合实例具体分析。
4. 在游戏活动中如何培养幼儿的交往技能？
5. 案例分析。

这几天幼儿园的老师特别忙，李老师今天提前半个小时来到幼儿园打印文稿，不一会儿，班里的刘×就来了。

他一下子冲了进来，活动室的门"嘭"的一下，玻璃都差点打碎了。听到这样的响声，李老师本来就有点生气，而且他还一下子扑到李老师的身旁，伸手就把一幅画放在了李老师的脸前，把键盘给挡住了，弄得李老师无法打字。李老师生气地把画往旁边一推，继续处理事情。

这时，刘×说："老师，这是我给你画的画，你看一下吧。"老师不理他，继续忙，把他晾在一边。他继续说："老师，这是我送给你的，你就看一眼，行吗？"李老师还是当没听见一样，甚至有点烦了，这时，刘×不出声了，眼睛里眼泪咕噜咕噜地转悠，噘着嘴，不再说话了。

请问：李老师的做法对吗？为什么？

第十二章　学前儿童道德的发展

> 道德和才艺是远胜于富贵的资产。堕落的子孙可以把贵显的门第败坏，把巨富的财产荡毁，而道德和才艺却可以使一个凡人成为不朽的神明。
>
> ——莎士比亚

> 道德教育成功的"秘诀"在于，当一个人还在少年时代的时候，就应该在宏伟的社会生活背景上给他展示整个世界、个人生活的前景。
>
> ——苏霍姆林斯基

> 礼仪的目的与作用本在使得本来的顽梗变柔顺，使人们的气质变温和，使他尊重别人，和别人合得来。
>
> ——约翰·洛克

道德是一种社会意识形态，代表着社会的正面价值取向，以善恶为标准，通过社会舆论、内心信念和传统习惯来评价人的行为，调整人与人之间以及个人与社会之间相互关系的行动规范的总和。基于此，个体会对表现出合乎道德规范的行为感到自豪，对违反道德规范的行为感到内疚或产生其他的负面情绪体验。作为社会成员之一，每个个体都需要形成一套符合社会道德规范要求的行为和价值体系，然而个体出生时，对此一无所知，因此在其成长发展中，将会经历逐渐掌握社会道德规范，并内化为自己的道德信念与言行的过程，这一过程就是道德发展。

个体的道德发展涵盖三个方面的内容：道德认知的发展、道德行为的发展和道德情感的发展。道德发展的这三个方面是相辅相成、齐头并进的。其中，道德认知是道德行为、道德情感的重要条件，它指导着道德行为，并由此滋生道德情感，而道德情感也会影响道德认知和行为的生成，另外，道德行为又受制于道德认知和道德情感。

正因为道德发展的三个方面存在着千丝万缕的联系，因此，本章在探析学前儿童道德发展的内容时，将通过以往心理学家的研究成果分四节分别解决如下几个主要问题：其一，学前儿童的道德认知的发展趋势和特点如何？其二，学前儿童的道德情感对道德认知和行为有什么影响？其三，学前儿童道德行为的表现形式怎样？其影响因素有哪些？其四，学前儿童的自制力与道德发展有怎样的关联？

第一节　学前儿童道德认知的发展

【实例分析与讨论】

实例1：一个叫约翰的小男孩正安静地待在他的房间，家里人忽然叫他去吃饭，他走进餐厅，但在门背后有一把椅子，椅子上有一个放着15个杯子的托盘。约翰并不知道门背后有这些东西。他推门进去，门撞倒了托盘，结果15个杯子都撞碎了。

实例2：从前有一个叫亨利的小男孩。一天，他母亲外出了，他想从碗橱里拿出一些果酱。他爬到一把椅子上，并伸手去拿。由于放果酱的地方太高，他的手臂够不着，在试图取果酱时，他碰倒了一个杯子，结果杯子掉下来打碎了。

问题："1. 这两个小孩是否感到同样内疚？2. 这两个孩子哪一个的行为更不好？为什么？"——学前儿童将会有怎样的回答？为什么？

道德认知，即道德认识，是指人们对道德现象、道德行为准则和道德意义的认知。学前儿童道德认知则是指学前儿童对是非善恶的行为准则及实施意义的认知。在其发展的过程中，不同年龄阶段的儿童，在道德认知方面因循不同的规律，且具有相应的年龄特征。对于这方面的研究，影响深远的成果来自心理学家皮亚杰和科尔伯格的贡献。他们通过自己的潜心研究，对个体道德认知的发展状况进行了翔实的诠释。

一、皮亚杰的道德认知发展理论

皮亚杰是第一个系统追踪研究儿童道德认知发展的心理学家，他于1932年出版的《儿童道德的判断》一书，被视为儿童道德发展研究的里程碑。在这部著作中，皮亚杰详细阐述了他的研究方法及观点。

（一）三个研究主题及结果

皮亚杰主要通过对偶故事法等临床谈话法，以此了解儿童对规则的态度，对行为责任的道德判断，以及儿童心目中的惩罚问题等，进而探寻和总结儿童道德发展的规律。具体而言，主要围绕着以下三个主题开展研究，洞悉不同年龄阶段儿童的道德认知状况。

其一，儿童对游戏规则的理解和遵守状况。

皮亚杰通过对瑞士3～13岁的儿童玩弹球的研究来了解儿童遵守规则的特点。他在研究中，通常会向儿童询问这些问题：这些规则是从哪里来的？每个人是否都要遵守规则？这些规则可以改变吗？结果发现，3岁儿童玩弹球游戏并无规则可言，并不能说出规则；3～5岁的儿童，通过模仿大龄儿童对游戏规则的遵守，从而出现按照规则约束自己的行为的现象；6～10岁儿童，常将游戏规则视为一成不变的，很难更改规则；11～13岁儿童，则会酌情考虑调整游戏规则，以便更好地适应新游戏情境。

其二，儿童对过失的判断状况。

对于儿童过失判断的阶段特点的研究，皮亚杰采用颇有特色的蕴含道德价值内容的对偶故事，并通过详细的询问，深入了解儿童对故事的理解。例如：

故事A：有一个小男孩叫朱利安，他的父亲出去了，朱利安觉得玩他爸爸的墨水瓶很有意思，于是他拿着父亲的墨水瓶玩，后来，他把桌布弄上了一小块墨水渍。

故事B：一次，一个叫奥古塔斯的小男孩发现他父亲的墨水瓶空了，在他父亲外出的一天，他想帮爸爸把墨水瓶灌满，这样他爸爸回来就可以用了，但在打开即将空了的瓶子时，他把桌子上弄了一大块墨水渍。

待研究者向儿童讲述或呈现了类似的故事后，研究者会向儿童提问：请判断故事中孩子的过失是否相同？这两个孩子中，哪个更"坏"些？为什么？结果显示：六七岁以下的儿童大都认为奥古塔斯过错更大，更"坏"一些，因为他弄了一大块墨水渍，而朱利安只弄了一小块墨水渍；而六七岁以上的儿童则认为奥古塔斯过错小，因为他是为了帮助爸爸而无意犯的过错，朱利安则是顽皮导致的。

以下是皮亚杰助理与一名6岁儿童的对话内容，清晰可见学前儿童对过失判断的特点。

问：哪一个孩子的过错大一些？
答：弄一大块墨水污点在桌布上的孩子。
问：为什么？
答：因为污点大。
问：为什么弄脏了一大块。
答：因为要帮助别人。
问：为什么另外一个孩子弄脏了一小块？
答：因为他常常摸摸东西，他弄脏了一小块。
问：那么他们两个人谁的过错更大一些？
答：弄脏了一大块的那个孩子。

由此可见，六七岁以前的儿童，在判断过失时，倾向于考虑行为的结果，从造成损失的数量和程度来确定行为是否有过错及过错大小，而六七岁以上的儿童，才会从行为动机来考虑行为本身的对错。

其三，儿童对谎言的理解状况。

依然是采用对偶故事法，皮亚杰以此考察不同年龄段儿童对谎言理解存在的差异。例如：

故事A：甲儿童在回家的路上碰到了一条狗，非常害怕。他跑回家里告诉妈妈说，他碰到了一只像牛一样大的狗。

故事B：乙儿童放学回家，告诉妈妈说老师给了他一个好分数。事实上，老师既没有给他好分数，也没有给他低分数，可是他这么说，妈妈很高兴，表扬了他。

皮亚杰及助理汇总所有的谈话结果，发现儿童在对谎言的理解与过失的判断状况上存在相似性。六七岁前的儿童，会认为甲更"坏"一些，因为不可能有那么大的狗，而六七岁以后的儿童，会认为乙更"坏"一些，因为他是故意欺骗妈妈。换言之，六七岁儿童在对待谎言的认知上，更易于根据言谈内容与事实的相符程度来判断谎言的严重性，差异越大，则认为谎言的性质越恶劣；六七岁以后的儿童，则会从行为意图的好坏来判断。

（二）皮亚杰的道德认知发展阶段理论

皮亚杰综合"游戏规则的理解与遵守、过失的判断和谎言的理解"这三个主题所显示的研究结果，以及与之相关的解析，将儿童的道德认知发展分为三个阶段：

第一阶段：前道德阶段，也叫无律阶段。四五岁之前的儿童没有道德规范概念，道德价值混乱，分不清是非对错，黑白曲折，也因此缺乏公正、义务和服从等道德行为的判断标准。另外，这个阶段的儿童，也无游戏规则意识，常按照自己的想象去认识和执行游戏各环节，故很难遵从既定的规则。这一切道德认知现状的根源，与儿童的自我中心特点密不可分。

第二阶段：道德实在论阶段，也称他律阶段。属于这个阶段的儿童年龄一般在四五岁到八九岁。其道德认知的核心特点即为"他律"，这也就意味着"在他人的控制之下"，儿童深信权威，对诸如父母、老师和警察等确立的规则绝对服从，因此，儿童在解释自己的行为时经常会出现如下表达方式"老师要求……爸爸妈妈规定……"。另外，处于这个阶段的儿童，在评判是非时，保持一种非黑即白的信念和态度，表现出极端性地认同或否定。"处于他律阶段"

的儿童还有一个特点,在判断是非对错时,倾向于以行为结果,而非以行为动机来定夺行为对错。最后,他律的儿童也偏爱赎罪性惩罚,并不考虑不良行为与惩罚本身的关系。[①]例如一个 6 岁的男孩,目睹另一个孩子破坏商店橱窗后在逃离时不小心被车撞伤,问他对此事的看法,他的因果概念就是孩子故意弄坏了橱窗,所以被车撞伤了,言下之意,就是孩子被车撞伤是对他弄坏橱窗的惩罚,是理所当然的事。

第三阶段:道德主义观念阶段,也称自律阶段。10 岁以后的儿童处于这个阶段。所谓自律,即这个阶段的儿童并不是在成人的威慑下去遵从某些规则,而是自觉自愿,且有选择地遵从,并且能清晰认识到这些规则是人为制定的,因此,可以根据实际情况调整,使规则更灵活化、人性化。另外,对于过失行为的惩罚态度,这个阶段的儿童会综合考虑行为动机和结果,而后设立与行为本身密切联系的适当的惩罚,并且也会根据行为实施者的年龄特征,选择与之匹配的惩罚方式。

(三)对皮亚杰理论的评价

皮亚杰对儿童的道德认知发展做了系统而深入的研究,其研究结果有助于人们了解儿童的道德发展特点和规律。当然,皮亚杰的道德认知发展理论也存在一定的局限性。突出的问题表现在,皮亚杰认为儿童道德认知从一个阶段到另一个阶段有着固定不变的发展顺序,事实上,皮亚杰低估了学前儿童的道德认知能力。因为有研究发现,如果给儿童描述的故事情境是他们可以理解的,6 岁左右的儿童也能够考虑行为实施者的动机。另外,皮亚杰的对偶故事法中所罗列的故事,其行为结果的设计存在偏差,往往两个故事的结果存在较大的差异,例如"弄了一小块墨渍和弄了一大块墨渍",再如"摔碎 1 个杯子和摔碎 15 个杯子",这些故事会无意诱导儿童更关注行为的结果,而忽略行为动机和意图,如若在设计故事时,将两则故事的行为结果设计成一致的,只是在动机方面显出差异,那么儿童还是能够觉察出行为动机的本质区别,进而做出合理的判断。

二、科尔伯格的道德认知发展理论

美国当代著名心理学家科尔伯格吸纳了皮亚杰道德认知发展理论的精髓,并着力道德发展与道德教育的研究,被视为当代最有影响力的道德发展理论专家。

(一)科尔伯格的研究方法和主要观点

科尔伯格和皮亚杰一样,主要是以故事为载体开展临床谈话法,但与皮亚杰不同的是,皮亚杰主要采用对偶故事形式,而科尔伯格则采用的是两难故事的形式,其中最经典的两难故事如下:

在欧洲,一位妇女得了一种特殊的癌症,濒临死亡。医生认为,有一种药也许可以挽救她的生命。这种药是本城一位药剂师最近发现的一种镭剂,造价昂贵,药剂师还以 10 倍于成本的价格出售。药剂师花 200 美元买镭,而一小剂药却索价 2000 美元。病人的丈夫名叫海因茨,他向每个相识的人借钱,但他只能筹集到大约 1000 美元,只是药价的一半。海因茨告诉药剂师他的妻子就要死了,请求药剂师便宜一点把药卖给他,或允许他以后再付钱。但是,

---

① David R. Shaffer & Katherine Kipp:《发展心理学:儿童与青少年》,邹泓等译,中国轻工业出版社 2007 年版。

这位药剂师却说："不行，我发明这种药，就是要靠它来赚钱。"海因茨绝望了，想闯入那人的药店为他的妻子偷药。他应该这样做吗？

科尔伯格通过两难故事法，向不同年龄阶段的儿童及青少年提出与之有关的问题，其目的不是停留于了解他们对这个故事在反应上存在的差异，更重要的是探寻是怎样的原因导致个体对同一问题的回答不同。例如，他会详细地询问："海因茨该不该偷药，为什么？海因茨的行为是对的还是错的？为什么？海因茨有责任和义务去偷药吗？……"通过深入了解，可了解他们思考问题的方式，进而揭示个体道德发展的思维结构。根据这些研究结果，科尔伯格提出了著名的道德发展理论，该理论将道德发展分为三种水平和六个阶段。

1. 第一级水平——前习俗道德（出生到9岁）

在这级水平里，儿童注重自我满足以及对自己造成的后果，因而他们通常是为了避免惩罚或获得奖赏而遵从权威制定的规则。

第一阶段：惩罚和服从定向。

这个阶段的儿童认为规则是由权威者制定的，因此应无条件服从和遵守，否则将会遭到惩罚，并且极为关注行为结果，如若因某种行为遭到惩罚，那么他便认为这种行为是错误的，且惩罚越严厉，就会认为这种行为越离谱；而如果因某行为得到表扬或奖励，儿童就会认为这种行为是正确的，因此从本质上而言，该阶段儿童缺乏是非善恶的道德评价标准。

科尔伯格在与儿童的谈话中发现，对两难故事中海因茨的行为持赞成或反对的观点有以下相似的内容：

赞成者：海因茨应该去偷，因为不偷，妻子家的人就会来打他。

反对者：海因茨不应该去偷，因为偷东西是违法的，被抓住就会受到严厉的惩罚。

第二阶段：相对的享乐主义。

此阶段的儿童，在判断行为的对错时，常用的参考标准是行为是否能满足自己的某种需要，换言之，儿童会因为某行为能满足个体的需要，或能获得某种收益或奖赏，就认为这种行为是适宜的，否则认为该行为不恰当。总而言之，就是儿童自我中心的思维特点，主导他们从自己的立场和利益出发，来判断行为的正误。

科尔伯格在与此阶段儿童的谈话中归纳出大部分的儿童都持赞成意见，普遍认为海因茨应该去偷，因为妻子过去替他做饭洗衣，所以海因茨应该帮助她。同时，丈夫有照顾妻子的义务和责任，只要海因茨愿意，药剂师又无理，他就应该去偷。

2. 第二级水平——习俗道德（9~15岁）

一般而言，很多儿童和青少年的道德认知处于这个水平，其主要特点是为了赢得他人认可和维持社会秩序，逐渐将社会道德规范内化为自己的行为价值系统，并能在一定程度上自觉遵守道德规范，因此，社会奖励和回避伤害成为驱使某种行为的动机。

第三阶段：好孩子定向。

在这个阶段，儿童常以"好孩子"的标准来约束和评价行为，将所有被他人认可、接纳、喜欢和尊重的行为视为良好行为。因此，只要生活中被家长或老师所赞赏的行为，或能关心和帮助他人，或能和他人保持和谐关系的行为都是这个阶段儿童极力认同和效仿的，当然，他们也开始关注他人行为背后的情感和动机，由此来判断行为的善恶。

这一阶段的儿童，在回答两难问题时，持有的不同的观点如下：

赞成者：海因茨应该偷，因为他是为了救妻子，初衷是好的。

反对者：海因茨不应该偷，因为偷这个行为与好孩子的行为标准不符合。

第四阶段：维持社会秩序。

顾名思义，这个阶段的儿童或青少年，关注的重点是维护社会普遍的秩序，认为每个人都应当承担对他人或社会应尽的责任和义务。那些遵守社会秩序、履行职责的行为被视为是良好行为，而那些违反社会秩序、逃避责任给他人带去损失或伤害的行为，则被视为恶劣的行为。

处于这一阶段的儿童或青少年在回答两难问题时，普遍的观点是，无论海因茨挽救妻子的行为动机如何，都不应该违反法律，如果人人都这样，社会秩序就混乱了。

3. 第三水平——后习俗道德（15岁以上）

处于最高道德发展水平的个体注重并坚持自己的道德信念，并以此指导自己的行为。而当道德与法律出现冲突时，内心深处会以公平原则为导向判断行为的对错，这时究竟是以法律还是道德为准绳，在不同年龄阶段会有截然不同的取向。

第五阶段：社会契约取向。

在这一阶段，个体往往对法律存在困惑和质疑，一方面，他们认为法律是反应社会成员共同意志和促进人类幸福的工具，[①] 法律的执行应得到保障，个人应自觉遵守法律；另一方面，当法律与人类需要或生命权利相违背时，个体又觉得有必要生成一个比法律更适用的社会契约。

针对科尔伯格的两难故事，处于这个阶段的儿童往往会认为虽然海因茨偷药触犯了法律，但是他偷药是为了挽救人的生命，无可厚非。

第六阶段：普遍的伦理原则。

此阶段的个体，在法律和道德存在矛盾时，将人类生存与幸福、公平正义等重要性凌驾于法律之上，认为此刻可以放弃法律或所谓的社会契约，应建立基于良心的，且广泛认同，具有普遍意义的，以人类生存和发展为最高价值取向的公平原则。

处于这个阶段的个体，会认为海因茨的行为是正确的，因为人的生命高于一切，生命的价值高于财产的价值。

（二）科尔伯格理论的评价

科尔伯格通过两难故事法的研究结果，较为系统完整地勾勒出儿童道德认知发展的顺序，并指出这些水平和阶段是严格按照一定的序列递进的，不会倒退也不会跨越，这一观点在此后其他心理学家的研究中找到了有力的证据。然而科尔伯格的研究也不完善，例如理论中所涉及的最后两个阶段的道德认知状况，后来的心理学家通过研究，发现这两个阶段似乎仅属假设，尤其是最后一个阶段，几乎很难找到例证。

三、两大因素对学前儿童道德认知发展的影响

【实例分析与讨论】

某幼儿园中班的老师给孩子们布置家庭作业——回去做一件助人为乐的事情。典典跟着奶

---

① David R. Shaffer & Katherine Kipp：《发展心理学：儿童与青少年》，邹泓等译，中国轻工业出版社2007年版。

奶回家后，看到刚下班且疲累的妈妈坐在沙发上休息，就对妈妈说："妈妈，你快到床上躺着，就假装你生病了，这样我可以倒水给你喝，我就完成老师布置的作业了！"而鑫鑫在回家的路上，看到有个老爷爷在卖冰激凌，就让妈妈买给他吃并说："我买了老爷爷的冰激凌，就算是助人为乐了！"姗姗回家看到姐姐在写作业，在姐姐休息的时候，就用姐姐的铅笔在作业本上涂画，并说，"姐姐，我帮你写作业，老师布置的作业我完成了。"

这些实例说明了什么？

学前儿童道德认知的发展受多重因素的影响，总括而言，可分为两大因素，即个体因素和环境因素。

（一）个体因素

个体因素是指个体在成长过程中，自身内在因素对其发展的影响。故影响学前儿童道德认知发展的个体因素，就是学前儿童的内在因素，其核心成分是思维，这一因素对学前儿童道德认知的影响主要表现如下：

学前儿童的思维，在5岁之前，基本是直觉动作思维和具体形象思维占主导，儿童五六岁时抽象逻辑思维才逐渐萌芽。其中，直觉动作思维和具体形象思维的直观性和动作性决定了学前儿童对道德的认知难免受思维特点的束缚，往往只能停留在对具体事件和直接经验的理解上，故而偏狭。

而学前儿童道德认知的形成，具体包涵道德概念的获得、道德判断或评价的掌握等内容。这些方面的发展状况，都需要思维参与其中，并深受其影响。因此，学前儿童所获得的道德概念，其特点往往是具体形象的，且融入了表面性、片面性、笼统性和简单化特质。例如，对助人为乐这个概念的理解，学前儿童倾向于认为只要是帮助他人的行为即可，也不管对方是否有这样的需求，于是就会出现刻意帮助或搀扶不需要过马路的老奶奶过马路，让自己的爸爸妈妈假装生病而后拿水和药给他们服用等令人啼笑皆非的事情。

同样，在道德判断和道德评价的掌握方面，学前儿童也有类似于道德概念获得状况的特质，且随着年龄的增长，思维形式的逐渐转换，其存在如下的渐进趋势：

其一，由"他律"向"自律"过渡。即起初的道德判断与评价与个体思维欠缺独立性的特征保持一致，依附于成人的标准及要求，渐渐才会脱离成人的评价标准，拥有属于自己的道德判断和评价准则。因此，学前儿童在日常会话中常会有"我爸爸（妈妈或老师）说这样不对……我爸爸（妈妈或老师）说不可以这样，这样做就是坏孩子……"之类的言辞。

其二，由"片面评价"向"全面评价"过渡。对于道德现象，学前儿童的评价往往只着眼于该现象中某一局部，从而出现以偏概全的状况，因此对道德事件的判断也不精准。再则，由于学前儿童的具体形象思维具有"绝对化"的特点，使他们在道德判断上非黑即白、爱憎分明，因此，通过他人表现出来的只言片语，或某些行为举止，学前儿童会主观简单地将其评判为"好人"或"坏人"。

其三，由"评价效果"向"评价动机"过渡。学前早期的思维特点决定了他们只关注道德事件的结果，从结果得失或好坏判断道德行为的善恶，基本忽视道德行为背后的动机，而后，伴随年龄增长和思维转化，学前后期，在判断道德行为方面，会逐渐考虑行为后面的原因而非仅在意行为的表象，进而能做出较为合理的道德判断。

其四,由"评价别人"向"评价自己"过渡。在整个学前期,由于儿童思维具有"自我中心性",在道德事件里,个体对他人的评价多于自己,往往以自己的角度去判断他人言行的好坏,很少将道德判断的矛头指向自己,而后期,这种状况会发生一定程度的改变,儿童会较多地关注自己言行是否存在过错,尽管这种关注还不深入。

(二)环境因素

影响学前儿童道德认知发展的环境因素主要指个体的成长环境,而成长环境主要包括家庭环境、幼儿园环境和社会环境三方面。

1. 家庭环境

个体出生后面对的第一个成长环境,即家庭,而家庭环境对个体道德认知的影响主要取决于个体父母的特征、教养方式、家庭关系及家庭氛围等,其中有突出影响的就是父母的道德认知状态。因学前儿童在成长过程中,每日耳闻目睹其父母的言行举止,而父母的道德观念及行为将对学前儿童的道德认知产生潜移默化的影响。如果学前儿童的父母拥有良好的道德观念和行为,并能引导学前儿童对道德事件做较为准确的判断和评价,那么,这将促进幼儿道德认知的发展;如果父母自身道德言行欠佳,且不注重对学前儿童的是非对错的观念予以引导,甚至错误指引,那么学前儿童的道德认知发展将会受阻,且有可能畸形发展。

2. 幼儿园环境

学前儿童的另一个重要成长环境,即幼儿园。幼儿园教师的教育特点及方式都会对学前儿童道德认知的发展有重要作用。教师本人如果拥有良好的道德言行,且注重通过在游戏、活动或日常生活中去引导学前儿童表现出正确的道德言行,那么学前儿童的道德认知势必发展良好,反之,则学前儿童道德认知的发展将缓慢、停滞或倒退。

3. 社会环境

学前儿童在成长中所接触到的社会环境中,对其道德认知发展有重要影响的是同伴交往与影视传媒。在同伴交往方面,学前儿童在与同伴的互动中,将有可能会涉及是非对错的问题,就此他们是如何处理的,这会在一定程度上影响到他们的道德认知和评判。在积极融洽的互动中,学前儿童更容易形成良好的道德认知,如果互动是消极矛盾且未能较好地解决,则有可能对学前儿童的道德认知发展造成不利影响。

而在影视传媒方面,主要体现在学前儿童感知到的绘本、动画片或其他影音视频,如果是团结友爱、互相帮助的主题,学前儿童则容易形成良好的道德认知,而如果是打斗暴力、争抢伤害的主题,则学前儿童的道德认知可能会偏颇,这些在心理学的实验研究和现实生活中都能找到例证。

第二节 学前儿童道德情感的发展

学前儿童道德行为的发展有赖于道德认知的发展,但绝非全部,因为学前儿童究竟会拥有怎样的道德行为,还取决于学前儿童的道德情感,道德情感的内涵,会对学前儿童的道德行为起着促进或阻碍作用。因此,了解和研究学前儿童的道德情感,可增进对其道德行为的诠释。而纵观以往的关于道德情感的研究,不难发现,其焦点为"移情"和"羞愧感"两类情感,为此,本书将从这两个角度分析学前儿童道德情感的发展状况。

(一) 移 情

移情,是指个体理解他人的情绪和情感状态,并能做出适宜的情感体验和反应。具体到学前儿童身上,就是指他们能区分和辨别情感线索并能推测他人的内部情感状态,进而体验到他人的情绪。例如学前儿童听故事《丑小鸭》时,丑小鸭因被嘲笑和疏远而感到伤心,有的小朋友为此难过,或为之流泪,这就是移情现象。移情,是个体道德行为的动力源泉,也是道德认知的激活因子,因此,有必要了解学前儿童移情的发展规律。

1. 学前儿童移情的发展规律

根据心理学家弗拉维尔的研究,并结合学前儿童道德情感发展的具体情况,可以将移情发展分为以下三个阶段:

阶段一:非推断的移情阶段(0~1岁)。个体在婴儿期,尚不能区分他人和自己的情绪状态,这一阶段的移情是非常原始的。例如,婴儿看到成人生气或伤心,会出现皱眉或哭泣现象;接近一岁时,看到别人大哭,自己也会跟着哭……婴儿的这些情绪反应,并非意味着他能理解别人的情绪感受,仅是伴随他人的情绪,如同条件反射一样做出了相应的情绪反应。

阶段二:自我中心的移情阶段(1~3岁)。两岁左右,个体逐渐开始出现的自我意识,以及此后出现的具有"自我中心"特征之一的具体形象思维,均使这个阶段的学前儿童的移情有显著的自我中心特点,即往往以自己的思维角度、情绪体验或已有经验推断他人的情绪状态。例如,某学前儿童自己摔倒后会很勇敢地站起来,当看到别的小朋友在摔倒后大哭不止,他就无从理解这一现象,也无法体会那个小朋友的感受。

阶段三:推断的移情阶段(3~6岁)。此阶段的学前儿童,出现了具有实质意义但不成熟的移情。最初的显著特点是能够较为准确地认知他人的情感,但自己却难以产生相应的情感。例如,幼儿老师向学前儿童讲述完《龟兔赛跑》的故事后,问小朋友:"你觉得怎样?""你觉得故事中的小白兔觉得怎样?"对于第二问题,学前儿童往往能准确回答,但对于第一个问题却难以作答。而在五六岁时,幼儿的移情更为到位,不仅能认知他人的情绪情感,并能理解,且可在自己身上激起相同的情感反应。例如,幼儿看动画片时,如果有主人翁悲伤的镜头,幼儿也会情不自禁地潸然泪下。

2. 学前儿童移情能力的培养

从学前儿童移情发展的历程可见,幼儿期是学前儿童移情转型的关键期,这个阶段儿童若能得到良好引导,则可顺畅过渡,拥有较强的移情能力。为此,作为学前儿童教师,有必要了解培养这个阶段儿童移情能力的方法,较为实用的培养方法有以下几种:

其一,帮助学前儿童学会识别情绪。移情能力的基础,在于幼儿能正确识别他人的情绪状态,才有感同身受的可能性。因此,在教学活动中,可以给学前儿童呈现各种表情图,让幼儿猜测各种表情的意义,并可让他们推测表情因何而来;也可请小朋友根据要求表达某种情绪,让其他的小朋友猜测是何种情绪……

其二,通过故事、绘本、动画片等载体引导幼儿感知他人的情绪体验。首先,老师要精选故事、绘本和动画片,这些素材需蕴含较为丰富的情绪元素的情节;而后,老师声情并茂地讲述故事,或者展示绘本和动画片,在此过程中,老师可以突然停顿,给学前儿童留下悬念,激发他们思考:"小羊被其他伙伴欺负了会怎样?心情会如何?如果你是小羊会怎么样……"诸如此类的问题，也可在全部故事都陈述完毕后，根据所述情节提及类似的问题。

其三，通过角色扮演游戏让幼儿切实体会他人的情绪情感。老师可以安排学前儿童扮演他们所熟悉的故事角色，从中感知故事主人翁所面临的具体问题，及由此而生的情绪体验；也可以创设某些模糊情境，让学前儿童发挥自己的想象力完成扮演游戏，并在其中预想、假设和感受扮演角色可能引起的情绪反应。

其四，在日常生活中注意引导幼儿移情。在幼儿园的生活中，学前儿童难免与同伴互动，此过程中有可能会萌发许多冲突和矛盾，在帮助他们解决这些困惑时，可以采用启发式提问引导幼儿移情，例如某学前儿童摔倒了大哭，有些小朋友不但没有去帮助他反而大笑不止，这时老师可以问这些小朋友："如果是你摔倒了，你的心情会怎么样？你希望得到帮助吗？当你摔倒了，身边有人笑你，你的心情又如何……"通过类似的提问，可逐渐帮助学前儿童步入移情的正轨。

（二）羞愧感

羞愧感，指个体的道德行为违背道德规范和个人道德原则时产生的道德情感。这种道德情感可促使个体修正自己的言行，使道德行为为自己和他人所接纳。因此，从这种意义上说，羞愧感是个体形成良好道德行为的驱动力。

学前儿童的羞愧感是如何产生的，精神分析学派的鼻祖弗洛伊德做了如下诠释。他认为，在生命早期，父母向孩子提出社会规范的要求，孩子内在的本能和欲望被压制，这时幼儿产生不满情绪，但同时，学前儿童又很焦虑，害怕自己不依从会失去父母对他们的关爱。这样，父母或社会规范的要求与自己本能冲动产生了冲突，矛盾的结果是儿童把不满转向自己，变成自我惩罚，由此也酝酿出了羞愧感。可见，羞愧感是学前儿童在成长中，必然会产生的一种道德情感，这对学前儿童道德情感的发展具有重要意义，但是心理学发展历史上，关于羞愧感的研究甚少。

在有限的研究中，心理学家E.N.库尔奇兹卡娅关于儿童羞愧感的研究值得关注。库尔奇兹卡娅设计了可以引起儿童羞愧感的情景，以了解儿童对自己的哪些行为感到羞愧，在哪些人面前感到羞愧。实验设计了以下四种情境：

（1）把儿童领进房间，让他玩一些玩具，并告诉他其中一个玩具是别人的，不能动。如果儿童按捺不住，动了那个玩具，就带他出房间，并观察他的情绪反应。

（2）组织儿童玩"请你猜"的游戏，用手绢蒙住被试的眼睛，让他去找一样东西，找到就发奖品。如果为了找东西而偷看，就把这种行为告诉全体小朋友，并观察其情绪反应。

（3）让儿童说出一首从头到尾能背出来的歌谣的名字，然后让他当着大家的面背诵这首歌谣，当他忘记或背诵错误的时候，故意问"你不是说全能背诵出来吗？"观察他的情绪反应。

（4）给儿童布置任务，即回家后用纸做餐巾，作为礼物送给小朋友，强调不管是谁都必须做好，第二天当众检查，观察未完成任务的儿童的情绪反应。[①]

E.N.库尔奇兹卡娅研究结果指出，学前儿童羞愧感的产生是有一定前提条件的，即学前儿童的羞愧感是建立在道德概念和道德评价基础上的，因为他们首先要明确并能较为准确判断自己行为的对错，才能理解他人对其不适宜行为所做的负面评价，进而才能产生羞愧感；

[①] 俞国良、辛自强：《社会心理学》，安徽教育出版社2004年版。

如果学前儿童根本不清楚自己的言行是否得当,那么他人的负面评价也就无从理解,故也难以有羞愧感。而学前儿童的羞愧感的发展趋势如下:

其一,3岁儿童表现出初步的羞愧感,但是这并非儿童认识到自己言行的错误所在,而往往是因为成人的批评、责骂、生气等外在刺激直接引发的,因此,这时的羞愧感蕴含有惧怕或胆怯的成分。

其二,学前儿童到5岁以后,已经具备初步的道德认知,因此不需要成人这一外在刺激,就能因为自己的过失感到羞愧,这时是一种纯粹的羞愧,不再掺杂惧怕等情绪。

其三,不同年龄阶段的学前儿童,面对不同的对象,羞愧表现会有不同的状态。一般而言,3~5岁的幼儿,仅在成人面前流露出羞愧感;而5~6岁的儿童,则会在同伴或同学面前表现出羞愧感。

其四,随着年龄的增长,导致学前儿童产生羞愧感的事件会日益增多,且羞愧的表现逐渐由外显转为内隐,这样其内心体验也更加深刻。另外,学前儿童也会因有羞愧感的体验,从中吸取教训,在下次类似情境中尽量避免犯类似的错误。

第三节 学前儿童道德行为的发展

学前儿童的道德行为与道德认知和道德情感密切联系,然而仅局限于了解学前儿童的道德认知和道德情感不足以清晰把握道德行为的实质及特征。为此,本节将视角定格于学前儿童道德行为的发展。

根据行为的表现形式、本质特征、内在联系等诸多因素,可以将学前儿童的道德行为划分为典型的,且截然相反的两类,即亲社会行为和攻击性行为。

一、亲社会行为

亲社会行为是一种积极的社会行为,指一个人帮助或打算帮助他人,做有益于他人的事的行为和倾向。包括分享、合作、谦让、捐献、助人、援助、安慰等。对于学前儿童而言,亲社会行为的发生、发展、影响因素和培养方式都存在其独特性,值得探究。

(一)亲社会行为的发生与发展

亲社会行为在婴儿早期就已萌生,3个月的婴儿能对友善和不友善的行为做出不同反应,8~12个月婴儿会将自己的玩具递给另一个婴儿;1岁6个月的儿童不仅会接近有困难的人,还能提供某些特定的帮助,例如看到有小朋友在哭,他们可能会去拉拉手或拍拍肩表示安慰,这些都是亲社会行为的雏形。随着年龄的增长,亲社会行为的形态会更加丰盈。例如,2岁6个月~3岁6个月的孩子常常能对自己在假想游戏中表现出友善行为感到满足;4~6岁的孩子则更多地表现出真的助人行为而很少假扮助人者的角色。[1]具体而言,学前儿童期的亲社会行为的主要表现形式如下:

其一,分享与助人。学前儿童在早期就出现助人行为,他们会关心他人,包括对他人痛

---

[1] David R. Shaffer & Katherine Kipp:《发展心理学:儿童与青少年》,邹泓等译,中国轻工业出版社2007年版。

苦的情感予以适当回应，并出现试图帮助他人的行为。心理学家瑞哥德（Rheingold）对18个月和30个月的儿童做家务时的表现进行了研究，结果发现，半数以上的儿童帮助成人做了大部分家务，这与儿童对成人及其所从事的活动感兴趣、喜欢模仿、富有创造性分不开。[1]至于分享行为，1岁左右的婴儿，就会将自己的玩具或食物递给其他小朋友，这时的分享并没有考虑他人的需求；3岁左右，儿童会根据他人的言语要求，做出适宜的分享行为；5岁左右的儿童会根据自己观察他人的需求，做出更为妥帖的分享。

其二，合作。合作行为是指两个或两个以上的个体为达到共同的目标而一起工作的行为。学前儿童的合作行为最初表现在各种游戏活动中，一般在18～24个月的年龄阶段时，儿童会出现合作性游戏。此后，随着年龄递增，合作行为不仅出现在游戏中，还逐渐渗透到日常生活中。

其三，安慰与保护。安慰行为是儿童对他人的负面情绪（例如悲伤、哭泣、难过等）所做出的亲社会反应。最早的安慰方式是简单的肢体接触，例如拍拍肩、拉拉手，随着年龄的增长，会出现言语安慰，例如"不要难过了""别哭了"……也会出现试图转移有负面情绪的人的注意，产生安慰效果的行为，例如让难过的小朋友参与其他小朋友的游戏活动，或者给他零食吃等。

（二）亲社会行为的影响因素

学前儿童是否会出现亲社会行为，取决于很多因素，归根到底，就是内在因素和外在因素两大类。

内在因素包括学前儿童的认知、心理特征及状态等，其中核心的因素就是移情。因为亲社会行为是以道德认知和道德情感为前提，而移情又是道德情感中的核心成分，故移情是亲社会行为产生的核心条件。具体而言，只有当学前儿童感知到他人处于负面情绪状态，或者感知到他人需要帮助，内心才会思考可以采用何种方式帮助对方，才有可能将思考的意图转化为助人行为，唯有如此，亲社会行为才得以产生。

影响学前儿童亲社会行为的外在因素，主要在于成人的引导或示范。在婴幼儿早期，个体的道德认知和道德情感发展尚不完善，因此，对他人的情感状态和需求并不能准确理解，这时，家长或老师如能帮助他们准确解读，并引导他们实施某种行为以达到缓解他人不良境遇的目的，或者家长和老师身体力行，向需要帮助的人主动伸出援助之手，这将使拥有模仿的心理特质的儿童在潜移默化中学习亲社会行为。

（三）亲社会行为的培养

关于学前儿童亲社会行为的培养，不同年龄阶段的儿童，需要完成不同的基本任务。例如，针对2～4岁的儿童，其主要任务是培养幼儿对周围成人和同龄者的友爱感，使之逐渐形成文明的行为习惯和初步的是非观念。针对4～5岁的儿童，这一年龄阶段的主要任务依然是培养其道德感，进一步培养儿童文明的行为和习惯，例如诚实、与同伴建立良好人际关系、积极参与活动等；针对5～6岁的儿童，其主要任务是以更高标准要求儿童，使其在与成人、同龄人的交往中养成文明的行为习惯，清除不良的个性品质，深化道德观念，培养仁慈情感。[2]

---

[1] 俞国良、辛自强：《社会心理学》，安徽教育出版社2004年版。
[2] 李红：《幼儿心理学》，人民教育出版社2009年版。

无论培养哪个年龄阶段学前儿童的亲社会行为，都可以从以下方面入手：其一，在儿童喜闻乐见的故事、绘本、童话剧、动画片中寻找激发亲社会行为的素材。例如故事《匹诺曹》《狼来了》的故事可以让学前儿童学会诚实，以后就可能产生以诚待人的亲社会行为；阅读《西游记》的故事，学前儿童会感受到坚持不懈的力量，就可能会在日后的助人行动中保持顽强的毅力。其二，通过角色扮演、团队活动等游戏实现。前者可以让学前儿童感受和学习文学作品或情景剧中主人翁助人为乐的精神；后者可以让学前儿童体验在互助友爱、齐心协力的基础上达成团队目标后所产生的成就感，也更能体会与他人合作的意义。其三，为学前儿童塑造易于模仿的榜样。教师或家长寻找的榜样，需是在日常生活中有突出亲社会行为表现的，且与学前儿童年龄相近，并为他们所熟悉的小朋友，这样他们有机会与这类小朋友互动，或有机会注意到这些小朋友的良好行为，在此过程中效仿亲社会行为。其四，也是培养亲社会行为最为重要的教养方式，即成人以身作则，与学前儿童建立切实的友好人际互动关系，引导儿童之间友好互动，让儿童亲身体验人间友善，这是培养学前儿童亲社会行为的现实社会基础。

二、攻击性行为

攻击性行为与亲社会行为相反，是一种消极的社会行为，它是指以伤害某个想逃避此种伤害的个体为目的的任何形式的行为。然而对于学前儿童的攻击性行为而言，没有如此复杂和深层次的含义，且范畴要宽泛一些，主要指对人和物带来有害结果的行为。

（一）攻击性行为的发生与发展

攻击性行为最早出现的时期，一直存在争议，其争议的焦点就在于学前儿童最早表现出伤害行为时，是否有伤害他人的意图存在。皮亚杰曾提及，当他在七个月的婴儿面前遮挡住他的玩具，让他无法触及时，这个孩子就会拍打皮亚杰的手，似乎想将他的手推开。对于这种行为的解析，心理学家普遍认为，这并非真正意义上的攻击性行为，因为婴儿并没有伤害他人的意图，只是想将手这个遮挡物转移而已。

心理学家凯普兰发现，1岁左右的孩子，总是倾向于去控制那些手中有玩具的孩子，即使自己手中已有玩具，或者还有其他可选择的玩具，但他们一般都企图从那些有玩具的孩子手中争抢玩具，这一行为就明显表露出攻击性行为的特点。另有研究表明，12~16个月的婴幼儿相互之间大约有一半行为具有破坏性和冲突性，但随着年龄的增长，儿童之间的冲突行为逐渐减少，到2岁半，儿童与同伴之间的冲突行为只有最初的20%。[①]这是因为，随着年龄的递增，儿童逐渐会运用言语协商和分享的方式解决冲突，避免争端。

3岁以后，也就是在幼儿期，学前儿童的攻击性行为表现出如下值得关注的特点：首先，攻击行为较为频繁，但是杂乱的、无目的的攻击行为会在4岁以后彻底消失；其次，幼儿攻击的对象会发生改变，起初幼儿攻击性行为指向的是父母，源于他们的行为被父母限制或阻挠，而后期攻击性行为对象则转移为兄弟姐妹或同伴。再次，幼儿攻击的形式和原因逐渐改变。3岁初的幼儿主要因为争抢玩具而出现攻击行为，而攻击方式主要是踢打、咬人等；5岁以后的幼儿身体攻击行为减少，而主要用嘲笑、骂人、取外号等言语攻击形式替代。最后，

---

① 俞国良、辛自强：《社会心理学》，安徽教育出版社2004年版。

幼儿攻击行为存在性别差异。相对而言，男孩易于采用躯体攻击的方式，而女孩则常采用言语攻击的方式，另外，在整个幼儿期，男孩攻击性行为出现的频次远高于女孩。

（二）攻击性行为的影响因素

通过历年来的心理学实验研究，以及生活实践经验证明，学前儿童攻击性行为受以下诸多因素的影响。

1. 父母的惩罚

学前儿童出现攻击性行为，部分原因可能源于父母因其不恰当行为而实施的惩罚，在这个过程中，儿童往往会体验到不满的情绪，对此，他们的直接反应就是通过攻击性行为表达自己的不满。这也正如前文所言，为何 3 岁左右的幼儿，更容易因父母的阻挠或限制而出现攻击性行为的状况一致。

另外，在很多家庭教育中，当学前儿童出现攻击性行为时，父母常采用的教育方式就是"以暴制暴"，即试图通过惩罚等方式消除孩子的攻击性行为，然而，这种方式非但不能解决问题，反而只会让儿童变本加厉。这是因为，父母的惩罚，一方面，只会让孩子沉浸在畏惧情绪中，而无法意识到自己的过错；另一方面，有可能导致孩子模仿父母解决问题的方式，模仿这种"以暴制暴"的行为，所以惩罚只会让攻击性行为有增无减。

2. 挫 折

挫折是学前儿童出现攻击性行为的一个主导因素。因为一旦儿童遭遇挫折，将伴随而生很多诸如失望、愤怒和焦急等负面情绪，这些负面情绪需要释放，攻击性行为则成为很多儿童宣泄负面情绪的突破口。再则，对于学前儿童而言，很多细微琐碎的事情都可能成为挫折，故挫折引发的攻击性行为较为普遍。

关于挫折对学前儿童攻击性行为的影响，心理学家瓦尔特斯准备了富有挫折情境的实验，具体内容为：实验者召集儿童去看能够吸引他们的影片，并为每一位儿童分发一些糖果，在放映影片的过程中，瓦尔特斯设计了一些挫折情境，例如放映机出现故障不能顺利播放；或只给儿童看半部电影；或实验人员突然拿走他们的糖果……而后，让这群儿童和其他未参与这个实验的儿童一起玩游戏，结果发现，参与实验的儿童，出现攻击性行为的比例比没有参与实验的儿童高许多，他们在游戏中容易出现推、扯、撞、踢、拳击、用头抵、用膝压等各种躯体攻击行为。此实验也成了"挫折是攻击性行为导火索"的佐证。

3. 强 化

在现实生活中，学前儿童的攻击性行为频发的原因，常常在于其行为实施后出现了不恰当的强化类型，使得攻击性行为得到肯定和鼓励，反而会增强其再次出现的可能性。例如被攻击者的惧怕与屈服、同伴的赞赏和起哄、父母的支持和表扬，老师的不闻不问等，都会强化儿童的攻击性行为。

对此，心理学家瓦尔特斯的另一个实验研究也证明了强化对攻击性行为产生的影响。他将儿童分为四个组，其中三组都需要参与一个实验，即猛击一个电动玩具。在实验一组中，儿童每次猛击这个玩具，实验人员会奖励他们一个彩色的玻璃球；而实验二组的儿童在猛击玩具后，会间断性地得到玻璃球的奖励；实验三组的儿童，只有猛击后玩具出现声光这一现象作为奖励。而后让这四组的儿童一起游戏玩乐，结果发现，参与实验的三组儿童都出现了不同程度的攻击性行为,而未参与实验的儿童极少出现攻击性行为,另外,三组儿童出现攻击性行为的比例和程度根据三组实验成员的顺序依次递减。由此可见,强化将会促使攻击性行为发生。

4. 模　仿

学前儿童攻击性行为出现的另一个原因就是模仿。模仿,是美国心理学家班杜拉极为关注的内容,他详细地阐述了模仿对儿童行为塑造的影响及意义。学前儿童往往无意或有意地模仿攻击性行为,其模仿源头可能是身边熟悉的人出现攻击性行为,动画片或影视节目中一些暴力的镜头……如果学前儿童关注到这些现象,将会不经意或刻意模仿这些攻击性行为。

（三）攻击性行为的预防和控制

攻击性行为是学前儿童中常见的一种不良道德行为表现形式。在幼儿园里,儿童的攻击性行为往往只是一种冲动行为,其动机并无伤害性,只是为了释放自己的负面情绪,或为了好玩,或为了引起他人关注。无论出于何种动机的攻击性行为,都可以采用以下方法干预,使之得以预防和控制。

1. 寻找适宜宣泄途径

学前儿童出现攻击性行为,有时是因为愤怒或难过等负面情绪来不及释放,或得不到排解,于是以攻击性方式宣泄,因此在日常生活中,老师和家长要注重引导儿童识别自己的这种负面情绪,并教会其用合适的方式表达出来。在行为方面,可以参与力量型的活动,例如踢球、跑步、跆拳道;可以在纸上肆意画画;可以弹奏乐器;可以撕废纸、打枕头或充气人……而在言语上,可训练儿童直接地表达自己的情绪,例如"我感到很难过,我很生气……"由此宣泄心中不悦的情绪,这在一定程度上可避免攻击性行为的产生。

2. 社会交往技能训练

学前儿童在与他人交往互动中遇到矛盾和冲突时,通常采用攻击性行为解决问题。这是因为他们缺乏交往技巧和有效沟通的方式,这需要成人加以训练。成人可以通过情境模拟、角色扮演、游戏活动、故事绘本等形式或载体,引导学前儿童学会良好的表达和倾听能力,进而提高沟通能力;另外,成人还要帮助学前儿童掌握一些基本的交往技巧,例如学会澄清、礼貌询问、道歉、协商和合作等方法,以便较为高效地解决问题。

3. 认知和情感干预

根据认知主义学派的观点,个体的认知方式和内容影响情绪,而情绪进一步会引发行为,这一反应链条在学前儿童身上也不例外。道德行为是基于一定的道德认知和道德情感而成的,所以避免攻击性行为出现的有效方式就是从学前儿童的认知和情感入手,引导其形成合理的、正确的道德认知观念,并能适时移情,对挫折和人际冲突等消极事件,能平静地接纳,乐观地看待,就能减少攻击性行为发生的概率。

4. 爱的取消

学前儿童出现攻击性行为后,成人可采用"爱的取消"的方式渐渐消除。所谓爱的取消,就是当儿童出现不恰当的行为时,采取取消亲爱态度、冷淡以对、取消奖励的方式,使不恰当的行为弱化。具体针对攻击性行为,就是一旦学前儿童出现类似的行为,就收起亲爱态度、取消某种奖励,例如表示不高兴,取消一次看电视（去公园玩,或买自己喜欢的玩具,或……）的机会。这样儿童在类似境遇下,会体验到因失去爱而感到的不安,就会引以为鉴,养成谨言慎行的习惯,克制冲动,则可避免攻击。需要注意的是,爱的取消首先要有"爱",儿童心中要有对"爱"的依恋、眷顾和不舍,这样爱的取消才有作用。另外,爱的取消要有适当的度,不能作为逼儿童就范的利器而滥用,一旦被儿童识破父母"爱的取消"不过是吓唬自己的伎俩,效果就不那么好了。

第四节 学前儿童的自制力

【实例分析与讨论】

20世纪60年代,美国斯坦福大学心理学教授沃尔特·米歇尔(Walter Mischel)设计了一个著名的关于"延迟满足"的实验,这个实验是在斯坦福大学校园里的一间幼儿园开始的。研究人员找来数十名儿童,让他们每个人单独待在一个只有一张桌子和一把椅子的小房间里,桌子上的托盘里有这些儿童爱吃的东西——棉花糖、曲奇或是饼干棒。研究人员告诉他们可以马上吃掉棉花糖,或者等研究人员回来时再吃,这样还可以再得到一颗棉花糖作为奖励。他们还可以按响桌子上的铃,研究人员听到铃声会马上返回。

对这些孩子们来说,实验的过程颇为难熬。有的孩子为了不去看那诱惑人的棉花糖而捂住眼睛或是背转身体,还有一些孩子开始做一些小动作——踢桌子,拉自己的辫子,有的甚至用手去打棉花糖。

结果,大多数的孩子坚持不到三分钟就放弃了。"一些孩子甚至没有按铃就直接把糖吃掉了,另一些则盯着桌上的棉花糖,半分钟后按了铃。"大约三分之一的孩子成功延迟了自己对棉花糖的欲望,他们等到研究人员回来兑现了奖励,这一过程差不多15分钟。

学前儿童在成长过程中,逐渐获得道德认知观念,也渐渐拥有道德情感,但仍然有可能出现不良道德行为,这与学前儿童的心理特征密切关联,其中,学前儿童的自制力状况决定其道德行为的趋向性。

一、自制力概述及发展

自制力是自我控制力的简称,属于坚强意志品质的核心,是指个体对自身的心理与行为的主动控制,是个体自觉地选择目标,在没有外部限制的情况下,克服困难,排除干扰,采取某种方式,控制自己的行为,从而保证目标的实现。它表现为意识对自我的协调、组织、监督、校正、调节的作用,使自己整个心理活动系统作为一个能动的主体,与客观现实相互作用,以成功地适应社会。[①]

学前儿童的自制力,就是指学前儿童在处于某种道德情境时,能抑制内心的冲动,能抵制外界的不良诱惑,控制和调节自身行为,使其不偏离正确的道德认知观念和道德情感需求的轨道,最终拥有良好道德行为的能力。

而在学前儿童期,个体的自制力发展呈现以下趋势:

(1)儿童两三岁时出现了自制力,但是自制力很差。具体表现在儿童对自己行为的评价、监督、调节和控制能力都很差。例如,儿童出现攻击性行为时,并不知道自己错了,更不清楚自己错在哪,有时虽然知道打人的行为不对,但却控制不了自己的行为,依然出现打人之

---

① 俞国良、辛自强:《社会心理学》,安徽教育出版社2004年版。

类的攻击性行为。

（2）自制力随年龄增长而呈现上升趋势。尽管3岁时，儿童的自制力差，但此后，其心理活动的目的性伴随年龄而日趋明确，因此他们的自制力会随之巩固。不过，3~5岁儿童的自制力发展较为缓慢，5~6岁时发展较为迅速。5~6岁的儿童，在参与自己感兴趣的活动时，基本上能控制自己，通过调节自己的行为，自觉自愿地遵守道德行为规范。例如，期间老师告诉儿童将给他们讲一个非常有趣的故事时，即使儿童正在玩玩具，或和其他小朋友发生了摩擦，或自己喜欢的绘本书没看完……他们都乐于来到老师面前，静心听老师讲故事。

（3）不同年龄阶段的学前儿童在控制自己的愿望和行为时有不同的表现。第一，三四岁的儿童不善于控制自己的愿望和行为，他们容易投入自己感兴趣的事中，且为当前的情景或事物所吸引。例如，幼儿刚把手洗干净准备用餐，结果在途中看到有好玩的玩具，又会不顾是否会弄脏手而玩起来；某儿童刚和某一小朋友和解，结果两人同时看中了一个新玩具，又会为此争抢不休。第二，四五岁的儿童逐步学会控制自己的愿望和行动。例如，在游戏中，儿童不会强占很多的玩具，甚至乐于将自己喜欢的玩具与其他小朋友分享。第三，五六岁的儿童已经能主动控制自己的愿望和行为，服从集体规则或成人要求。例如，当儿童听了关于分享、谦让的故事后，会在生活中主动将自己喜爱的玩具和食物送给其他小朋友。

（4）3~6岁，儿童的自制力表现出明显的性别差异，一般来说，女孩比男孩的自制力强，这也就是为什么女孩的攻击性行为少于男孩的原因。

二、学前儿童自制力的培养

虽然学前期个体的自制力不断增强，但是依然较为薄弱。因此，有必要想方设法培养幼儿的自制力，以期在道德行为抉择上，他们能多一些亲社会行为，少一些攻击性行为。具体而言，可以从以下角度尝试：

1. 延迟满足

延迟满足，是指个体为了长远的利益而自愿延缓目前需要的满足，这是自制力的表现形式之一。而学前儿童早期，主要获得的满足属于即时满足，也就是有某种需求时，成人都会尽量尽快满足，而随着年岁的成长，才会出现延迟满足。心理学教授沃尔特·米歇尔的实验揭示了学前儿童在自己喜爱的食物面前欠缺自制力，难以达成延迟满足，而延迟满足的实现，可以帮助学前儿童增强自制力。因为在他们的需要得以满足之前，他们要经历忍耐焦躁情绪、抵制各种诱惑、耐心安静等待，而这些品行特质对于自制力的培养极为重要。因此，作为成人，在儿童提出某种需求时，可以适当逐步拖延时间，并在此过程中教会儿童通过转移注意力、言语提醒和激励等方式实现延迟满足，以此培养自己的自制力。

2. 自我暗示

学前儿童在道德行为的选择上，究竟倾向于亲社会行为，还是攻击性行为，这是一个考验学前儿童自制力的重要内容。学前儿童可能会存在内心冲突的煎熬、犹豫不决的思虑等复杂的心路历程，如果成人能引导儿童在日常生活中面对一些道德困难时，懂得用言语不断地进行积极的自我暗示，那么则可帮助儿童顺利度过心理挣扎期。成人可以告诉幼儿，当面对一些自己不能确定究竟该做好事还是坏事的情境时，可以不断地以"我是一个好孩子，我相信我一定能做好这件事……做坏事，会让我失去朋友，我需要朋友的陪伴……我是很棒的小孩，坚持一下，我一定能克服这个麻烦的"等诸如此类的暗示影响自己。通过这些训练，学前儿童可逐步增强自制力。

3. 正强化

学前儿童的自制力整体偏弱，有待提高。因此，当学前儿童自觉或不自觉地出现良好自制力表现时，家长或老师要及时肯定和鼓励，必要时，可以给予一些奖励，尤其对于平日里自制力差的儿童，只要其在自制力方面有所进步，哪怕是微弱的点滴，都要极力嘉奖，由此强化他们良好的自制力表现。

拓展阅读

二十年以后

[美]欧·亨利

纽约的一条大街上，一位值勤的警察正沿街走着。一阵冷飕飕的风向他迎面吹来。已近夜间10点，街上的人已寥寥无几了。

在一家小店铺的门口，昏暗的灯光下站着一个男子，他的嘴里叼着一支没有点燃的雪茄烟。警察放慢了脚步，认真地看了他一眼，然后，向那个男子走了过去。

"这儿没有出什么事，警官先生。"看见警察向自己走来，那个男子很快地说，"我只是在这儿等一位朋友罢了。"

男子划了根火柴，点燃了叼在嘴上的雪茄。借着火柴的亮光，警察发现这个男子脸色苍白，右眼角附近有一块小小的白色的伤疤。

"这是20年前定下的一个约会。如果有兴致听的话，我来给你讲讲。大约20年前，这儿，这个店铺现在所占的地方，原来是一家餐馆……"男子继续说，"我和吉米·维尔斯在这儿的餐馆共进晚餐。哦，吉米是我最要好的朋友。我俩都是在纽约这个城市里长大的。从小我们就亲密无间，情同手足。当时，我正准备第二天早上就动身到西部去谋生。那天夜晚临分手的时候，我俩约定：20年后的同一日期、同一时间，我俩将来到这里再次相会。"

"你在西部混得不错吧？"警察问道。

"当然啰！吉米的光景要是能赶上我的一半就好了。啊，实在不容易啊！这些年来，我一直不得不东奔西跑……"

又是一阵冷飕飕的风穿街而过，接着，一片沉寂。他俩谁也没有说话。过了一会儿，警察准备离开这里。

"我得走了，"他对那个男子说，"我希望你的朋友很快就会到来。假如他不准时赶来，你会离开这儿吗？"

"不会的。我起码要再等他半个小时。如果吉米他还活在人间，他到时候一定会来到这儿的。就说这些吧，再见，警察先生。"

男子又在这店铺的门前等了大约二十分钟，这时候，一个身材高大的人急匆匆地径直走来。他穿着一件黑色的大衣，衣领向上翻着，遮住耳朵。

"你是鲍勃吗？"来人问道。

"你是吉米·维尔斯？"站在门口的男子大声地说，显然，他很激动。

来人握住了男子的双手。"不错，你是鲍勃。我早就确信我会在这儿见到你的。啧，啧，喷！20年的时间不短啊！你看，鲍勃！原来的那个饭馆已经不在啦！要是它没有被拆除，我们再一块儿在这里面共进晚餐该多好啊！鲍勃，你在西部的情况怎么样？"

"哦，我已经设法获得了我所需要的一切东西。你的变化不小啊，吉米，你在纽约混得不错吧？"

"一般，一般。我在市政府的一个部门里上班，坐办公室。来，鲍勃，咱们去转转，找个地方好好叙叙旧。"

这条街的街角处有一家大商店。尽管时间已经不早了，但商店里的灯还亮着。来到光亮处以后，这两个人都不约而同地转过身来看了看对方的脸。

突然间，那个从西部来的男子停住了脚步。

"你不是吉米·维尔斯。"他说，"20年的时间虽然不短，但它不足以使一个人变得面目全非。"从他说话的声调中可以听出，他在怀疑对方。

"然而，20年的时间却有可能使一个好人变成坏人。"高个子说，"你被捕了，鲍勃。在我们还没有去警察局之前，先给你看一张条子，是你的朋友写给你的。"

鲍勃接过便条，读着读着，他微微地颤抖起来。便条上写着：

鲍勃：刚才我准时赶到了我们的约会地点。当你划着火柴点烟时，我发现你正是那个芝加哥警方所通缉的人。不知怎么的，我不忍自己亲自逮捕你，只得找了个便衣警察来做这件事。

思考练习题

一、名词解释

移情　延迟满足　亲社会行为　攻击性行为　道德认知

二、简答题

1. 简述皮亚杰道德认知发展理论及其现实意义。
2. 请解析道德认知、道德情感和道德行为之间的关系。
3. 怎样培养学前儿童的移情？
4. 导致学前儿童产生攻击性行为的因素有哪些？
5. 学前儿童羞愧感的发展趋势是怎样的？

第十三章　学前儿童心理健康教育与幼儿教师心理健康调适

其实，真正的爱，不是单纯的给予，还包括适当的拒绝、及时的赞美、得体的批评、恰当的争论、必要的鼓励、温柔的安慰、有效的敦促。……不合理的给予以及破坏性的滋养，都有一个共同的特征：给予者以"爱"做幌子，只是想满足自己的需要，却从不把对方心智的成熟当一回事。

——斯科特·派克

随着社会的发展和进步，人们越来越重视健康，这包括了心理和生理的健康。尤其在当今，人们思想更加多元化，社会更为复杂，对人的能力要求也越来越高。如何让孩子们更好地适应社会，拥有健康的身体和心理，成为合格的建设者和可靠的接班人是每一个教育工作者值得深思的问题。《幼儿园教育指导纲要（试行）》明确指出：幼儿园的健康教育是"增强幼儿体质，培养健康生活的态度和行为习惯。"具体目标是："适应幼儿园的生活，情绪稳定；生活、卫生习惯良好，有基本的生活自理能力；有初步的安全和健康知识，知道关心和保护自己；喜欢参加体育活动。"

对教师的要求是："① 教师应该把保护幼儿的生命和促进幼儿的健康放在教育工作的首要位置。② 身体的健康和心理的健康是密切相关的，要高度重视良好人际环境对幼儿身心健康的重要性。"本章将从心理健康的概念、幼儿心理健康的内容和教育方法、幼儿教师心理健康与调适等方面进行探讨。

第一节　心理健康的概念与内容

一、心理健康的概念

当今社会，人们对健康的认识不仅局限于身体健康，还包括心理健康，尤其对心理健康格外重视。心理健康的标准是变化发展的，在不同的社会历史时期、不同的文化背景、不同的年龄阶段有着不同的衡量标准。

1948年世界卫生组织（简称 WHO）成立时，在宪章中把健康定义为："健康乃是一种生理、心理和社会适应都日臻完满的状态，而不仅仅是没有疾病和虚弱的状态。"这其中就包含了心理健康。

1946年第三届国际心理卫生大会指出，心理健康是指："身体、智力、情绪十分协调；适应环境，在人际交往中能彼此谦让；有幸福感；在工作和职业中能充分发挥自己的能力，过有效率的生活。"国内外许多学者从各自关注的不同角度对心理健康进行论述，迄今为止，对于什么是心理健康还没有一个统一的、公认的定义。有人从心理潜能的角度来理解心理健康，认为心理健康的人是能够充分发挥自己的潜能，并能妥善处理和适应人与人、人与环境之间相互关系的个体；有人认为心理健康是一种持续、积极乐观、富有创造性的心理状态，在这种状态下个体适应良好，具有旺盛的生命活力，在情绪与动机的自我控制等方面达到正常或良好水平。《简明不列颠百科全书》将心理健康解释为："个体心理在本身及环境条件许可范围内所能达到的最佳状态，但不是十全十美的绝对状态。"我国研究者王书荃认为，心理健康指人的一种较稳定持久的心理机能状态。它是个体在与社会环境相互作用时，主要表现为在人际交往中能否使自己的心态保持平衡，使情绪、需要、认知保持一种稳定状态，并表现出一个真实自我的相对稳定的人格特征。她认为，如果用简单的一个词来定义心理健康，就是"和谐"。个体不仅自我感觉良好，与社会发展和谐，发挥最佳的心理效能，而且能进行自我保健，自觉减少行为问题和精神疾病。刘华山认为，心理健康指的是一种持续的心理状态。在这种状态下，个体具有生命的活力、积极的内心体验、良好的社会适应能力，能有效地发挥个人的身心潜力与积极的社会功能。

"心理健康是指一种生活适应良好的状态。心理健康包括两层含义：一是无心理疾病，这是心理健康的最基本条件，心理疾病包括各种心理与行为异常的情形；二是具有一种积极发展的心理状态，即能够维持自己的心理健康，主动减少问题行为和解决心理困扰。"

"所谓心理健康是指不仅没有心理疾病或变态，而且个人在身体上、心理上以及社会行为上均能保持最高、最佳状态。这里的心理健康包括了生理、心理和社会行为三个方面的意义。"我们认为，所谓心理健康，是指具有敏锐的智力、良好稳定的情绪状态、较快较好的环境适应能力。

二、心理健康的标准

关于心理健康的标准主要有以下几个方面：

（一）马斯洛（A. Maslow）等提出的标准

人本主义心理学家马斯洛等人提出了心理健康的十条标准：

（1）充分的安全感。

（2）充分了解自己，并对自己的能力做适当的估价。

（3）生活的目标能切合实际。

（4）能与现实环境保持接触。

（5）能保持人格的完整与和谐。

（6）具有从经验中学习的能力。

（7）能保持良好的人际关系。

（8）适当的情绪表达及控制。

（9）在不违背集体要求的前提下，能做有限度的个性发挥。

（10）在不违背社会规范的前提下，对个人的需要能进行恰如其分的满足。

（二）俞国良等人提出的标准[①]

1. 智力正常

智力正常是人正常生活最基本的心理条件，是心理健康的主要标准。智力是人的观察力、

---

① 俞国良：《心理健康教育（教师用书）》，高等教育出版社2005年版。

记忆力、想象力、思考力和操作能力的综合。一般常用智力测验来诊断智力发展水平。一般认为，智商低于 70 分者为智力落后，智商在 90 分以上是心理健康的标准。

2. 人际关系和谐

人际关系协调与否，对人的心理健康有很大的影响。人际关系包括正向积极的关系和负向消极的关系。心理健康的人乐于与人交往，不仅能接受自我，也能接受他人、悦纳他人，能认可别人存在的重要性和作用。心理健康的人能为他人所理解，为他人和集体所接受，能与他人相互沟通和交往，人际关系协调和谐。心理健康的人乐群性强，既能在与挚友团聚之时共享欢乐，也能在独处沉思之时而无孤独之感。在与人相处时，积极的态度（如同情、友善、信任、尊敬等）总是多于消极的态度（如猜疑、嫉妒、畏惧、敌视等），因而在社会生活中具有较强的适应能力和较充足的安全感。一个心理不健康的人总是独立于集体之外，与周围的环境和人格格不入。

3. 心理与行为符合年龄特征

在生命发展的不同年龄阶段，人们都有相对应的不同的心理与行为表现，从而形成不同年龄阶段独特的心理与行为模式。心理健康的人应具有与同年龄段大多数人一样的心理与行为特征。如果一个人的心理与行为表现与同年龄阶段的其他人相比存在明显的差异，一般就是心理不健康的表现。

4. 了解自我，悦纳自我

一个心理健康的人能体验到自己存在的价值，既能了解自己，又能接受自己，具有自知之明，即对自己的能力、性格、情绪都能做到恰当、客观地评价，对自己不会提出苛刻的期望与要求，对自己的生活目标和理想也能定得切合实际，因而对自己总是满意的；同时，努力发展自身潜能，即使对自己无法补救的缺陷，也能安然面对。一个心理不健康的人则缺乏自知之明，由于所定的目标和理想不切实际，因而总是自责、自怨、自卑，心理状态无法平衡。

5. 面对和接受现实

心理健康的人能够做到：面对现实；接受现实，并能够主动地去适应现实，进一步地改造现实，而不是逃避现实；对周围事物和环境能做出客观认识和评价，并能与现实环境保持良好的接触；既有高于现实的理想，又不会沉湎于不切实际的幻想与奢望；对自己的能力有充分的信心，对生活、学习、工作中的各种困难和挑战都能坦然面对。心理不健康的人往往以幻想代替现实，不敢面对现实，没有足够的勇气去接受现实的挑战，总是抱怨自己生不逢时或责备社会对自己不公，因而无法适应现实环境。

6. 能协调与控制情绪，心境良好

心理健康的人常常表露出愉快、乐观、开朗的积极情绪，虽然也会有悲、忧、愁、怒等消极的情绪体验，但一般不会长久。心理健康的人能适当地表达、控制自己的情绪，喜不狂，忧不绝，胜不骄，败不馁；在社会交往中既不妄自尊大，也不畏缩恐惧；对于无法得到的东西不奢求，争取在社会规范允许范围内满足自己的各种要求，对于自己能得到的一切感到满意。

7. 人格完整独立

心理健康的人的人格，即人的整体的精神面貌能够完整、协调、和谐地表现出来。思考问题的方式合理，待人接物能采取恰当灵活的态度，对外界刺激不会有偏颇的情绪和行为反应。

8. 热爱生活，乐于工作

心理健康的人珍惜和热爱生活，积极投身于生活，在生活中尽情享受人生的乐趣。他们在工作中尽可能地发挥自己的个性和聪明才智，并从工作的成果中获得满足和激励，把工作看作是乐趣而不是负担。他们能把工作过程中积累的各种有用的信息、知识和技能存贮起来，便于随时提取使用，以解决可能遇到的新问题，使自己的行为更有效率，工作更有成效。

（三）心理健康的一般标准

心理健康的一般标准有如下几点：

1. 积极的自我观念

心理健康的人能够正面地看待自己的长处与短处，悦纳自己，不过分自我炫耀，也不过于自我责备。心理不健康的人则缺乏自知之明，或者自高自大，骄傲自满，或者只看到自己的缺点，因而总是自责、自怨、自卑。

2. 对现实有正确的知觉行为

心理健康的人能合理利用环境中的各种压力，能对现实环境有正确的感知，并能做出正确的解释；能与环境保持良好的接触，并对环境做出有效的反应，而不是歪曲客观现实。心理不健康的人对现实缺乏正确的知觉能力，杯弓蛇影，心神不宁。

3. 热爱生活，乐于学习和工作

心理健康的人珍惜和热爱生活，积极投身于生活之中，并享受人生的乐趣，而不会视生活为重担；他们智力水平虽不同，但智力都正常，并把自己的智慧和能力用在学习和工作中，并从学习和工作的成果中获得满足和激励。心理不健康的人总是感觉生活压力大，把学习和工作视为痛苦，而不是从中感受乐趣。

4. 良好的人际关系

心理健康的人乐于与人交往，既能接受自我也能接受他人、悦纳他人，认可他人存在的重要性和作用，因而也能为他人和集体所接受，人际关系较融洽；对待他人，尊重、信任、赞美、喜悦等正面态度多于仇恨、疑惧、嫉妒、厌恶等反面态度；他们的思想、目标行动能与社会要求相互协调，能重视团体的要求，接受团体的规范，并能控制为团体所不容的欲望。

5. 能冷静面对现在，吸取过去经验，策划未来

心理健康的人能冷静面对现在的生活，既不沉湎于过去，也不会陷入不切实际的对未来的幻想之中；他能重视现在，也能预见即将来临的问题和困难，并事先设法加以解决，能很好地权衡过去、现在、未来的关系，不断提高自己的生活质量。心理不健康的人不能吸取自己过去的经验和教训，不能面对现在的生活，以幻想代替现实，没有勇气去接受现实生活的挑战，对未来充满悲观情绪。

6. 能真实地感受自己的情绪，能恰当地调整自己的情绪

心理健康的人能真实地感受自己的各种情绪经验，能恰如其分地调控自己的情绪。他们对情绪的表达是适度的，控制是恰如其分的，不会太过或不及。

综上所述，我们认为，心理健康的标准应该有以下九个方面：

1. 对现实知觉正确高效

心理健康的人，观察事物范围广，细致；能较好地把握事物变化发展的规律，对人的行

为有较为合理的判断。

2. 对社会的看法自发而不流俗

心理健康的人，在现实中，对事物的看法与多数人相似或接受他人观点时源于内心，源于对事物的认同，当与多数人观点不同时，能承认多数人观点的合理性，并保留自己的观点。

3. 对自己自信，对他人欣赏

心理健康的人，相信自己能克服工作、学习、生活中遇到的各种困难，相信自己解决问题的能力和水平，善于合作，赏识朋友、同事、对手等。

4. 能适应环境，保持独立

心理健康的人，在周边事物发生变化时能泰然处之，能肯定他人取得的成绩，坦然面对自己的失败，淡泊名利，积极进取。

5. 遵守基本的道德规范

心理健康的人，注意恪守道德规范，遵守法律法规，极少违背社会道德规范，自我约束力强。

6. 对工作和学习能经常保持兴趣

心理健康的人在工作中，责任心强，努力上进；在学习中，有较好的态度，学习效果较好。对生活充满热情，对周边事物和人积极肯定。总能发现身边的人的优点、可爱之处，以及周边事物的可取之处。

7. 乐于助人，和少数人建立深厚的友情

心理健康的人，在生活中关心他人、帮助他人，积极参与各种社会活动，有三五个知心朋友。

8. 具有民主的态度、创造性的观念和幽默感

心理健康的人，对上级尊重、对下级爱护，在处理各种问题时既敢于提出自己的观点，又尊重他人的意见和建议，以理服人。

9. 能承受欢乐和忧伤

心理健康的人，在面对成功时，心情能很快平静，不骄傲，善于总结成功经验；在面对挫折时，不气馁，善于找出问题所在，分析原因；积极情绪多于消极情绪，虽然也有悲、哀、忧、怒、烦等不良情绪，但能很快调整过来，善于表达情绪。

第二节 学前儿童心理健康教育的内容与方法

3~7岁是幼儿心理发展的关键期。从幼儿思维发展看，是各种思维能力发展的关键期，如语言、数概念、音乐等，此时，幼儿具有一定的逻辑思维能力，但仍以具体形象思维为主。从自我意识发展看，意识和自我意识开始萌发，能初步评价自己的行为，并按成人要求逐步掌握社会规范，但还不稳定。从个性发展看，个性倾向性和兴趣受他人和环境影响较大。这一时期，也是幼儿心理健康教育的关键期。幼儿心理健康教育具有启蒙性、前瞻性，内容比较宽泛，可以与健康、社会、科学、语言、艺术等幼儿教育的内容相融合，以培养幼儿良好的心理健康状态。

一、学前儿童心理健康教育的内容

幼儿心理健康教育的内容主要体现在以下几个方面：

（一）健康的生活态度和良好的行为习惯

幼儿应能较快、较好地适应幼儿园的生活和环境，情绪稳定良好，能够对不同的外界刺激做出合理的情绪反应和身体行为，这些反应和行为具有一定的可控性和稳定性。幼儿不会无缘无故感到不满意、痛苦、恐惧，也不会无缘无故从一极端的情绪状态迅速转向另一极端的情绪状态。能够体验基本情绪，表现出相应的反应行为，不冷漠、不过度焦虑和恐惧。有良好的生活和卫生习惯，有基本的生活自理能力。有初步的安全和健康知识，知道关心和保护自己。喜欢参加体育活动。

（二）好奇心强，喜欢探究，认识能力发展好

有好奇心，能发现周围环境中有趣的事情。喜欢观察，乐于动手动脑、发现和解决问题。理解生活中的简单数学关系，能用简单的分类、比较、推理等手段探索事物。愿意与同伴共同探究，能够用语言与他人进行交流，表达自己的意愿或想法。能够较客观地了解和评价他人，与同伴合作等。喜爱动植物，亲近大自然，关心周围的生活环境。喜欢与人谈话、交流。注意倾听并能理解对方的话。能清楚地说出自己想说的话，喜欢听故事、看图书。

（三）自尊、自信，关心他人，对他人友好

积极参加游戏和各种有益的活动，活动中快乐，自信；乐意与人交往，礼貌、大方，对人友好。知道对错，能按基本的社会行为规则行动。乐于接受任务，努力做好力所能及的事。爱祖国、爱家乡、爱父母、爱老师、爱同伴。

（四）情感丰富，具有感受美、表现美的情趣和能力

能初步感受环境、生活和艺术中的美。喜欢艺术活动，能用自己喜欢的方式大胆地表现自己的感受与体验。乐于与同伴一起娱乐、表演、创作。

二、学前儿童心理健康教育的方法

第一，建立良好的师生、同伴关系，让幼儿体验到幼儿园生活的愉快，形成安全感、信赖感。帮助幼儿养成良好的饮食、睡眠、盥洗、排泄等个人卫生习惯和爱护公共卫生的习惯。指导幼儿学习自我服务技能，培养基本的生活自理能力。开展多种有趣的体育活动，特别是户外的、大自然的活动，培养幼儿积极参加体育锻炼的积极性，并提高其对环境的适应能力。密切结合幼儿的生活和活动进行安全、保健等方面的教育，以提高幼儿的自我保护能力。在走、跑、跳、钻、爬、攀等各种体育活动中，发展幼儿动作的协调性、灵活性。

第二，教师应该把保护幼儿的生命和促进幼儿的健康放在教育工作的首要位置。身体的健康和心理的健康是密切相关的，要高度重视良好人际环境对幼儿身心健康的重要性。幼儿不是被动的"被保护者"，教师要尊重幼儿不断增长的独立需要，在保育幼儿的同时，帮助他们学习生活自理技能，锻炼自我保护能力。体育活动要尊重幼儿身体生长发育的规律和年龄特征，不进行不适合幼儿的体育活动项目训练。

第三，引导幼儿接触自然环境，使之感受自然界的美与奥妙，激发幼儿的好奇心和认识

兴趣；结合和利用生活经验，帮助幼儿认识自然环境，初步了解自然与自己生活的关系。引导幼儿注意身边常见的科学现象，感受科学技术给生活带来的便利，萌发对科学的兴趣。引导幼儿利用身边的物品和材料开展活动，发现物品和材料的多种特性和功能。为幼儿提供观察、操作、试验的机会，支持、鼓励幼儿动手动脑大胆探索。引导幼儿关注周围环境中的数、量、形、时间、空间关系，发现生活中的数学。在解决问题的过程中帮助幼儿理解基本的数学概念，发展思维能力。鼓励幼儿用多种方式来表现自己的探索过程和结果，表达发现的愉快并与他人交流、分享。

第四，创造一个自由、宽松的语言交往环境，支持、鼓励、吸引幼儿与教师、同伴交谈，体验语言交流的乐趣。培养幼儿注意倾听的习惯，发展语言理解能力。鼓励幼儿用清晰的语言表达自己的思想和感受，发展语言表达能力。教育幼儿使用礼貌用语与人交往，养成文明交往的习惯。引导幼儿接触优秀的儿童文学作品，使之感受语言的丰富和优美。培养幼儿对生活中常见的简单标记和文字符号的兴趣。利用图书和绘画，引发幼儿对阅读和书写的兴趣，培养前阅读和前书写技能。提供普通话的语言环境，帮助幼儿熟悉、听懂并学说普通话。少数民族地区还应帮助幼儿学习本民族语言。

第五，幼儿的语言是通过在生活中积极主动地运用而发展起来的，单靠教师直接的"教"是难以掌握的。教师应充分利用各种机会，引导幼儿积极运用语言进行交往。语言学习具有个别化的特点，教师应重视与幼儿的个别交流和幼儿之间的自由交谈。语言能力是一种综合能力，幼儿语言的发展与其情感、思维、社会参与水平、交流技能、知识经验等方面的发展是不可分割地联系在一起的，语言教育应当渗透在所有的活动中。

第六，激发幼儿的认识兴趣和探究欲望，帮助幼儿学习运用观察、比较、分析、推论等方法进行探索活动、学习科学的过程应该是幼儿主动探索的过程。教师要让幼儿运用感官，亲自动手、动脑去发现问题、解决问题。鼓励幼儿之间合作，并积极参与幼儿的探索活动。幼儿的科学活动应密切联系幼儿的实际生活，教师应充分利用幼儿身边的事物与现象作为科学探索的对象，引导其积极探索。

第七，引导幼儿参加游戏和其他各种活动，体验和同伴共处的乐趣。加强师生之间、同伴之间的交往，培养幼儿对人亲近、友爱的态度，教给必要的交往技能，学会和睦相处。为每个幼儿提供表现自己的长处和获得成功感的机会，增强自尊心和自信心。提供自由活动的机会，支持幼儿自主地选择和计划活动，并鼓励他们认真努力地完成任务。在共同的生活和活动中，帮助幼儿理解行为规则的必要性，学习遵守规则。教育幼儿爱护玩具和其他物品，用完归位。引导幼儿接触和认识与自己生活关系密切的不同职业的成人，尊重从事不同职业的人的劳动成果。扩展幼儿对社会生活环境的认识，激发其爱祖国、爱家乡的情感。

第八，培养幼儿良好的社会态度和社会情感。在培养过程中，幼儿教师要学会利用各种活动，使幼儿在实际生活和活动中积累社会经验和体验社会活动。幼儿教师要注意通过环境影响、感染幼儿。教师和家长是幼儿社会学习的重要影响源。模仿是幼儿习得和体会社会态度和社会情感的重要方式，教师和家长的言行举止或直接、或间接地影响幼儿，成为他们学习的"榜样"。因此，成人要注意自己的言行，为儿童提供良好的榜样。幼儿的社会态度和社会情感的培养需要家庭、幼儿园和社会环境保持一致、密切配合。

第九，引导幼儿接触生活中美好的事物和感人事件，丰富幼儿的感性经验和情感体验。引导幼儿欣赏艺术作品，培养幼儿表现美和创造美的情趣。提供自由表现的机会，鼓励幼儿大胆地想象，运用不同的艺术形式表达自己的感受和体验。指导幼儿利用身边的物品和废旧材料制作各种玩具、工艺装饰品，体验创造的乐趣。为幼儿创造展示自己作品的条件，引导幼儿相互交流、相互理解和相互欣赏。艺术是幼儿的另一种表达认识和情感的"语言"，通过引导幼儿接触生活中的各种美好事物和现象，丰富幼儿的感性经验和情感体验。艺术活动是一种情感和创造性活动，幼儿在艺术活动过程中应有愉悦感和个性化的表现。幼儿教师要充分理解并积极鼓励幼儿与众不同的表现方式，培养幼儿的创造性，树立他们的自信心。

第三节 幼儿教师心理健康调适

一、幼儿教师心理压力成因分析

（一）职业压抑感

幼儿教育，看似简单，但实际上，在教育职业环境中，总会有一些突发状况发生，也可以说是职场刺激，它总是能够引起幼儿教师一系列的活动改变，在心理和行为上造成一种紧张、压抑的感觉。

（二）人际关系压力产生的焦虑感

"怕被领导批评、家长抱怨"的焦虑心理以及机械化的"超负荷运转"常常会使幼儿教师情绪焦躁，而同事之间的人际关系引起的不安心理也同时导致压力增大。例如，在实行聘用制后，由于幼儿园级别低，高级岗位设置有限，在岗位竞聘中有高职低聘现象，竞聘条件的设置又会使部分教师感到不公，因而认为"人事关系很复杂，不想让别人知道自己在想什么"。又常担心不被人信任，终日惶恐不安，有的人甚至认为人际关系大于一切。

（三）职业成就期待导致的烦躁情绪

首先，职位晋升的不确定性是幼儿教师职业成就期待的常见压力。谋求"职业前景"和职位晋升的过程是复杂的，并不是由自己规划并通过努力就能实现的。随着事业单位工作人员管理体制改革的不断深入，竞争上岗、聘任制、问责制等措施的实施加大了幼儿教师的竞争压力；在干部选拔任用上、在职称评聘上，由于体制、机制的因素，难免有疏漏，这些职位晋升的不确定性容易导致幼儿教师产生烦躁情绪。其次，机关事业单位管理严格，常要求幼儿教师必须把工作做到最好，不能出一点差错。新入职的幼儿教师水平越来越高，造成的竞争压力也越来越大，过去幼儿教师学历主要是以中专为主，现在基本上都是以本科为主，老教师的学历低、职称低、年龄大、压力大，老教师之间、新教师之间、新老教师之间各种竞争、各种矛盾比较尖锐，无形中转化为职业的压力感。

（四）各种制度尚不够完善

同是幼儿教师，工作环境、工作待遇差距较大，一些幼儿教师感觉自己工作比别人辛苦，但待遇比别人低，心理失衡。再加上社会上一些文化程度不高的人、不如自己有才能的人却过得风生水起，这也会令一些幼儿教师心理失衡。

（五）自卑、敏感导致紧张心理，不能正确地评价自己

意志消沉，害怕和同事交往，怕得罪人，常会因为别人的一句话、一个眼神、一个动作

而产生不安。不能正确地对待身边的人和事，长期处在紧张的状态之中。

二、幼儿教师心理健康调适能力培养

（一）自我认知力

俗话说"人贵有自知之明"，幼儿教师要有正确的自我认知、自我意识，能够体验到自己的存在价值，既能正确地了解自我、评价自我，又能悦纳自我。对自己的能力、性格和优缺点能做出恰当、客观的评价。在努力发掘自我的同时，对无法补救的缺陷也能坦然面对。生活目标和理想目标切合实际，不苛求自己。自我结构统一和谐，不因理想和现实的差距过大而产生自责、自怨、自卑、自负、自我中心等不健康心态和心理危机。

（二）情绪调节力

"情绪是生活的指挥棒。"人生活在社会环境中，极易出现喜怒哀乐各种情绪。因此，如何调节各种消极情绪显得至关重要。心理健康的人情绪稳定、开朗乐观，能够适度表达和调控自己的情绪。积极情绪体验（愉快、乐观、开朗）占优势，不易受消极情绪（悲伤、忧愁、焦虑、愤怒等）控制和左右；而心理不健康的人常常易受消极情绪控制而无力摆脱，情绪调控力差。幼儿教师要学会控制情绪，不能把情绪带到工作中去。

（三）压力调控力

幼儿教师工作对象年龄小、问题多，因此责任重大，加之工作时间长，工作负荷大，幼儿教师面临极大的心理压力。学会在压力下工作，提高压力调控力是幼儿教师必备的心理调适能力。

（四）挫折承受力

人生不如意之事十之八九。挫折是人生的常态，如何对待困难和挫折？是坚忍不拔、不屈不挠、意志坚定，还是萎靡不前、心灰意冷、丧失信心？具有良好挫折承受能力是幼儿教师心理健康的一个重要表现。

（五）人际交往力

丁瓒教授曾说："人类的心理适应，最主要的就是对人际关系的适应，所以人类的心理病态，主要是由于人际关系的失调而来。"人际关系是压力产生的重要因素。由于职业的关系，人际关系紧张成为幼儿教师队伍中一个不容忽视的问题。具备一定的人际交往能力，拥有和谐良好的人际关系是幼儿教师心理调适能力建设的题中应有之义。

三、幼儿教师心理健康调适的方法

心理能动反映论认为，心理健康是在后天学习过程中不断获得社会适应经验的基础上，通过主体的构建活动，建立起一套完备的心理调节机制实现的。幼儿教师需加强学习，掌握适用的心理健康调适方法。

（一）适当使用心理防御机制

心理防御机制，又称心理适应方式，是指当个人遭受心理挫折后，内心有一种想摆脱痛苦、减轻不安、恢复情绪稳定、重新达到心理平衡的倾向。运用自我心理调节机制保护心理健康是最好、最重要的方法之一。当人们在现实生活中突遇不幸或事与愿违时,其精神刺激的强度常常超出其心理承受范围,此时,我们可以运用心理防卫机制,使心理健康功能不受损害。主要的心理防御机制有补偿、幽默、退行、升华等。

(二)积极自我暗示

科学研究指出:暗示作用是正常的心理现象,约有三分之一的人深受暗示的影响,他们容易无条件、非理性地接受一些观念和说法。自我暗示是运用内部语言或书面语言进行自我调节情绪的方法。暗示对人的情绪乃至行为都会有一定的影响和调整作用,既可用来调节紧张的情绪,也可用来激励自己。如经常欣赏自己年轻时漂亮的照片,对着镜子笑笑,肯定自己、表扬自己,对调节情绪非常有用。

(三)认知重构:换个角度看问题

通常人们会认为人的情绪的行为反应是直接由诱发性事件引起的,即 A 引起了 C。艾利斯 ABC 理论则指出,诱发性事件 A 只是引起情绪及行为反应的间接原因,而人们对诱发性事件所持的信念、看法、解释 B 才是引起情绪及行为反应的更直接的原因。正确的认识和思维方式,使人产生正确的行为;错误的认识和思维方式,使人产生错误的行为。因此,人们的思维认知非常重要。幼儿教师对挫折的不合理认知,主要表现在绝对化的要求,即对客观情境的要求过于绝对化,常使用诸如"应该""必须"等表述。此外,过分概括化和糟糕之极地夸大结果的认知偏差往往是引起恐惧、诱发悲观、引发心理压力的重要因素。重构认知,即换个角度看问题,用合理观念代替不合理认知,将能有效减少来自困境的压力,同时,也可以消除人们因高期望而形成的对未来可能失败的结果的恐惧、紧张和焦虑。

(四)合理宣泄情绪

宣泄这一概念最早由古希腊大思想家亚里士多德提出,意思是用文学作品中悲剧的手法,使人们的恐惧与忧虑等情感得以释放,以达到净化的目的。这一概念后来被弗洛伊德引入其学说之中,认为宣泄是人们释放侵犯性能量的重要途径。弗洛伊德的心理学理论认为,消极压抑等不良情绪长期得不到宣泄、疏导,容易形成心理障碍,产生破坏性心理。当这种破坏性心理指向自身时,达到极端就会出现自杀行为;指向外界时,达到极端就会出现报复社会行为。现代心理学认为,宣泄是利用或创造某种条件、情境,以合理的方式把压抑的情绪表达出来。宣泄可以强化人们的自我调整过程,减轻或消除心理压力。主要的宣泄方法有倾诉、书写、运动、哭泣等。

> **拓展阅读**
>
> ### 焦虑是因为想要的太多,又无能为力
>
> 如果问,当下年轻人的普遍心态是什么,答案只有一个:焦虑。这种焦虑来自外界信息的轰炸,迫使你每天一睁眼就开始被各种"必须"所包围。那怎么办,学习吧!在一些自媒体的鼓吹之下,焦虑被完美贩卖。思维、认知、学习,成为热点。每天一本书,30 分钟读懂一本书,一个月实现财富自由,各路终身学习者、连续创业者、培训师、成功导师,悉数登场。
>
> 想想,上大学,学了四年,一个学期也就学十来本书,似乎也没有多少收获,难道我们都上了假的大学?这次贩卖学习的背后,自然是群体普遍的焦虑。这种焦虑来自现实的压力,

以及一些人喜欢攀比的心理：幸不幸福，是通过跟别人比较得出的。

挺聪明的人，却过得不好

成功自然是指能取得很好的结果，把某件事做成了。这其中有大环境的外部因素，比如当计算机正方兴未艾的时候，比尔·盖茨创立了他的微软帝国。一个再天才的企业家，也无法在马车时代，创造一个微软出来。外部因素其实很难由个体决定和左右。除了这个外部因素，就是我们本身的个体能力。每个人做一件事的能力，到底指什么？世界著名心理学家、美国佛罗里达州立大学的罗伊·F.鲍迈斯特在他的经典作品《意志力》中指出，决定一个人成败的后天因素主要是智力和意志力，而意志力是排在第一位的。人与人之间，智力的差别其实并不大，真正将人们拉开距离的是意志力，而且，对于成长来说，智力几乎固定，没有多少提升的空间，剩下的就看意志力了。

意志力，它不是一种美德，而是具有生理基础的一种心智能量，是我们坚持的力量来源。我们想专注，我们想不被诱惑，都靠它。可以说，它是人类最伟大的力量。在这个处处网络的时代，打开手机，诱惑如影随形，想要不被影响，可能比登天还难。但如果你想要控制自己，过更好的生活，获得美满的家庭、事业、健康和自由，只有靠意志力的帮助。而心思活泛的人，往往既无法专注，也容易被各种快速成功的法门诱惑。他们认为自己能搞得定，自己才思敏捷，可以"多管齐下"，会更快达成目标。但实际上，他们错了。这就是为什么一些挺聪明的人往往却过得不好。

聪明如巴菲特，也很少出手啊

鲍迈斯特给出了意志力的两大定律：

一、意志力是有限的，用了一次就消耗掉一部分。所以，最好一次专注一件事，比较能达成目标，并建立自信心。有没有觉得很耳熟？我们日常听到的，要事第一，最重要的事只有一件，原来它们的科学依据在这里。

二、你做不同的事情所仰赖的意志力来自于同一个账户。也就是说，你是用同一批意志力来应付各种事情。所以，当你的工作繁杂到一定的程度，是不是就克制不了消费的冲动，靠买买买，或者是去吃点甜点来缓解？

对于巴菲特，人们往往只关注他的投资收益，但值得一提的是，他自己也透露，在平日会集中力量做研究，不会贪多，也不会受各种短期题材股的诱惑。他很少出手，一年出手也就三次。其实，巴菲特的禀赋跟我们差不多。最重要的是，时间和精力花在哪儿，成就就在哪儿。你拥有的意志力是怎么支出的，也同样决定了结果。

面对意志力有限的这一事实，好消息是，鲍迈斯特同时指出，意志力是可以提升的。养成好的习惯，逐步锻炼，就能提升意志力。比如，如果你是一个作家，可以养成每天写2000个字的习惯，一旦养成习惯，你就不用耗费意志力来抗拒不想写作的诱惑，而且不知不觉中，你的意志力已经增强了。同样，比如晚起，我们要克服这个恶习的话，可以一步步地进行，每周比上周早起15分钟，循序渐进，一旦达到目标，形成习惯，也可以增强自己的信心。而且，一旦你在某一方面的意志力增强，就会发现，你在所有事情上的意志力都能增强，执行力也会变强。

好好吃饭、睡觉，有多重要？

那意志力的来源是什么呢？葡萄糖就是意志力的燃料，因此，吃饭和睡觉对于储备意志力非常重要。吃饭时，选择低血糖食物更好。身体几乎把所有种类的食物都转化成葡萄糖，只是转化速度不一样。转化得快的食物，血糖指数高。它们包括含淀粉的碳水化合物，比如白面包、马铃薯、白米饭和各种各样的零食。以这些东西为主食，葡萄糖会在饭后迅速上升又迅速下降，结果就导致经常缺乏葡萄糖，进而缺乏意志力，自制力下降，难以抵制身体从其他东西（甜甜圈或糖果）中再迅速补充一次葡萄糖的冲动。

　　为了保持稳定的意志力，你最好吃血糖指数低的食物：大多数蔬菜、坚果（如花生和腰果）、水果（如苹果、蓝莓和梨子）、奶酪、鱼、肉、橄榄油等这些血糖指数低的食物，它们还有助于你保持苗条的身材。

　　累了，就睡，这么浅显的道理，小时候妈妈都说了无数次，但是并非只有坏脾气的小孩子不好好睡觉，成年人也经常克扣自己的睡眠时间，导致意志力差，既无法专注，也无法自控，无法抵制诱惑，工作效率下降。休息，能减少身体对葡萄糖的需求，还能全面增强身体利用血糖的能力。有研究证明，剥夺睡眠会损害身体葡萄糖的加工，这会导致意志力下降，长期下去，还会增加患糖尿病的风险。

　　焦虑是因为你想要的太多，而又无能为力。为什么无能为力？因为我们每个人的意志力是有限度的，除了极少数天赋异常的，提升的空间也不大。就算你把一堆的知识塞进去，你也消化不了，更无法明辨之、慎行之，在实践上带来效果，反倒是让自己无所适从。这其实是一种娱乐。娱乐的本质是投你所好，仅供消遣，而没有什么真实收益。

　　人生就像滚雪球，最重要的是发现很湿的雪和很长的坡。当然，在这个过程中，你还要有恒久的意志力，坚持下去，少走岔路。（来源于凤凰读书，有改动）

参考文献

[1] 林崇德. 发展心理学[M]. 北京：人民教育出版社，2009.
[2] 魏勇刚. 学前儿童发展心理学[M]. 北京：教育科学出版社，2012.
[3] 叶浩生. 西方心理学理论与流派[M]. 广州：广东高等教育出版社，2007.
[4] 彭小虎. 儿童发展与教育心理学[M]. 长沙：湖南教育出版社，2007.
[5] 刘金花. 儿童发展心理学[M]. 上海：华东师范大学出版社，2006.
[6] 周念丽. 学前儿童发展心理学[M]. 上海：华东师范大学出版社，2006.
[7] 王振宇. 学前儿童心理学[M]. 北京：中央广播电视大学出版社，2007.
[8] 朱家雄. 学前儿童卫生学[M]. 上海：华东师范大学出版社，2006.
[9] 约翰·W. 桑特洛克. 儿童发展[M]. 桑标，王荣，邓欣媚，等，译. 上海：上海人民出版社，2009.
[10] 孟昭兰. 婴儿心理学[M]. 北京：北京大学出版社，1997.
[11] 张莉. 儿童发展心理学[M]. 武汉：华中师范大学出版社，2006.
[12] 谷传华. 儿童心理学[M]. 北京：中国轻工业出版社，2010.
[13] 汪乃铭，钱峰. 学前心理学[M]. 上海：复旦大学出版社，2011.
[14] 刘新学，唐雪梅. 学前心理学[M]. 北京：北京师范大学出版社，2011.
[15] 王保林，窦广采. 幼儿心理学[M]. 郑州：郑州大学出版社，2007.
[16] 陈帼眉. 幼儿心理学[M]. 北京：北京师范大学出版社，1999.
[17] 朱智贤. 心理学大辞典[M]. 北京：北京师范大学出版社，1989.
[18] 高月梅，张泓. 幼儿心理学[M]. 杭州：浙江教育出版社，1993.
[19] 陈帼眉，冯晓霞，庞丽娟. 学前儿童心理学[M]. 北京：北京师范大学出版社，1995.
[20] 陈帼眉. 学前心理学[M]. 北京：人民教育出版社，1989.
[21] 张永红. 学前儿童发展心理学[M]. 北京：高等教育出版社，2010.
[22] 王振宇. 幼儿心理学[M]. 北京：人民教育出版社，2009.
[23] 吴荔红. 学前儿童发展心理学[M]. 福州：福建人民出版社，2010.
[24] 桂诗春. 新编心理语言学[M]. 上海：上海外语教育出版社，2001.
[25] 李宇明，陈前瑞. 语言的理解与发生[M]. 武汉：华中师范大学出版社，1998.
[26] 何克抗. 语觉论：儿童语言发展新论[M]. 北京：人民教育出版社，2004.
[27] [美]J. H. 弗拉维尔，等. 认知发展[M]. 邓赐平，等，译. 上海：华东师范大学出版社，2002.
[28] 朱曼殊. 心理语言学[M]. 上海：华东师范大学出版社，1990.
[29] 王德春. 神经语言学[M]. 上海：上海外语教育出版社，1997.
[30] 李宇明. 儿童语言的发展[M]. 武汉：华中师范大学出版社，1995.
[31] 刘金花. 儿童发展心理学[M]. 上海：华东师范大学出版社，2013.
[32] [美]R. J. 斯腾伯格. 超越IQ 人类智力的三元理论[M]. 俞晓琳，吴国宏，译. 上海：华东

师范大学出版社，2000．

[33] 北京哲学系外国哲学史教研室．十六至十八世纪西欧各国哲学[M]．北京：商务印书馆，1975．
[34] 陈强，徐云．智力测评技术[M]．北京：科学出版社，2011．
[35] 林传鼎．开发智力的心理学问题[M]．北京：知识出版社，1985．
[36] 中国就业培训技术指导中心，中国心理卫生协会．心理咨询师：三级[M]．北京：民族出版社，2012．
[37] 蔡笑岳．智力心理学[M]．广州：暨南大学出版社，2012．
[38] 罗家英．学前儿童发展心理学[M]．北京：科学出版社，2011．
[39] 鲁道夫·谢弗．儿童心理学[M]．2版．王莉，译．北京：电子工业出版社，2005．
[40] 张文新．儿童社会性发展[M]．北京：北京师范大学出版社，1999．
[41] 陈帼眉，姜勇．幼儿教育心理学[M]．北京：北京师范大学出版社，2007．
[42] 黄人颂．学前教育学[M]．北京：人民教育出版社，2009．
[43] 刘焱．儿童游戏通论[M]．北京：北京师范大学出版社，2014．
[44] 李红．幼儿心理学[M]．北京：人民教育出版社，2009．
[45] 蔡蓓瑛．恋上布母猴——儿童心理学的故事[M]．上海：上海科学技术出版社，2005．
[46] 王书荃．学校心理健康教育概论[M]．北京：华夏出版社，2005．
[47] 俞国良．现代心理健康教育：心理卫生问题对社会的影响及解决对策[M]．北京：人民教育出版社，2007．
[48] 林仲贤，武连江．儿童心理健康与咨询[M]．北京：中国林业出版社，2000．
[49] 俞国良．心理健康教育：教师用书[M]．北京：高等教育出版社，2005．
[50] 吴天敏，许政援．初生到三岁儿童语言发展记录的初步分析[J]．心理学报，1979（2）．
[51] 车文博．苏联个性心理学基本理论问题评介——试析生物因素和社会因素与个性的关系[J]．心理科学，1985（4）．
[52] 陈宝翠．个性及其心理结构[J]．现代中小学教育，1987（2）．
[53] 方明．从一件小事看儿童观[J]．早期教育，1988（1）．
[54] 龚晓会．教育学的"个性"与培养刍议[J]．河北建筑科技学院学报：社会科学版，2005（22）．
[55] 江霖．自我意识在幼儿个性形成中的作用[J]．佳木斯教育学院学报，1992（3）．
[56] 张野．我国幼儿的个性结构及其文化差异研究[J]．学前教育研究，2005（6）．
[57] 庞丽娟．同伴提名法与幼儿同伴交往研究[J]．心理发展与教育，1994（1）．
[58] 张野．3~12岁儿童个性结构、类型及发展特点的研究[D]．沈阳：辽宁师范大学，2004．

后　记

在长期的学前教育师资培养过程中，我们发现过去使用的《幼儿心理学》《儿童心理学》《儿童发展心理学》《学前儿童发展心理学》等书中关于学前儿童心理发展变化规律和年龄心理特征的阐述和编著体系各有特点，但学习者普遍反映不太易学，实用性和针对性也不太强。出于对"学前儿童发展心理学"长期教学实践的思考和研究积累，以及地方本科院校教学的实际需要，我们决定编写一部贴近幼儿教育实际、便于学习者领会的教材。

本书的编写人员都是长期从事心理学教学和研究的教师，对学前儿童发展心理学教材内容和教学过程有自己独到的认识。本书编写工作的具体分工是：前言，王双宏；第一章，王双宏；第二章，罗树琳；第三章，石恒帅；第四章，刘凯；第五章，蒙家宏；第六章，田穗；第七章，张健；第八章，勾训；第九章，苏得权；第十章，黄胜；第十一章，皮梦君；第十二章，王梅；第十三章，汪建。王双宏、黄胜担任主编，全面负责本书的构思设计、组织协调、统稿润色、修改定稿等工作。副主编勾训、王梅、罗树琳参与构思设计、组织协调工作，并对全书进行了细致的审阅和修改。

因编写时间仓促和水平所限，书中不足之处在所难免，希望得到学界同行的批评和指正。

本书在编写过程中参考和引用了国内外许多相关的研究成果，在此对其作者表示衷心的感谢。

编　者

2018 年 1 月 30 日